U0181812

欠驱动桥式吊车非线性控制策略研究

张梦华　马　昕　景兴建　著

北京工业大学出版社

图书在版编目（CIP）数据

欠驱动桥式吊车非线性控制策略研究 / 张梦华，马
昕，景兴建著 . — 北京：北京工业大学出版社，
2022.10
　ISBN 978-7-5639-8418-3

　Ⅰ . ①欠… Ⅱ . ①张… ②马… ③景… Ⅲ . ①桥式起
重机－非线性控制系统－研究 Ⅳ . ① TH215

中国版本图书馆 CIP 数据核字（2022）第 185648 号

欠驱动桥式吊车非线性控制策略研究
QIANQUDONG QIAOSHI DIAOCHE FEIXIANXING KONGZHI CELÜE YANJIU

著　　者：张梦华　马　昕　景兴建
责任编辑：李　艳
封面设计：知更壹点
出版发行：北京工业大学出版社
　　　　　　（北京市朝阳区平乐园 100 号　邮编：100124）
　　　　　　010-67391722（传真）　bgdcbs@sina.com
经销单位：全国各地新华书店
承印单位：唐山市铭诚印刷有限公司
开　　本：710 毫米 ×1000 毫米　1/16
印　　张：14.5
字　　数：290 千字
版　　次：2023 年 4 月第 1 版
印　　次：2023 年 4 月第 1 次印刷
标准书号：ISBN 978-7-5639-8418-3
定　　价：72.00 元

作者简介

张梦华，博士，济南大学副教授、香港理工大学博士后、江苏省双创科技副总、硕士生导师。主要从事欠驱动吊车、主动式悬架等方向的研究工作。作为项目第一负责人，主持国家自然科学基金项目1项，山东省重点研发（公益类）项目1项；作为课题负责人，承担山东省重点研发计划（重大科技创新工程）的课题项目。作为第一作者，在 IEEE T-Cyber、IEEE TIE、IEEE TSMC: Systems、Mechanical Systems and Signal
Processing、Automation in Construction、Nonlinear Dynamics 等刊物发表论文30余篇，其中一区 TOP 期刊10余篇（长文）。申请/授权国家发明专利20余项。曾获得山东省专利一等奖、山东省研究生优秀科技创新成果奖二等奖、山东省装备制造业科技创新奖一等奖、济南市优秀自然科学学术成果奖、中国研究生电子设计竞赛优秀指导教师、ICANDVC—2021 杰出论文奖、ICMIC—2019 最佳应用论文奖、山东大学校长奖学金（山东大学研究生最高荣誉）等。担任国际著名期刊 Automatica、IEEE TAC、IEEE T-Cyber、IEEE TIE、IEEE TSMC: Systems、Mechanical Systems and Signal Processing、Automation in Construction、Nonlinear Dynamics 等期刊审稿人。担任计算机科学领域著名期刊 Current Chinese Computer Science 的编委。曾担任 ICANDVC 2021 国际会议的邀请组主席，注册和发表主席、程序册主席；ACIRS 2022 国际会议的宣传主席；NCAA 2022 会议的程序册主席等。

马昕，山东大学控制科学与工程学院教授，博士生导师。分别于 1991 年、1994 年和 1998 年获山东工业大学学士、硕士学位、南京航空航天大学博士学位。主要研究领域：机器视觉、模式识别、机器人学、人工智能、欠驱动控制等。中国人工智能学会（CAAI）人机融合智能专业委员会委员、中国自动化学会（CAA）智

能自动化专业委员会委员、国际电气与电子工程师协会（IEEE）高级会员。作为负责人，主持国家自然科学基金联合基金项目、国家"863"计划课题、国家重点研发计划课题、山东省自然科学基金重大基础研究项目等共计 20 多项。在 *IEEE TMM*、*IEEE TCSVT*、*Mechanical Systems and Signal Processing*、*Automation in Construction*、*Nonlinear Dynamics*、*Ocean Engineering* 等期刊及 ICRA、ICPR、ISOPE 国际会议上发表论文 80 余篇。曾获中国电建科学技术奖一等奖（2020）、山东省装备制造业科技创新奖一等奖（2020）、江苏省国防科技工业科学技术进步奖一等奖（2000）。

      景兴建，香港城市大学机械工程系教授。分别获浙江大学学士、中国科学院自动化研究所硕士和博士学位，以及英国谢菲尔德（Sheffield）大学博士。主要研究领域：非线性系统分析、振动、控制、能量采集、故障诊断、机器人等方面的应用。担任国际知名杂志 *IEEE Transactions on Industrial Electronics*、*IEEE Transactions on Systems, Man, and Cybernetics*: *Systems*、*IEEE-ASME Transactions Mechatronics* 副编辑，担任 *Mechanical Systems and Signal Processing* 的副主编，是多个国际知名杂志的审稿人和国际会议的技术委员会成员，IEEE 高级会员。在国际国内知名杂志和会议上发表论文 200 余篇（近年来 6～7 篇文章入选 ISI 最具影响力文章），Google scholar 引用 7400 多次，h-index 值为 45。曾获得中国科学院刘永龄奖（2001），中国科学院院长优秀奖（2004），辽宁省科学技术协会优秀论文奖（2005），EPSRC-Hutchison Whampoa Dorothy Hodgkin Award（2005），Highest International Consultancy Award（2012，2013），辽宁省自然科学学术成果奖（2015），IEEE SMC 协会期刊 *Andrew P. Sage* 最佳论文奖（2016），美国 TechConnect 全球创新奖（2017），欧洲结构动力学协会高级研究奖（2017），香港建筑业议会建筑安全一等奖（2017）和香港工程师协会优秀论文奖（2019）等。研究工作得到香港研究资助局（RGC）、香港创新科技署、国家自然科学基金、中海油技术服务有限公司、中国航天国际控股有限公司、洛德（Lord）公司及其他香港、广州和国际公司的资助。

前　言

　　桥式吊车是一类典型的欠驱动系统，被广泛应用于工厂、建筑工地、海港、码头等诸多领域，其主要控制目标是快速、准确地将货物运送至目标位置，并在此过程中保证货物的摆动尽可能小。桥式吊车系统控制输入（台车驱动力）的个数少于系统的待控自由度（台车位移、负载摆角）。由于吊车系统节省了部分执行器，因此具有成本低廉、结构简单、能耗小等优点。但在控制方法设计过程中，需充分考虑各状态之间的强耦合性、强非线性关系，这给控制器的设计带来了极大的挑战。

　　迄今为止，大部分工业吊车仍由人工手动操作，台车的定位性能及负载的消摆能力完全依赖操作人员的工作经验，吊车作业过程中存在工作效率低及易发生安全事故的问题。因此，针对桥式吊车系统，研究出适用于工业现场的自动控制方法是非常重要的。虽然国内外众多学者针对欠驱动桥式吊车系统取得了一系列研究成果，但是，从吊车实际运行的角度来看，现有控制方法存在以下缺点：①大多数已有的控制方法忽视轨迹规划过程，目前并未见针对二级摆型桥式吊车系统轨迹规划方法的文献；②现有的轨迹跟踪控制方法无法保证跟踪误差始终在允许的范围内，且不能适用于系统参数未知的情形；③为保证系统的收敛性，已有的控制方法往往需假设负载的初始摆角为零；④当负载运送距离发生改变时，现有的轨迹规划方法需重新离线计算目标轨迹参数，因此，无法执行不同运输任务；⑤已有的调节控制方法无法保证台车的平滑启动，且无法直接应用于结构更复杂、状态耦合性更强的三维桥式吊车系统、二级摆型桥式吊车系统及伴随负载升降运动的桥式吊车系统；⑥现有针对伴随负载升降运动的桥式吊车系统的控制方法并未考虑负载受持续扰动的情形，在这种情况下，负载最终不会垂直稳定，而会与垂直方向形成一个夹角；⑦已有的控制方法仅能保证系统的渐近稳定性；⑧现有大多数针对桥式吊车系统的控制方法需假设负载摆角可直接获得，而在实际运行中，负载摆角很难甚至无法直接测量。

　　为提高欠驱动桥式吊车系统的定位消摆控制效果，并解决已有控制方法存在的上述问题，本书对桥式吊车系统的控制方法展开了更加深入的研究，主要包括以下内容：

第一，二级摆型桥式吊车系统在线轨迹规划方法。台车的加速度与吊钩摆动、负载摆动息息相关，本书通过合理分析台车加速度与吊钩摆动、负载摆动之间的动态耦合关系，提出了一种针对二级摆型桥式吊车系统的在线轨迹规划方法。设计的轨迹可在线生成，不需要提前或离线规划轨迹参数，具有优异的定位消摆控制性能。通过数值仿真验证了所提在线轨迹规划方法的控制性能。

第二，桥式吊车系统跟踪控制方法。针对现有跟踪控制方法存在的问题，设计了两种鲁棒跟踪控制方法。第一种自适应跟踪控制方法是针对受系统参数不确定性及外部扰动影响的二级摆型桥式吊车系统提出的。该方法可有效抑制上述干扰的影响，从理论上保证台车跟踪误差始终被约束在合理范围内，并最终实现台车快速、精确的定位及吊钩、负载摆动的有效消除。第二种控制方法可将桥式吊车系统转变为具有特定结构的期望目标系统，该方法放宽已有控制方法对初始负载摆角为零的假设，并且所设计的期望误差轨迹可用于执行不同的运输任务，无须任何离线优化运算，具有重要的实用价值。仿真和实验结果表明，所提误差跟踪控制方法具有良好的控制效果。

第三，桥式吊车系统调节控制方法。本书围绕现有调节控制方法的限制与不足，提出了两种非线性调节控制方法。第一种方法针对三维桥式吊车系统设计了一种增强耦合非线性控制方法。该方法结构简单，不包含与吊绳长度相关的项，因此针对不同/不确定吊绳长度具有较强的鲁棒性。此外，通过增强台车运动与负载摆动之间的耦合关系，大幅度提升了系统的暂态控制性能。为测试该方法的实际控制性能，本书给出了详细的数值仿真及实验结果。第二种控制方法针对状态间耦合性更强的二级摆型桥式吊车系统，提出了一种能量耦合控制方法。该方法具有 PD 型的简单结构，且与系统参数无关，通过在控制器中引入双曲正切函数，大幅减少了台车的初始驱动力，保证了台车的平滑启动。同时本书借助数值仿真，将所提能量耦合控制方法与现有控制方法进行对比，验证了其优异的定位消摆控制性能。

第四，伴有负载升降运动的桥式吊车控制方法。负载的升/落吊运动极易引起负载的大幅度摆动，并导致现有定绳长吊车控制策略无法应用的问题出现。本书在不对吊车非线性动态模型进行任何线性化或者近似处理的条件下，提出了局部饱和自适应学习控制方法与基于能量分析的模糊控制方法。第一种控制方法考虑了系统参数未知 / 不确定因素及外部扰动的影响，通过引入双曲正切函数，从理论上证明即使台车及吊绳初始速度很大时，所提局部饱和自适应学习控制方法仍可保证台车的平滑启动。此外，通过在所设计控制器中加入记忆模块，有效减少了未知 / 不确定系统参数的收敛时间。第二种控制方法充分考虑了负载受持续扰动的情况，建立了带有持续扰动的变绳长桥式吊车系统的动态模型，并通过设计模糊扰动观测器，对持续扰动进行完全补偿。本书对这两种控制方法的定位与消摆控制性能进行了大量的测试。

第五，考虑未建模动态及外部扰动的滑模控制方法。针对受外部扰动及系统未建模动态影响的二级摆型桥式吊车系统、二维桥式吊车系统、三维桥式吊车系统，分别设计了增强耦合非线性的 PD 滑模控制方法、有限时间轨迹跟踪控制方法、可消除负载摆动的 PD-SMC 方法。第一种控制方法与系统模型、参数无关，并兼具滑模控制方法的强鲁棒性及 PD 控制方法的结构简单、易于工程实现的优点，具有很好的实用价值。此外，该方法通过引入一个广义信号，增强了台车运动、吊钩摆动及负载摆动之间的耦合关系，大大提升了系统的暂态控制性能。第二种控制方法是基于两个终端滑模观测器提出的，其中一个观测器用来估计负载摆角，另一个观测器用来估计不确定动态。因此，所提控制方法针对不确定系统参数及外部扰动具有较强的鲁棒性，且不需要负载摆角的反馈。此外，第二种控制方法可实现台车位移的有限时间收敛性。通过将这两种控制方法与现有控制方法进行对比，可证明上述这两种控制方法具有优越的控制性能。第三种控制方法可同时实现台车精确定位及负载快速消摆的双重目标，所设计控制方法与模型无关，因此无须精确了解系统参数的先验知识。同时，其具有 PD 控制方法结构简单和 SMC 控制方法强鲁棒性的特点。在第三种控制方法中引入了一个额外项，可进一步提高负载摆动抑制与消除的性能。本书采用李雅普诺夫（Lyapunov）方法以及 Schur 补证明了闭环系统的稳定性。实验结果验证了第三种控制方法的有效性和强鲁棒性。

目　　录

第1章　绪论

1.1　选题背景、研究意义及课题来源

吊车，又名起重机，是一类用来将重物或者危险物料由一个位置运送到另一个位置的搬运设备，被广泛地应用于工厂、建筑工地、海港、码头等诸多领域。常见的吊车主要包括桥式吊车、龙门吊车、回转悬臂式吊车、塔式吊车等[1]，如图 1-1 所示。根据不同的结构以及运动形式，吊车可粗略地分为两大类：①桥式吊车、龙门吊车；②回转悬臂式吊车、塔式吊车。由图 1-1（a）可知，台车可以沿着水平桥架向左右两个方向移动。另外，桥式吊车的水平桥架是安装在两侧高架轨道上的，这会产生向前和向后的作用力。除此之外，吊钩可上下运动以垂直放置负载。龙门吊车和桥式吊车的结构十分相似，不同之处在于它是沿铺设在地面上的轨道向前后两个方向移动的，而且其水平桥架安装在两个支撑架上，构成了门架形状，如图 1-1（b）所示。龙门吊车通常应用在工厂、仓库、港口等重要场合。回转悬臂式吊车可绕固定于基座上的定柱旋转，如图 1-1（c）所示，该类型吊车主要应用于船上或直接安装在固定物体上。塔式吊车，简称塔吊，是建筑工地上常用的起重设备，如图 1-1（d）所示。塔吊一般被固定在某一个地方重复类似的运动[2]。虽然吊车种类繁多，但它们均属于欠驱动系统。所谓欠驱动系统，是指独立控制变量维数少于系统待控自由度的非线性系统。与全驱动系统相比，欠驱动系统具有成本低、重量轻、系统灵活度高、能量消耗小等优点。正因如此，欠驱动系统的研究得到了广泛的关注，并取得了一系列重要的研究成果[3-4]。但是，桥式吊车固有的欠驱动特性使得研究人员只能对驱动状态进行轨迹规划，而无法为负载摆动等非驱动状态

加以规划。因此在设计轨迹时，必须深入分析驱动状态与非驱动状态之间的耦合特性，并充分考虑非驱动状态的性能要求来构造驱动状态的轨迹。

　　在众多种类的吊车中，应用最广泛的当属桥式吊车。与其他吊车一样，桥式吊车控制的主要目标是在最短时间内完成负载的快速、准确运送[5]。但是，伴随着台车的运动，吊车会因为负载的摆动现象出现不稳定问题。台车和负载摆动之间的关系是非线性的，并且是高度耦合的。此外，风以及其他不确定因素，如未知的摩擦系数、台车质量、负载质量、吊绳长度都可能影响吊车的性能[6-7]。由于吊车通常是小阻尼的，任何瞬时运动的出现都需要很长时间才能被消除[1]。若不能合理控制负载摆动，将导致操作人员在吊车自动控制系统方面的操作变得困难，并可能对运送的货物或作业环境周围的物体造成损害。除此之外，还将需要更长的时间来完成运输任务，从而大大降低工作效率。据调查，每固定一次负载，将多消耗至少30%的运输时间[8]。因此，为补偿负载摆动，需要非常熟练的操作人员。

（a）桥式吊车

（b）龙门吊车

（c）回转悬臂式吊车

（d）塔式吊车

图1-1　桥式吊车、龙门吊车、回转悬臂式吊车和塔式吊车

迄今为止，由于适用于工业现场的自动控制方法的缺失，大部分工业吊车仍由工人师傅手动操作，台车的定位性能及负载的消摆能力完全依赖操作人员的工作经验。在运输过程中，若发生负载的摆动，工人师傅一般会采取以下三个措施：①降低台车运行的速度；②停止台车运动，待负载摆动消除后，再继续操作；③使台车反向运动。不过这些操作会大大影响工作效率，并且消摆效果并不理想，对操作人员的要求较高[9]。另外，起重机的提升功能会造成负载的大幅度摆动，这也是操作人员面临的挑战之一。

据不完全统计，每年都会有数百人在吊车引起的安全事故中受伤甚至死亡[10]。应该提到的是发生在沙特阿拉伯麦加的惨烈吊车事故，该事故造成 110 人死亡，至少 230 人受伤[11]。里什马维（Rishmawi）[12]研究了 2011 年 1 月到 2015 年 10 月发生的吊车事故及其原因，得出吊车侧翻是引起事故主要原因的结论，图 1-2 给出了某吊车侧翻事故的现场图片。报道中指出，负载的移动也是导致吊车事故的原因之一，当负载被吊离地面后，会侧向摆动击打周围人员。这两个原因都与负载的摆动息息相关。因此，为提高吊车的工作效率及安全性，亟待设计高性能自动定位消摆控制方法替代人工操作。

图 1-2　某吊车侧翻事故的现场图片

欠驱动桥式吊车的控制问题得到了国内外众多学者的关注，并取得了很多重要的研究成果[13]。不过到目前为止，仍然有一些难点问题亟待解决。例如，大多数已有的控制方法仅考虑吊车系统的单级摆动特性，而在下列情形中，吊车系统会呈现二级摆动特性：①吊钩质量与负载质量相近而不能忽略吊钩质量时；②负载质量分布不均匀、尺寸较大不能看成质点时。当出现二级摆动特性时，负载会绕吊钩摆动，导致吊车系统的动态模型更加复杂，各状态之间的耦合性更高，欠驱动度更高，给系统消摆控制方法的设计带来了极大的挑战，同时也产生了一系列难点问题：大部分伴有负载升降运动的桥式吊车控制方法需要进行线性化处理；为证明系统状态的收敛性需假设负载摆角的初值为零；调节控制方法无法保证台车的平滑启动；当台车目标位置改变时，需要重新离线计算轨迹参数；桥式吊车系统受模型不确定性、系统参数变化及外部扰动的影响等。

在山东省科技发展计划项目（2014GGE27572）、863计划主题项目（2015AA04 2307）以及国家自然科学基金委员会－山东省人民政府联合基金重点项目（U1706228）、山东省重点研发计划（公益类）项目（2019GGX104058）、国家自然科学基金青年科学基金项目（61903155）的资助下，本书针对现有难点问题展开了深入研究，提出了一系列定位消摆控制方法，仿真和实验结果验证了所提控制方法的正确性和有效性。

1.2 欠驱动吊车研究现状

在过去几十年间，为实现台车定位与负载消摆的双重目标，国内外众多学者提出一系列防摆定位控制方法。根据是否需要状态信息反馈这一事实，可将吊车控制方法粗略地分为两大类：开环控制方法和闭环控制方法。接下来，将对这两类控制方法进行详细的介绍。

1.2.1 开环控制方法

开环控制方法不需要安装额外的传感器测量负载摆角，因此具有成本低、易于实现的优点[14]。不过，对开环控制方法而言，设计控制输入时并未考虑系统参数变化和外部扰动的影响。因此这类方法对系统参数的变化和外部扰动比较敏感[15]。常见的开环控制方法主要有输入整形（Input Shaping，IS）方法、离线轨迹规划方法、最优开环控制方法等。

输入整形方法，又称指令整形（Command Shaping，CS）方法，是一类可实时应用的开环控制方法。输入整形方法最早由学者史密斯（Smith）等人[16-17]在20世纪50年代提出，用以解决振荡系统面临的控制问题。随后，学者辛霍

（Singhose）等人[18]将此类方法拓展并成功应用于吊车系统的防摆控制中，取得了良好的控制效果。输入整形方法大多需要对吊车非线性动态模型在平衡点处进行线性化处理，或者忽略一些非线性项，将控制命令分为两部分：一部分是指定的控制命令，可以使台车按期望轨迹运行；另一部分是脉冲信号，通过将前一部分控制命令与特定的脉冲信号做卷积运算，可以达到消除前一部分引起的摆动的目的。文献 [19-23] 针对龙门吊车提出一种可实现负载消摆功能的输入整形方法。同样地，研究人员针对桥式吊车提出 ZV（Zero Vibration）整形方法[24-25]、ZVD（Zero Vibration Derivative）整形方法[26]、ZVDDD（Zero Vibration Derivative-Derivative-Derivative）整形方法[27]、EI（Extra-Insensitive）整形方法[28]和 IS 整形方法[29]，并分别将 ZVDDD 整形方法应用于集装箱起重机[30-32]、悬臂起重机[33]和旋转起重机[34-35]。上述 ZV 整形器可实现负载的无残余摆动，但对系统模型的精确度要求较高。以上改进型输入整形方法，包括 ZVD 整形方法、ZVDDD 整形方法、EI 整形方法、IS 整形方法等，可提高控制系统对系统模型不确定性的鲁棒性。

　　为进一步提高控制系统对外部扰动的鲁棒性，研究人员将输入整形方法与闭环控制方法结合起来[36-37, 39-40]。具体来说，学者黄杰等人[36]研究了受风力影响的悬臂式吊车的动态效应及控制问题。所设计的控制器由两部分组成：输入整形部分和低权限反馈控制部分，其中第一部分用来消除人工操作引起的负载摆动，第二部分用来抑制风力引起的负载摆动。输入整形方法和低权限反馈控制方法的结合增强了控制系统的鲁棒性，并大大减少了负载摆动。学者马格苏迪（Maghsoudi）等人[37]针对三维桥式吊车提出一种基于 PID 最优控制和 ZV 整形方法的控制策略。首先，利用牛顿法建立系统的完整数学模型。在 MATLAB/Simulink 模块中设计包括 ZV 整形器、饱和模块及 PID 控制器在内的闭环系统。随后，基于负载期望位置和实际位置的不同找寻使得性能指标最小的 PID 控制方法的控制增益。最后，与 PID-PID 防摆控制方法[38]对比，得出所设计的控制方法具有更好的控制性能的结论。为消除负载摆动，学者索伦森（Sorensen）等人[39]将控制器分为三个不同的模块。利用第一个反馈模块检测并补偿定位误差，借助第二个反馈模块检测并消除扰动，凭借第三个输入整形模块减少台车运动引起的负载摆动。最后，将该控制器应用在美国佐治亚州理工学院的一台 10 吨桥式起重机上，实现了台车良好的定位精度和负载摆动有效抑制的目标。文献 [40] 针对二级摆型吊车系统，比较了几种不同输入整形 - 模型参考控制方法（Input-Shaped Model Reference Control，IS-MRC）的控制性能，并利用二级摆型吊车固有频率和单级摆型吊车参数的实际范围设计了几种输入整形方法。为实现系统的渐近稳定性，又设计了一种李雅普诺夫控制方法。最后，利用数值仿真和实际物理实验验证了不同 IS-MRC 控制方法在状态跟踪、能量消耗、最大控制量、最大吊钩摆角及最大负载摆角方面的控制性能。

同样地，离线轨迹规划方法也是一类常见的开环控制方法。为提高运输效率及增强吊车系统的安全性，学者方勇纯等人[41] 为台车规划了一条平滑的 S 形曲线。该曲线可保证台车的速度、加速度、加加速度始终在允许的范围内。不过，它不具备消除负载摆动的能力，仅能准确地驱动台车到达目标位置。因此，在实际应用时，需借助其他高性能反馈控制器，包括自适应控制器[41-42]（Adaptive Control）、增强耦合非线性控制器[43]（Enhanced Coupling Nonlinear Control，ECNC）、滑模控制器[44]（Sliding Mode Control，SMC）、模型预测控制器[45]（Model Predictive Control，MPC）以及动态耦合控制器[46] 等。学者孙宁等人[47] 将负载摆动信息引入几何坐标系上进行分析，提出了一种基于相平面分析的轨迹规划方法。所设计的轨迹具有明确的解析表达式，可保证负载无残余摆动，并且台车的速度、加速度及负载的最大摆幅始终被约束在允许范围内。但是，所设计的轨迹受外部扰动的影响较大。基于此，文献 [48] 提出一种在线轨迹规划方法，将消摆环节引入台车定位参考轨迹中。该方法无须离线优化，具有良好的控制性能。

除此之外，考虑到台车运行过程中对于一些性能指标有特定的要求，文献 [49-50] 将轨迹规划方法与最优控制方法结合起来。具体来说，文献 [49] 考虑到运输过程中台车最大速度、加速度、负载最大摆角等物理约束问题，基于微分平坦理论设计了一条 B 样条轨迹。文献 [50] 针对二级摆型桥式吊车系统，提出了一种可保证全局时间最优的轨迹规划方法，实现了台车精确定位及吊钩、负载摆角快速消除的目标。

1.2.2 闭环控制方法

相比开环控制方法，闭环控制方法利用系统状态的反馈，根据输出响应实时调节系统的控制性能，因此，对参数变化及外部扰动不太敏感[51]。换句话说，闭环控制方法具有较强的鲁棒性。不过，反馈控制系统需要使用传感器测量台车位置和负载摆角[52]，这会造成安装困难及增加成本等弊端，并且，闭环控制系统的稳定性问题及噪声问题会严重影响这种大型的、功能强大的、昂贵的吊车设备。因此，为得到高性能闭环控制方法，国内外众多学者开展了大量的研究工作。闭环控制方法主要包括线性方法、最优控制方法、自适应控制方法、智能控制方法和鲁棒控制方法等。

1.2.2.1 线性方法

PID 控制方法是吊车系统常用的线性方法之一，其增益可基于吊绳长度进行自调节，以便针对吊绳长度的变化具有较强的鲁棒性。文献 [53-55] 利用根轨迹法及粒子群优化（Particle Swarm Optimization，PSO）算法提出了几种 PID 控制方法。类似地，为抑制负载摆动，PD 控制方法也成功应用于吊车系统中[56]。事实上，大多数 PID 控制方法需借助于其他技术，如模糊控制（Fuzzy Control）算法[57]、神经网络控制（Neural Network Control）算法[5, 58]、PSO 算法[55, 59]、多目标优化算法（Multi-Objective Optimization Approach）[37, 60]、遗传算法（Genetic Algorithm，GA）[61-62] 等，或者通过两个 PID 控制器分别控制台车位置和负载摆角。为了调节 PID 控制器的控制增益，学者赛迪（Saeidi）等人[63]将神经网络自整定（Neural Network Self-Tuning，NNST）程序作为估计器，提出了一种可实现负载消摆功能的龙门吊车系统位置控制方法。

除上述 PID、PD 型控制方法外，其他线性方法也成功应用于吊车系统中。具体来说，为控制台车垂直、水平方向上的运动以及负载在垂直、水平方向上的摆动，学者欧阳慧珉等人[64]设计了一种状态反馈控制器，取得了良好的控制效果。在此基础上，为实现系统对绳长变化的鲁棒性，文献 [65] 利用状态反馈控制器，提出了线性矩阵不等式（Linear Matrix Inequality，LMI）方法。但是该方法是在对吊车系统模型进行线性化处理的基础上提出的，并未考虑非线性因素，如风、吊绳长度变化、负载质量变化及摩擦力等。这些非线性因素会影响线性化吊车系统的可靠性及控制性能。此外，研究人员分别将局部反馈线性化方法（Partial Feedback Linearization Method）应用于二维吊车系统[66]、三维吊车系统[67-68]及伴随负载升降运动的吊车系统[69]。仿真和实验结果均表明局部反馈线性化方法具有优异的控制性能，而且，系统所有的状态轨迹在相当短的时间内即可达到稳态。学者希尔霍斯特（Hilhorst）等人[70]针对系统参数变化的吊车系统，设计了H_2/H_∞控制器，其阶数取决于系统状态个数。学者内山（Uchiyama）[71]基于线性二次（Linear Quadratic，LQ）理论，设计了一种部分状态反馈控制器。该控制器无须迭代计算，对绳长、负载质量变化具有较强的鲁棒性。为避免参数共振效应、减少负载摆动，并确保负载在运输过程中能够精确定位，文献[72]基于李雅普诺夫方法提出一种螺旋控制器（Twisting Controller）。文献[73]建立了实际集装箱起重机的数学模型，提出了一种延时反馈控制器，并计算出了该控制器的控制增益及时间延迟的大小。

1.2.2.2　最优控制方法

在工业中，有三类最优控制方法应用较广泛，即模型预测控制（Model Predictive Control，MPC）、线性二次高斯（Linear Quadratic Gaussian，LQG）控制和广义预测控制（Generalized Predictive Control，GPC）。

MPC控制方法可处理物理约束问题，保证闭环系统的稳定性及对参数不确定性因素具有较强的鲁棒性，因此得到了广泛的应用。文献[45，74-76]针对桥式吊车系统，提出了一系列MPC控制方法。具体来说，学者伍洲等人[45]充分考虑能效及安全性问题，提出了一种可满足实际物理约束的MPC控制方法。该方法的能源消耗及负载摆动都较小，并且具有较强的鲁棒性。学者约莱夫斯基（Jolevski）和贝戈（Bego）[74]通过多准则优化（Multicriteria Optimization）提供了MPC控制方法准则函数的解决方案，并通过多准则优化权重（Multicriteria Optimization Weights）完成了吊车动力学系统的直观调整。在此基础上，针对伴随负载升降运动的桥式吊车系统，提出了一种具有定位和消摆功能的MPC控制方法。文献[75]通过线性化和离散化技术获得了桥式吊车系统的离散化动态模型，基于此，提出了一种可保证负载摆角及控制输入始终在允许范围内的新型MPC控制方法。为限制负载运输过程中的瞬时及残余摆动，学者斯莫切克（Smoczek）和斯皮特科（Szpytko）[76]设计了一种基于多变量MPC以及PSO的新型控制方法。除此之外，研究人员也顺利将MPC控制方法应用于龙门吊车[77]、悬臂式吊车[78]和塔式吊车[79-80]，解决了系统约束问题，并抑制了负载摆动。

文献 [81] 将状态变量的二阶导数添加到 LQR 的通用性能指标中，用于控制和估计。为使给定的性能指标最小，需要为上述附加的状态变量的二阶导数相关项设计一个权重函数。结果表明，此额外附加权重可有效地减少负载的摆动。

学者斯莫切克[82]考虑负载摆动约束问题，针对桥式吊车系统提出一种 GPC 控制策略，使用递归最小二乘法（Recursive Least Squares，RLS）在线估计吊车动态模型参数。该方法增强了系统对吊绳长度、负载质量变化的鲁棒性，大幅减少了负载残余摆动并限制了负载的瞬时摆动。

1.2.2.3　自适应控制方法

自适应控制方法通过系统的响应情况和输入输出数据对未知 / 不确定的吊车系统参数进行不断的在线更新，使其逼近真实值。不过自适应控制方法是基于模型的，需要提前了解系统动态的结构信息[83]。

研究人员针对吊车系统参数不确定性问题和外部扰动的自适应性问题进行了深入的研究，并成功将自适应控制方法应用于桥式吊车[41, 84-89]、塔式吊车[7, 90-91]和海上吊车[92]。值得指出的是，马博军等人[84]利用耗散理论，提出了一种自适应控制方法，该方法无须精确测量台车位置、吊绳长度和负载质量，即可快速准确地将负载运送至目标位置，并在运送过程中抑制且消除负载摆动。台车的精确定位和负载摆动的有效抑制是吊车控制系统的主要目标，不过为提高工作效率，在设计控制器时应充分考虑负载的提升运动。因此，文献 [87] 通过对摩擦力、负载质量等未知系统参数进行在线估计，提出了一种新型的自适应控制方法。文献 [90] 针对 4 自由度的塔式吊车系统，提出了一种可同时实现旋转 / 平移定位及负载摆动抑制的自适应控制方案，减少了臂架 / 台车运动引起的超调现象。该方法是带有不确定性因素的塔式吊车系统的第一个不需要对动态模型进行线性化处理的方法。与固定在陆地上的起重机不同，固定在船上的海上起重机会受到海浪和洋流引起的多维运动的干扰影响，这意味着船舶的运动可能会对吊车系统造成巨大影响。考虑到海浪的周期特性，文献 [92] 提出一种自适应重复学习控制（Adaptive Repetitive Learning Control）策略，其中重复学习部分用以解决上述实际问题，自适应控制部分用以处理未知系统参数问题。

此外，为提高控制器的鲁棒性和高效性，研究人员进行了大量将自适应控制方法与其他控制方法相结合的工作。例如，文献 [93] 提出了一种基于模型参考自适应控制（Model Reference Adaptive Control，MRAC）与 SMC 控制方法的设计方案，利用该方案设计出来的控制器不需要摩擦力、负载质量等系统参数的先验信息，而是通过自适应控制器自动估计这些参数。同样地，自适应控制方法也成功与其他控制方案结合起来，形成了自适应模糊滑模控制（Adaptive Fuzzy Sliding Mode Control）器 [94]、自适应反步控制（Adaptive Backstepping Control）器 [95]、模糊自适应 PID 控制（Fuzzy Adaptive PID Control）器 [96]、自适应滑模控制（Adaptive Sliding Mode Control）器 [97]、基于运动规划的自适应控制（Motion Planning-Based Adaptive Control）器 [4]、自适应神经网络控制（Adaptive Neural Control）器 [98] 及自适应迭代学习控制（Adaptive Iterative Learning Control）器 [99] 等。

1.2.2.4　智能控制方法

迄今为止，很多智能控制方法被应用于吊车系统中，主要包括神经网络（Neural Network，NN）和模糊逻辑控制方法（Fuzzy Logic Control，FLC）。

NN 控制方法具有良好的非线性处理能力及较强的鲁棒性，可适用于吊车系统模型完全未知的情况 [8]。基于此，研究人员将 NN 控制方法分别应用于桥式起重机系统 [100-102]、旋转起重机系统 [103] 和海上起重机系统 [104]。具体而言，学者李伦辉等人 [100] 设计了一种基于 NN 与 SMC 的组合方法，用以实现台车的精确定位和负载摆动的有效消除的双重目标。为调节 NN 控制方法的参数，将 SMC 控制方法用作自调节算法。为尽可能地减少负载的残余摆动，学者亚伯（Abe）[101] 构造了台车的位置轨迹，并使用径向基函数网络（Radial Basis Function Networks，RBFNs）产生期望的位置信息。然后，将最大残余摆角作为待优化的目标函数，提出了一种基于 PSO 优化的学习控制方法。台车沿着设计的轨迹移动，即可有效地抑制负载摆动。为建立桥式吊车系统的精确动态模型，学者朱笑花和王宁 [102] 提出了一种新型的径向基函数神经网络（Radial Basis Function Neural Netwok，RBF-NN）建模方法，提出带有膜通信机制的布谷鸟搜索算法（Cuckoo Search Algorithm with Membrane Communication Mechanism，mCS）用以优化 RBF-NN 的参数。在 mCS 中，膜通信机制用以维持种群多样性，混沌局部搜索方法（Chotic Logic search strategy）用以提高搜索精度。与标准布谷鸟搜索方法[103] 以及梯度法[104] 相比，所提控制方法具有更高的效率和有效性。为抑制旋转吊车系统的负载摆动，学者中园邦彦（Nakazono）等人[105] 提出了一种非常简单的三层神经网络控制方法。所提控制方法用实数编码的遗传算法进行训练，大大简化了控制器的设计。文献 [106] 针对海上起重机，提出了一种可控制负载位置的 NN 控制方法，获得了良好的控制性能。

FLC 控制方法以 if-then 构建的规则为基础，用一个模糊模型替代非线性系统的动态模型，因此无须了解系统的精确模型，并具有很强的适应性。于是，众多学者对 FLC 控制方法进行了拓展并应用于吊车系统中[107-114]。应当指出的是，为保证负载摆角始终为零（这意味着负载位置无物理摆动），文献 [107] 针对桥式吊车系统提出了一种 FLC 控制方法。学者赵成昆和李浩勋[109] 针对三维桥式吊车系统提出了一种模糊控制方法，由位置伺服控制和模糊逻辑控制两部分组成。其中，位置伺服控制部分用来控制台车的位置和吊绳长度，模糊逻辑控制部分用来抑制负载摆动。实验结果证明了所提控制方法的有效性。文献 [112] 针对塔式吊车系统，提出了一种基于 H_∞ 的自适应模糊控制方法，可克服空气阻力、摩擦力、时间延迟等模型不精确性和系统参数不确定性的影响。所设计控制器融合了变结构方法（Variable Structure，VS），通过李雅普诺夫准则以及黎卡提（Riccati）不等式证明了系统的稳定性。仿真结果表明，该方法即使在系统参数不确定性、时间延迟及外部扰动存在的情况下，仍可有效地消除负载摆动。

1.2.2.5　鲁棒控制方法

SMC 控制方法以强鲁棒性著称，因此引起了学者的广泛关注。在具有不确定性因素的情况下，SMC 控制方法仍然是有效的，因此，非常适用于吊车控制系统[115-120]。为控制台车位置及抑制负载摆动，学者阿穆泰里（Almutairi）和吉比（Zribi）[116] 针对三维桥式吊车系统提出了一种 SMC 控制方法，并设计了一个状态观测器对吊车系统的状态进行估计。仿真结果表明，所设计控制器控制效果良好，对吊车系统参数的不确定性具有较强的鲁棒性。文献 [119] 基于传统、分层滑模技术，为二级摆型桥式吊车系统设计了两种鲁棒非线性控制方法。在第一种方法中，引入了一阶滑模面，并设计合适的控制器使滑模面稳定。在第二种方法中，给出了二阶滑模面的定义，并基于其稳定性设计了新的控制方法。仿真结果表明，所有的状态轨迹均可渐近收敛于期望值。吊车系统的 SMC 控制方法有很多种，主要包括龙门吊车及三维桥式吊车系统的终端 SMC 控制（Terminal Sliding Mode Control）方法[121-122]、集装箱吊车系统的二阶 SMC 控制（Second-Order Sliding Mode Control）方法[123]、桥式吊车系统的离散时间积分 SMC 控制（Discrete Time Integral Sliding Mode Control）方法[124]、吊车系统的分层 SMC 控制（Hierarchical Sliding Mode Control）方法[125]、桥式吊车系统的积分 SMC 控制（Integral Sliding Mode Control）方法[126]等。

为得到更高的精度和鲁棒性，学者将 SMC 控制方法与其他控制方案结合起来，形成自适应 SMC 控制（Adaptive Sliding Mode Control）方法[97, 117, 127]、模糊 SMC 控制（Fuzzy Sliding Mode Control）方法[128-129]、输入整形 SMC控制（Input Shaping Sliding Mode Control）方法[130]、基于神经网络的模糊 SMC控制（Neural-Based Fuzzy Sliding Mode Control）方法[131-132]等。值得指出的是，文献 [127] 在没有负载质量和摩擦力先验知识的情况下，针对带有负载升降运动的桥式吊车系统提出了一种自适应 SMC 控制方法。所提方法通过控制两个输入（台车的驱动力和负载的提升力），同时执行并完成四个控制任务：跟踪台车轨迹、起吊负载、保证运输过程中较小的负载摆动和消除负载残余摆动。仿真和实验结果均表明所设计控制器具有良好的控制性能。

除 SMC 控制方法外，基于能量 / 无源性的控制策略[56, 133-140]亦具有较强的鲁棒性。此类控制器的中心思想是，通过分析吊车系统本身的无源性，对系统的势能 / 动能进行修改，使修改后的"类能量函数"在期望的平衡点处取得最小值，紧接着，设计合适的控制方法使其衰减至零，从而完成台车定位与负载消摆的双重任务。应当指出的是，现有文献需假设执行机构的能力足够理想（可提供任意有限的控制力 / 力矩），并且可获得所有需要的反馈信号。然而在实际工作过程中，执行器只能输出有限的控制力 / 力矩。另外，受成本等因素的影响，速度反馈信号一般是无法直接获得的。为了解决这些问题，文献 [139] 设计了一种饱和输出控制器。具体来说，用饱和信号 tanh（e）代替单纯的误差信号 e，从而保证了由饱和反馈信号组成的控制输入是有界的，通过合理调节控制参数，从理论上确保了执行机构的输出力矩在其能力范围之内。对于无法直接获得的真实速度信号，构造了一些"伪速度信号"来取代它。

1.3　吊车研究现状分析

总体来看，目前针对桥式吊车系统定位、消摆控制问题的研究，已经取得了一些进展。不过，仍存在一些悬而未决的难点问题亟待解决：

（1）在整个运输过程中，应保证台车的速度、加速度甚至加加速度始终在允许的范围以内，而轨迹规划方法可以有效地解决这个问题。不过，已有轨迹规划方法大多是针对二维桥式吊车系统提出的，无法直接应用于二级摆型桥式吊车系统中。迄今为止，针对二级摆型桥式吊车系统，轨迹规划方法仍然处于空白阶段。因此，如何在保证物理约束的条件下，为二级摆型桥式吊车系统规划出一条可消除负载摆角又不影响台车定位的轨迹，是具有非常重要的实际工程意义的。

（2）已有大多数跟踪控制方法存在着无法保证跟踪误差始终在允许范围内，以及当目标位置发生改变时，需要重新离线计算轨迹参数的缺点，这非常不适用于实际工程应用，并且工作在室外的桥式吊车系统，极易受到系统参数不确定性和外部扰动的影响。此外，已有控制方法为保证系统的收敛性，往往需假设负载的初始摆角为零。然而，大多数情况下，负载的初始摆角并不为零。基于此，需解决以下两个问题：①对未知系统参数进行在线估计和不断更新，开发跟踪误差始终在允许范围内的自适应跟踪控制方法；②规划一条可用于执行不同运输任务的目标轨迹，并设计任意负载初始摆角条件下的轨迹跟踪控制策略。

（3）调节控制方法具有随着台车起始位置与目标位置距离的增大，初始驱动力变大，导致负载大幅度摆动的缺点，也就是说无法保证台车的平滑启动。同时，已有调节控制方法大多是针对二维桥式吊车系统提出的，很难适用于三维桥式吊车系统和二级摆型桥式吊车系统。此外，为了提升吊车系统的暂态控制性能，已有大多数调节控制方法需在所设计的控制率中添加与系统参数相关的非线性耦合项，导致其极易受系统参数不确定 / 变化的影响。因此，如何针对三维桥式吊车系统和二级摆型桥式吊车系统设计出可保证台车平滑启动、结构简单、与系统参数无关的调节控制方法是非常重要的。

（4）在一些特殊情况下，为提高工作效率，需要将负载的升 / 落吊运动与水平运动同时进行。在这些情况下，吊绳长度从常数转变为状态变量，导致已有定绳长控制方法无法应用的问题出现，并且绳长的变化极易引起负载的大幅度摆动。针对变绳长桥式吊车系统，需要充分考虑以下几个问题：①大多数针对伴随负载升降运动的控制方法无法保证台车的平滑启动；②桥式吊车系统通常会受到负载质量、台车质量、摩擦力等系统参数不确定因素和空气阻力等外部扰动的影响；③大多数控制方法需要对吊车模型进行近似处理或者忽略闭环系统的一些非线性项，一旦系统状态偏离平衡点，这些控制方法的控制性能将会大打折扣；④工作在室外的吊车系统易受到持续外部扰动的影响，此时，负载最终不会垂直稳定，而会与垂直方向形成一个夹角。

（5）工作在恶劣环境下的桥式吊车系统，往往受系统参数不确定性、未建模动态及外部扰动等因素的影响，这使得桥式吊车系统控制问题极具挑战性。同时已有控制方法，无一例外仅能保证系统的渐近稳定性，这在高精度要求的运输任务中是远远不够的。此外，现有控制方法均需要负载摆角的反馈，而在有些情况下，负载摆角是很难甚至无法测量的。基于此，如何能在开发控制算法时充分考虑系统参数不确定性、未建模动态及外部扰动等因素，全面提高桥式吊车系统的鲁棒性，并实现无负载摆角反馈有限时间的收敛性具有非常重要的理论与工程研究意义。

1.4　本书主要内容介绍及章节安排

本书将针对第 1.3 节中提到的几个问题展开深入的研究。具体来说，主要内容包括：针对二级摆型桥式吊车系统将提出一种在线轨迹规划方法；考虑到当前跟踪控制方法的不足，将分别设计一种带有跟踪误差约束的二级摆型桥式吊车系统自适应跟踪控制方法和一种带有任意初始负载摆角的二维桥式吊车系统误差跟踪控制方法；考虑到现有调节控制方法面临的问题，将分别提出一种三维桥式吊车系统增强耦合非线性控制方法和一种考虑初始输入约束的二级摆型桥式吊车系统能量耦合控制方法；针对伴有负载升降运动的桥式吊车系统存在的问题与不足，将分别设计一种带有局部饱和的自适应学习控制方法和一种基于能量分析的模糊控制方法；将针对工作于恶劣环境下的桥式吊车系统，设计一种二级摆型桥式吊车系统增强耦合非线性 PD 滑模控制方法和一种带有不确定动态及无负载摆角反馈的有限时间轨迹跟踪控制方法。

本书共 7 章：

第 1 章：绪论。

第 2 章：二级摆型桥式吊车系统在线轨迹规划方法。

第 3 章：桥式吊车系统跟踪控制方法。

第 4 章：桥式吊车系统调节控制方法。

第 5 章：伴有负载升降运动的桥式吊车控制方法。

第 6 章：考虑未建模动态及外部扰动的滑模控制方法。

第 7 章：总结与展望。

第 2 章针对二级摆型桥式吊车系统设计一条可实现定位和消摆双重目标的台车轨迹。第 2 章将分析台车运动、吊钩摆动和负载摆动之间的耦合性关系，提出一种由定位参考轨迹和消摆环节组成的在线轨迹规划方法。该轨迹不需要提前或离线规划，可在线生成，并且具有定位精度高、消摆速度快等优点。仿真结果表明该方法具有优异的控制性能及针对系统参数变化、外部扰动的强鲁棒性。

第 3 章针对二级摆型桥式吊车系统和二维桥式吊车系统，分别提出一种带跟踪误差约束的自适应跟踪控制方法和一种带任意初始负载摆角的误差跟踪控制方法。对于第一种方法，为将台车平稳运送至目标位置，选择一条平滑的 S 形曲线作为台车的定位参考轨迹。利用能量整形的观点，构造一个新的储能函数，并在储能函数中引入一个势函数，从理论上保证台车的跟踪误差始终在允许的范围内。在此基础上，提出带跟踪误差约束的自适应跟踪控制方法。第二种方法首先定义台车及负载摆动的期望误差轨迹，在此基础上，建立桥式吊车系统的误差跟踪动态模型。构造具有特定结构的期望目标系统，提出可以将桥式吊车系统转变为期望目标系统的误差跟踪控制方法。该方法从理论上放宽了现有控制方法要求初始负载摆角为零的条件，并且，定义的期望误差轨迹，可便于吊车系统执行不同的运输任务，无须重新离线计算轨迹参数。

第4章针对三维桥式吊车系统和二级摆型桥式吊车系统，分别提出一种增强耦合非线性控制方法和一种考虑初始输入约束的能量耦合控制方法。为提高控制系统的暂态控制性能，引入负载广义水平/竖直运动信号，将定位消摆问题转化为对广义运动信号的控制问题。同时，为解决调节控制方法固有的缺点与限制，在这两种控制器中引入双曲正切函数，以保证台车的平滑启动。第一种控制方法通过引入两个可反映台车速度与负载摆动信息的广义信号，构造一个新的储能函数，通过储能函数的导数形式，提出增强耦合非线性控制方法。第二种控制方法的结构简单，不包含与吊绳长度、负载质量相关的项，因此其对绳长、负载质量不确定性/变化具有较强的鲁棒性。

第5章针对伴随负载升降运动的桥式吊车系统，在无须对其动态模型进行任何线性化处理和忽略非线性项的条件下，提出两种控制方法。第一种控制方法充分考虑系统参数不确定因素及空气阻力等外部扰动的影响，构造一种在线估计未知系统参数及空气阻力系数的自适应机制，并在控制器中引入双曲正切函数，对控制输入进行约束，在此基础上提出一种局部饱和的自适应控制器。为加快未知系统参数的收敛速度，提高系统的控制性能，在所设计的局部饱和自适应控制器中加入记忆模块，进一步提出一种带有局部饱和的自适应学习控制方法。第二种控制方法考虑负载受持续扰动的情况，通过引入坐标变换，建立带有持续扰动的变绳长桥式吊车系统的动态模型。设计模糊扰动观测器，对持续扰动进行观测。引入一个集合台车运动与负载摆动的广义信号，定义一个"类能量"的储能函数，在此基础上，设计一种基于能量分析的模糊控制器。仿真结果表明所提控制方法具有优异的控制性能。

第6章针对受外部干扰、不确定动态和未建模动态影响的二级摆型桥式吊车系统、二维桥式吊车系统、三维桥式吊车系统，分别设计三种具有强鲁棒性的滑模控制方法。第一种方法用简单的PD控制器替代传统滑模控制方法的等效部分，可实现台车的精确定位及负载摆角、吊钩摆角的有效抑制与消除。所提控制方法兼具PD控制器的结构简单、不依赖于吊车系统模型参数及滑模控制方法的强鲁棒性的优点。第二种方法通过设计两个终端滑模观测器，对负载摆角及不确定动态进行观测，利用这些观测的信息，提出一种终端滑模控制方法。该方法无须负载摆角的反馈，便可实现台车轨迹的有限时间跟踪。仿真结果表明所提控制方法具有很强的鲁棒性，与理论分析结果一致。第三种控制方法与模型无关，因此无须精确了解系统参数的先验知识，并且其具有 PD 控制器结构简单及 SMC 控制器强鲁棒性的优点，可进一步提高负载摆动抑制与消除的性能。

第 7 章全面总结和概括本书的研究工作，并对未来工作进行展望。

第2章 二级摆型桥式吊车系统在线轨迹规划方法

2.1 引言

目前已有的控制方法大多数是针对单级摆型桥式吊车系统提出的。但是，当吊钩质量与负载质量相近而不能忽略吊钩质量时，或者负载质量分布不均匀、尺寸较大不能看成质点时，吊车系统在工作中会呈现二级摆动特性[141]。在这种情况下，吊车系统具有两个不同的固有频率。这两个固有频率不但与吊绳长度有关，还与负载、吊钩的质量有关。此时，系统振动为两种不同固有频率振动的线性组合，未必是简谐振动，也可能是非周期振动，极大地增加了控制器设计的难度[136]。当系统呈现二级摆动特性时，所有基于单级摆动假设的控制算法的控制性能将会大打折扣。到目前为止，二级摆型桥式吊车系统控制方法的研究仍然处于早期阶段，尚有一些问题没有得到解决。

现有的二级摆型桥式吊车系统的控制方法大多为调节/稳定控制方法，这些方法往往忽略了轨迹规划的环节。为了实现定位和消摆双重目标，本章针对二级摆型桥式吊车系统提出一种在线轨迹规划方法。该方法可准确地将台车运送至目标位置，同时有效地抑制并消除吊钩和负载摆动。所设计方法将消摆环节引入在线生成的台车加速度轨迹中，在不需要任何跟踪控制器的情况下，消除吊钩和负载摆动。同时，引入的消摆环节不会影响台车的定位性能。该在线规划的轨迹由台车定位参考轨迹和消摆环节两部分组成。应该指出的是，台车定位参考轨迹满足了台车最大速度、加速度，甚至加加速度的物理约束。仿真实验采用李雅普诺夫定理、拉塞尔不变性原理、芭芭拉定理及拓展的芭芭拉定理证明了所规划轨迹的定位和消摆控制性能。

总的来说，在线轨迹规划方法具有以下几个优点 / 贡献：①所规划轨迹针对不同 / 不确定吊绳长度、负载质量和外部扰动具有很强的鲁棒性；②所规划轨迹能够在线生成，不需要提前或者离线规划；③该方法是二级摆型桥式吊车系统的第一个轨迹规划方法。

2.2   在线轨迹规划方法

在本节中，将设计一种在线轨迹规划方法，在台车定位参考轨迹中加入不影响其定位性能的消摆环节，并通过分析仿真结果对其正确性与有效性加以验证。

2.2.1   二级摆型桥式吊车系统动态模型分析

二级摆型桥式吊车系统的示意图如图 2-1 所示。由图 2-1 可知，台车可沿着桥架来回移动，达到运输负载至目标位置的目的，其动态模型可描述如下 [116, 139]：

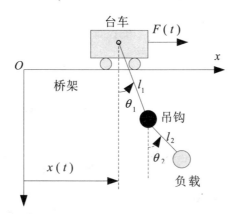

图 2-1   二级摆型桥式吊车系统示意图

$$\left(M_t + m_1 + m_2\right)\ddot{x} + \left(m_1 + m_2\right)l_1\left(\cos\theta_1\ddot{\theta}_1 - \dot{\theta}_1^2\sin\theta_1\right) +$$
$$m_2l_2\ddot{\theta}_2\cos\theta_2 - m_2l_2\dot{\theta}_2^2\sin\theta_2 = F \qquad （2-1）$$

$$(m_1 + m_2)l_1\cos\theta_1\ddot{x} + (m_1 + m_2)l_1^2\ddot{\theta}_1 + m_2l_1l_2\cos(\theta_1 - \theta_2)\ddot{\theta}_2 +$$
$$m_2l_1l_2\sin(\theta_1 - \theta_2)\dot{\theta}_1\dot{\theta}_2 + (m_1 + m_2)gl_1\sin\theta_1 = 0 \tag{2-2}$$

$$m_2l_2\cos\theta_2\ddot{x} + m_2l_1l_2\cos(\theta_1 - \theta_2)\ddot{\theta}_1 + m_2l_2^2\ddot{\theta}_2m_2l_1l_2\sin(\theta_1 - \theta_2)\dot{\theta}_1^2 +$$
$$m_2gl_2\sin\theta_2 = 0 \tag{2-3}$$

其中，M_t、m_1 和 m_2 分别表示台车质量、吊钩质量和负载质量；l_1 和 l_2 分别表示吊绳长度及吊钩与负载重心之间的距离；θ_1 和 θ_2 分别表示吊钩关于竖直方向的摆角和负载关于竖直方向的摆角；g 表示重力加速度；F 表示施加于台车上的合力。

式（2-2）和式（2-3）反映的是台车运动、吊钩摆动及负载摆动之间的运动耦合关系，是本节在线轨迹规划方法的分析基础。整理式（2-2）和式（2-3），可以得出：

$$\left[l_1^2\dot{\theta}_1 + \frac{m_2}{m_1 + m_2}l_1l_2\cos(\theta_1 - \theta_2)\dot{\theta}_2\right]\ddot{\theta}_1 + \left[\frac{m_2l_2l_1}{m_1 + m_2}\cos(\theta_1 - \theta_2)\dot{\theta}_1 + \right.$$

$$\left. \frac{m_2}{m_1 + m_2}l_2^2\dot{\theta}_2\right]\ddot{\theta}_2 + \frac{m_2}{m_1 + m_2}l_2g\dot{\theta}_2\sin\theta_2 + l_1g\dot{\theta}_1\sin\theta_1 =$$

$$-\left(l_1\cos\theta_1\dot{\theta}_1 + \frac{m_2}{m_1 + m_2}l_2\cos\theta_2\dot{\theta}_2\right)\ddot{x} \tag{2-4}$$

为促进接下来在线轨迹规划方法的设计与分析，并考虑到在整个运输过程中吊钩以及负载摆角较小的事实，做如下合理的近似[48, 140]：

$$\cos(\theta_1 - \theta_2) \approx 1, \ \cos\theta_1 \approx 1, \ \cos\theta_2 \approx 1 \tag{2-5}$$

将式（2-5）代入式（2-4），式（2-4）可进一步简写为：

$$\left(l_1^2\dot{\theta}_1 + \frac{m_2}{m_1 + m_2}l_1l_2\dot{\theta}_2\right)\ddot{\theta}_1 + \left(\frac{m_2l_2l_1}{m_1 + m_2}\dot{\theta}_1 + \frac{m_2}{m_1 + m_2}l_2^2\dot{\theta}_2\right)\ddot{\theta}_2 +$$

$$\frac{m_2}{m_1 + m_2}l_2g\dot{\theta}_2\sin\theta_2 + l_1g\dot{\theta}_1\sin\theta_1 = -\left(l_1\dot{\theta}_1 + \frac{m_2}{m_1 + m_2}l_2\dot{\theta}_2\right)\ddot{x} \tag{2-6}$$

2.2.2 主要结果

为精确地驱动台车至目标位置及快速地抑制并消除吊钩摆动、负载摆动，在台车定位参考轨迹中引入消摆环节，并通过以下线性组合得出最终的台车加速度轨迹表达式：

$$\ddot{x}_f(t) = \ddot{x}_d(t) + \ddot{x}_e(t) \tag{2-7}$$

其中，$\ddot{x}_e(t)$ 表示消摆环节；$\ddot{x}_d(t)$ 表示台车定位参考加速度轨迹；$\ddot{x}_f(t)$ 表示最终的台车加速度轨迹。

2.2.2.1　消摆部分

引入消摆环节的目的是有效地抑制并消除吊钩摆动和负载摆动。考虑到台车运动、吊钩摆动及负载摆动之间的耦合关系［式（2-4）］，设计具有如下表达式的消摆环节：

$$\ddot{x}_e(t) = k_1\left[\dot{\theta}_1 + \frac{m_2}{(m_1 + m_2)l_1}l_2\dot{\theta}_2\right] \tag{2-8}$$

其中，$k_1 \in \mathbf{R}^+$ 表示正的控制增益，消摆环节 $\ddot{x}_e(t)$ 的性质可概括为定理 2-1。

定理 2-1　消摆环节 $\ddot{x}_e(t)$ 可保证摆角（θ_1 和 θ_2）、角速度（$\dot{\theta}_1$ 和 $\dot{\theta}_2$）及角加速度（$\ddot{\theta}_1$ 和 $\ddot{\theta}_2$）渐近收敛至 0。

证明　定义函数 $V(t)$ 的表达式如下：

$$V(t) = \frac{1}{2}l_1^2\dot{\theta}_1^2 + \frac{1}{2}\frac{m_2}{m_1 + m_2}l_2^2\dot{\theta}_2^2 + \frac{m_2}{m_1 + m_2}l_1l_2\dot{\theta}_1\dot{\theta}_2 +$$
$$l_1g(1 - \cos\theta_1) + \frac{m_2}{m_1 + m_2}l_2g(1 - \cos\theta_2) \tag{2-9}$$

利用代数 - 几何平均不等式性质，式（2-9）可表示为

$$V(t) \geqslant \sqrt{\frac{m_2}{m_1 + m_2}}l_1l_2|\dot{\theta}_1||\dot{\theta}_2| + \frac{m_2}{m_1 + m_2}l_1l_2\dot{\theta}_1\dot{\theta}_2 +$$
$$l_1g(1 - \cos\theta_1) + \frac{m_2}{m_1 + m_2}l_2g(1 - \cos\theta_2) \geqslant 0 \tag{2-10}$$

这表明函数 $V(t)$ 是非负的。对式（2-10）两端关于时间求导并将式（2-4）的结论代入可得

$$\dot{V}(t) = -\left(l_1\dot{\theta}_1 + \frac{m_2}{m_1+m_2}l_2\dot{\theta}_2\right)\ddot{x}_e$$

$$= -k_1l_1\left[\dot{\theta}_1 + \frac{m_2}{(m_1+m_2)l_1}l_2\dot{\theta}_2\right]^2 \leqslant 0 \qquad (2\text{-}11)$$

为不失一般性，将初始吊钩摆角 θ_1（0）、初始负载摆角 θ_2（0）、初始吊钩角速度 $\dot{\theta}_1$（0）和初始负载角速度 $\dot{\theta}_2$（0）设置为0。为进一步证明定理2-1，定义 M 为集合 S 中的最大不变集，其中 S 定义为

$$S \triangleq \left\{(\theta_1, \theta_2, \dot{\theta}_1, \dot{\theta}_2, \ddot{\theta}_1, \ddot{\theta}_2) \big| \dot{V}(t)=0\right\} \qquad (2\text{-}12)$$

那么，在 M 中有

$$l_1\dot{\theta}_1 + \frac{m_2}{m_1+m_2}l_2\dot{\theta}_2 = 0 \Rightarrow \dot{\theta}_1 = -\frac{m_2l_2}{l_1(m_1+m_2)}\dot{\theta}_2 \qquad (2\text{-}13)$$

将式（2-13）代入式（2-8），可以得出如下结论：

$$\ddot{x}_e(t) = 0 \qquad (2\text{-}14)$$

由式（2-13）及初始吊钩、负载摆角为0的条件，可得

$$\ddot{\theta}_1 = -\frac{m_2l_2}{l_1(m_1+m_2)}\ddot{\theta}_2 \qquad (2\text{-}15)$$

$$\theta_1 = -\frac{m_2l_2}{l_1(m_1+m_2)}\theta_2 \qquad (2\text{-}16)$$

将式（2-13）～式（2-16）代入式（2-4），可以得出如下结论：

$$\frac{m_2l_2}{m_1+m_2}g\dot{\theta}_2(\sin\theta_2 - \sin\theta_1) = 0 \qquad (2\text{-}17)$$

由式（2-17）可知：

$$\dot{\theta}_2 = 0 \text{ 或 } \theta_2 = \theta_1 \qquad (2\text{-}18)$$

为完成定理2-1的证明，考虑 $\dot{\theta}_2 = 0$ 及 $\theta_2 = \theta_1$ 两种情况。

情况1　在这种情况下，考虑

$$\dot{\theta}_2 = 0 \qquad (2\text{-}19)$$

结合式（2-13）、式（2-15）及式（2-19）的结论，有

$$\ddot{\theta}_2 = 0, \quad \dot{\theta}_1 = 0, \quad \ddot{\theta}_1 = 0 \qquad (2\text{-}20)$$

将式（2-14）、式（2-19）及式（2-20）均代入式（2-2）和式（2-3）中，可得：

$$(m_1 + m_2)gl_1 \sin\theta_1 = 0 \qquad (2\text{-}21)$$

$$m_2 gl_2 \sin\theta_2 = 0 \qquad (2\text{-}22)$$

那么，可知

$$\theta_1 = 0, \quad \theta_2 = 0 \qquad (2\text{-}23)$$

情况 2　在这种情况下，考虑

$$\theta_2 = \theta_1 \qquad (2\text{-}24)$$

由式（2-16）及式（2-24）可得出

$$\theta_2 = \theta_1 = 0 \qquad (2\text{-}25)$$

因此，根据式（2-23）及式（2-25），可得如下结论：

$$\dot{\theta}_2 = \dot{\theta}_1 = 0, \quad \ddot{\theta}_2 = \ddot{\theta}_1 = 0 \qquad (2\text{-}26)$$

基于以上的分析可知，最大不变集 M 中有且只有一个平衡点：

$$\begin{bmatrix} \theta_1 & \theta_2 & \dot{\theta}_1 & \dot{\theta}_2 & \ddot{\theta}_1 & \ddot{\theta}_2 \end{bmatrix}^{\mathrm{T}} = \begin{bmatrix} 0 & 0 & 0 & 0 & 0 & 0 \end{bmatrix}^{\mathrm{T}} \qquad (2\text{-}27)$$

那么，利用拉塞尔不变性原理[83, 142]，可证得定理 2-1。

2.2.2.2　定位参考轨迹

选取一条平滑的 S 形曲线作为台车的定位参考轨迹[41]：

$$x_d(t) = \frac{p_d}{2} + \frac{k_v^2}{4k_a} \ln\left[\frac{\cosh\left(2k_a t / k_v - \varepsilon\right)}{\cosh\left(2k_a t / k_v - \varepsilon - 2p_d k_a / k_v^2\right)}\right] \qquad (2\text{-}28)$$

其中，p_d 表示台车目标位置；k_v 和 k_a 分别表示台车最大允许速度和加速度。

定义 k_j 为台车最大允许加加速度，式（2-28）中引入 $\varepsilon \in \mathbf{R}^+$ 的目的是调节台车的初始加速度。求式（2-28）两端关于时间的一阶、二阶以及三阶导数，

可得台车期望速度、加速度及加加速度的表达式：

$$\dot{x}_d(t) = k_v \frac{\tanh\left(2k_a t/k_v - \varepsilon\right) - \tanh\left(2k_a t/k_v - \varepsilon - 2p_d\, k_a/k_v^2\right)}{2} \qquad (2\text{-}29)$$

$$\ddot{x}_d(t) = k_a \left[\frac{1}{\cosh^2\left(2k_a t/k_v - \varepsilon\right)} - \frac{1}{\cosh^2\left(2k_a t/k_v - \varepsilon - 2p_d\, k_a/k_v^2\right)}\right] \qquad (2\text{-}30)$$

$$x_d^{(3)}(t) = \frac{4k_a^2}{k_v}\left[\frac{-\sinh\left(2k_a t/k_v - \varepsilon\right)}{\cosh^3\left(2k_a t/k_v - \varepsilon\right)} + \frac{\sinh\left(2k_a t/k_v - \varepsilon - 2p_d\, k_a/k_v^2\right)}{\cosh^3\left(2k_a t/k_v - \varepsilon - 2p_d\, k_a/k_v^2\right)}\right] \qquad (2\text{-}31)$$

其中，$\dot{x}_d(t)$，$\ddot{x}_d(t)$ 及 $x_d^{(3)}(t)$ 分别表示台车期望速度、加速度及加加速度轨迹。

台车期望轨迹［式（2-28）～式（2-31）］具有如下四个性质[41]：

性质 1　台车期望定位轨迹［式（2-28）］渐近收敛至 p_d 处，即

$$\lim_{t\to\infty} x_d(t) = p_d \qquad (2\text{-}32)$$

性质 2　台车期望速度轨迹［式（2-29）］始终是正的，并且以 k_v 为界，即

$$0 < \dot{x}_d(t) \leqslant k_v \qquad (2\text{-}33)$$

性质 3　台车期望加速度轨迹［式（2-30）］及加加速度轨迹［式（2-31）］分别以 k_a 及 k_j 为界，即

$$-k_a \leqslant \ddot{x}_d(t) \leqslant k_a , \quad -k_j \leqslant x_d^{(3)}(t) \leqslant k_j \qquad (2\text{-}34)$$

其中，$k_j = 4k_a^2/k_v$。

性质 4　台车期望初始位移及初始速度为 0，即

$$x_d(0) = 0, \ \dot{x}_d(0) = 0 \qquad (2\text{-}35)$$

2.2.2.3　最终轨迹及分析

通过将台车期望加速度轨迹式（2-30）与消摆环节式（2-8）相结合，可构造具有如下形式的台车最终期望加速度轨迹：

$$\ddot{x}_f(t) = \ddot{x}_d(t) + k_1\left[\dot{\theta}_1 + \frac{m_2}{(m_1 + m_2)l_1}l_2\dot{\theta}_2\right] \qquad (2\text{-}36)$$

其中，k_1 需满足如下条件：

$$k_1 > l_1/2 \tag{2-37}$$

那么，根据式（2-36），可以求出台车最终期望速度轨迹及位置轨迹的表达式：

$$\dot{x}_f(t) = \dot{x}_d(t) + k_1\left[\theta_1 + \frac{m_2}{(m_1+m_2)l_1}l_2\theta_2\right] \tag{2-38}$$

$$x_f(t) = x_d(t) + k_1\int_0^t\left(\theta_1 + \frac{m_2l_2}{(m_1+m_2)l_1}\theta_2\right)\mathrm{d}t \tag{2-39}$$

定理 2-2　台车的最终期望加速度轨迹 $\ddot{x}_f(t)$ 可保证吊钩摆角 θ_1 及负载摆角 θ_2 渐近收敛至 0，具体描述如下：

$$\lim_{t\to\infty}\begin{bmatrix}\theta_1 & \theta_2 & \dot{\theta}_1 & \dot{\theta}_2 & \ddot{\theta}_1 & \ddot{\theta}_2\end{bmatrix}^\mathrm{T} = \begin{bmatrix}0 & 0 & 0 & 0 & 0 & 0\end{bmatrix}^\mathrm{T} \tag{2-40}$$

证明　选取式（2-10）中的非负函数 $V(t)$ 作为李雅普诺夫候选函数，并将式（2-36）的结论代入式（2-11），可得如下结果：

$$\dot{V}(t) = -\left(l_1\dot{\theta}_1 + \frac{m_2}{m_1+m_2}l_2\dot{\theta}_2\right)\ddot{x}_f$$

$$= -\left(l_1\dot{\theta}_1 + \frac{m_2}{m_1+m_2}l_2\dot{\theta}_2\right)\ddot{x}_d(t) - k_1l_1\left[\dot{\theta}_1 + \frac{m_2}{(m_1+m_2)l_1}l_2\dot{\theta}_2\right]^2 \tag{2-41}$$

基于代数-几何平均不等式性质，式（2-41）可表示为

$$\dot{V}(t) \leqslant \frac{1}{2}\ddot{x}_d^2(t) + \frac{1}{2}l_1^2\left[\dot{\theta}_1 + \frac{m_2}{(m_1+m_2)l_1}l_2\dot{\theta}_2\right]^2 - k_1l_1\left[\dot{\theta}_1 + \frac{m_2}{(m_1+m_2)l_1}l_2\dot{\theta}_2\right]^2$$

$$\leqslant \frac{1}{2}\ddot{x}_d^2(t) + l_1\left(\frac{1}{2}l_1 - k_1\right)\left[\dot{\theta}_1 + \frac{m_2}{(m_1+m_2)l_1}l_2\dot{\theta}_2\right]^2 \tag{2-42}$$

对式（2-42）两端关于时间积分，则有

$$V(t) \leqslant \frac{1}{2}\int_0^t\ddot{x}_d^2(t)\mathrm{d}t + l_1\left(\frac{1}{2}l_1 - k_1\right)\int_0^t\left[\dot{\theta}_1 + \frac{m_2}{(m_1+m_2)l_1}l_2\dot{\theta}_2\right]^2\mathrm{d}t + V(0) \tag{2-43}$$

通过分部积分法，式（2-43）右侧第一项可表示为

$$\frac{1}{2}\int_0^t \ddot{x}_d^2(t)\,\mathrm{d}t = \frac{1}{2}\ddot{x}_d(t)\dot{x}_d(t) + \frac{1}{2}x_d^{(3)}(t)x_d(t) \in L_\infty \qquad （2-44）$$

由式（2-37）可得：

$$l_1\left(\frac{1}{2}l_1 - k_1\right)\int_0^t \left[\dot{\theta}_1 + \frac{m_2}{(m_1+m_2)l_1}l_2\dot{\theta}_2\right]^2 \mathrm{d}t \le 0 \qquad （2-45）$$

那么，由式（2-43）～式（2-45）的结论，可以得出

$$V(t) \in L_\infty \qquad （2-46）$$

由式（2-9）可得

$$\dot{\theta}_1(t),\ \dot{\theta}_2(t) \in L_\infty \qquad （2-47）$$

结合式（2-34）、式（2-36）及式（2-47）的结论，可以得到

$$\ddot{x}_f \in L_\infty \qquad （2-48）$$

将式（2-36）分别代入式式（2-2）和式（2-3），并进一步整理，可得

$$m_1 l_1 \ddot{\theta}_1 = \underbrace{-m_1\ddot{x}_f}_{g_1(t)}\underbrace{-m_2 l_2 \sin(\theta_1-\theta_2)\dot{\theta}_1\dot{\theta}_2 - m_2 l_1 \sin(\theta_1-\theta_2)\dot{\theta}_1^2 - (m_1+m_2)g\sin\theta_1 + m_2 g\sin\theta_2}_{g_2(t)}$$

$$（2-49）$$

$$m_1 l_2 \ddot{\theta}_2 = \underbrace{(m_1+m_2)l_1\sin(\theta_1-\theta_2)\dot{\theta}_1^2 + m_2 l_2\sin(\theta_1-\theta_2)\dot{\theta}_1\dot{\theta}_2 + (m_1+m_2)g(\sin\theta_2 - \sin\theta_1)}_{f(t)}$$

$$（2-50）$$

其中，$g_1(t)$ 和 $g_2(t)$ 为引入的辅助函数，并且在整理过程中使用了式（2-5）的结论。

由式（2-47）和式（2-48）可得：

$$\ddot{\theta}_1(t) \in L_\infty,\ \ddot{\theta}_2(t) \in L_\infty \qquad （2-51）$$

经过运算，式（2-43）可改写为

$$l_1\left(k_1 - \frac{1}{2}l_1\right)\int_0^t\left[\dot{\theta}_1 + \frac{m_2}{(m_1+m_2)l_1}l_2\dot{\theta}_2\right]^2 \mathrm{d}t \le \frac{1}{2}\int_0^t \ddot{x}_d^2(t)\mathrm{d}t + V(0) - V(t) \in L_\infty \qquad （2-52）$$

这表明

$$\dot{\theta}_1 + \frac{m_2}{(m_1 + m_2)l_1} l_2 \dot{\theta}_2 \in L_2 \tag{2-53}$$

由式（2-47）、式（2-51）及式（2-53）的结论，可知

$$\dot{\theta}_1 + \frac{m_2}{(m_1 + m_2)l_1} l_2 \dot{\theta}_2 \in L_2 \bigcap L_\infty, \ \ddot{\theta}_1, \ \ddot{\theta}_2 \in L_\infty \tag{2-54}$$

通过引入芭芭拉定理[83, 142]，可得

$$\lim_{t \to \infty} \left[\dot{\theta}_1 + \frac{m_2}{(m_1 + m_2)l_1} l_2 \dot{\theta}_2 \right] = 0 \tag{2-55}$$

由式（2-8）及式（2-55），可得

$$\lim_{t \to \infty} \ddot{x}_e(t) = 0 \tag{2-56}$$

由式（2-30）可得

$$\lim_{t \to \infty} \ddot{x}_d(t) = 0 \tag{2-57}$$

联立式（2-56）和式（2-57），则有

$$\lim_{t \to \infty} \ddot{x}_f(t) = 0 \tag{2-58}$$

由式（2-47）、式（2-49）、式（2-50）、式（2-51）及式（2-58）的结论，可得

$$\dot{g}_2(t) \in L_\infty, \ \lim_{t \to \infty} g_1(t) = 0 \tag{2-59}$$

$$\dot{f}(t) \in L_\infty \tag{2-60}$$

因此，通过引入拓展的芭芭拉定理[83, 142]，可得

$$\lim_{t \to \infty} \ddot{\theta}_1 = 0, \ \lim_{t \to \infty} \ddot{\theta}_2 = 0 \tag{2-61}$$

对式（2-2）和式（2-3）整理可得

$$(m_1 + m_2)g\sin\theta_1 = \underbrace{-(m_1+m_2)\ddot{x}_f - (m_1+m_2)l_1\ddot{\theta}_1 - m_2 l_2\ddot{\theta}_2}_{p_1(t)} \underbrace{-m_2 l_2 \sin(\theta_1-\theta_2)\dot{\theta}_1\dot{\theta}_2}_{p_2(t)} \tag{2-62}$$

$$g\sin\theta_2 = \underbrace{-\cos\theta_2\ddot{x}_f - l_1\cos(\theta_1-\theta_2)\ddot{\theta}_1 - l_2\ddot{\theta}_2}_{q_1(t)} + \underbrace{l_1\sin(\theta_1-\theta_2)\dot{\theta}_1^2}_{q_2(t)} \quad (2\text{-}63)$$

其中，$p_1(t)$、$p_2(t)$、$q_1(t)$ 和 $q_2(t)$ 为引入的辅助函数。

由式（2-47）、式（2-51）、式（2-58）及式（2-61）可得

$$\lim_{t\to\infty}p_1(t)=0, \quad \dot{p}_2(t)\in L_\infty \quad (2\text{-}64)$$

$$\lim_{t\to\infty}q_1(t)=0, \quad \dot{q}_2(t)\in L_\infty \quad (2\text{-}65)$$

利用芭芭拉定理[83, 142]及运输过程中吊钩、负载摆角足够小的事实[48, 140]，可得：

$$\lim_{t\to\infty}\sin\theta_1=0, \ \lim_{t\to\infty}\sin\theta_2=0 \Rightarrow \lim_{t\to\infty}\theta_1(t)=0, \ \lim_{t\to\infty}\theta_2(t)=0 \quad (2\text{-}66)$$

式（2-3）可进一步简化为

$$\ddot{x}_f + l_1\ddot{\theta}_1 + l_2\ddot{\theta}_2 + g\theta_2 = 0 \quad (2\text{-}67)$$

对式（2-67）两端关于时间进行积分，可得：

$$\int_0^t g\theta_2\mathrm{d}t = \underbrace{-\dot{x}_f}_{w_1(t)}\ \underbrace{-l_1\dot{\theta}_1 - l_2\dot{\theta}_2}_{w_2(t)} \quad (2\text{-}68)$$

其中，$w_1(t)$ 及 $w_2(t)$ 为引入的辅助函数，并且在推导过程中使用了 $\dot{\theta}_1(0)=\dot{\theta}_2(0)=0$ 的初始条件及 $\dot{x}_d(0)=0$ 的性质。

由式（2-33）、式（2-38）及式（2-66）可得

$$\lim_{x\to\infty}w_1(t)=0 \quad (2\text{-}69)$$

由式（2-51）可得：

$$\lim_{x\to\infty}\dot{w}_2(t)\in L_\infty \quad (2\text{-}70)$$

联立式（2-69）和式（2-70），并引入芭芭拉定理[83, 142]，可得

$$\lim_{t\to\infty}\left(-l_1\dot{\theta}_1 - l_2\dot{\theta}_2\right)=0 \quad (2\text{-}71)$$

那么，由式（2-55）及式（2-71）可知下式成立：

$$\lim_{t \to \infty} \dot{\theta}_1 = 0, \ \lim_{t \to \infty} \dot{\theta}_2 = 0 \tag{2-72}$$

结合式（2-61）、式（2-66）及式（2-72）的结论，不难得出：

$$\lim_{t \to \infty} \begin{bmatrix} \theta_1 & \theta_2 & \dot{\theta}_1 & \dot{\theta}_2 & \ddot{\theta}_1 & \ddot{\theta}_2 \end{bmatrix}^{\mathrm{T}} = \begin{bmatrix} 0 & 0 & 0 & 0 & 0 & 0 \end{bmatrix}^{\mathrm{T}}$$

由此可知，定理 2-2 得证。

定理 2-3 台车的最终加速度轨迹 $\ddot{x}_f(t)$ 可驱动台车到达目标位置，并保证台车速度、加速度渐近收敛至 0，即

$$\lim_{t \to \infty} \begin{bmatrix} x_f(t) & \dot{x}_f(t) & \ddot{x}_f(t) \end{bmatrix}^{\mathrm{T}} = \begin{bmatrix} p_d & 0 & 0 \end{bmatrix}^{\mathrm{T}} \tag{2-73}$$

由式（2-29）、式（2-38）及式（2-66）可得

$$\lim_{t \to \infty} \dot{x}_f(t) = 0 \tag{2-74}$$

基于式（2-66），式（2-2）可重新整理为

$$(m_1 + m_2)\ddot{x}_f + (m_1 + m_2)l_1\ddot{\theta}_1 + m_2 l_2\ddot{\theta}_2 + (m_1 + m_2)g\theta_1 = 0 \tag{2-75}$$

对式（2-67）和式（2-75）两端关于时间进行积分，并取极限，可得

$$(m_1 + m_2)g\int_0^\infty \theta_1 \mathrm{d}t = -(m_1 + m_2)\dot{x}_f(\infty) - (m_1 + m_2)l_1\dot{\theta}_1(\infty) - m_2 l_2\dot{\theta}_2(\infty) \tag{2-76}$$

$$g\int_0^\infty \theta_2 \mathrm{d}t = -\dot{x}_f(\infty) - l_1\dot{\theta}_1(\infty) - l_2\dot{\theta}_2(\infty) \tag{2-77}$$

其中，在推导过程中使用了初始条件：$\theta_1(0) = \theta_2(0) = 0$，$\dot{\theta}_1(0) = \dot{\theta}_2(0) = 0$ 及性质 4：$x_d(0) = 0$，$\dot{x}_d(0) = 0$。

由式（2-72）及式（2-74），可得

$$g\int_0^\infty \theta_1 \mathrm{d}t = 0, \ g\int_0^\infty \theta_2 \mathrm{d}t$$

$$\tag{2-78}$$

由式（2-32）、式（2-39）和式（2-78）可得：

$$\lim_{t \to \infty} x_f(t) = \lim_{t \to \infty} x_d(t) = p_d \tag{2-79}$$

由式（2-58）、式（2-74）和式（2-79）可知如下结论成立：

$$\lim_{t \to \infty} \begin{bmatrix} x_f(t) & \dot{x}_f(t) & \ddot{x}_f(t) \end{bmatrix}^{\mathrm{T}} = \begin{bmatrix} p_d & 0 & 0 \end{bmatrix}^{\mathrm{T}}$$

由此可知，定理 2-3 得证。

2.2.3　仿真结果及分析

在本小节中，将通过数值仿真验证本章所提在线轨迹规划方法优异的控制性能。具体来说，将整个仿真过程分为三组。在第一组仿真实验中，通过将所提在线轨迹规划方法与基于无源性的控制方法[136]、CSMC 控制方法[119]进行对比，验证所提在线轨迹规划方法的控制性能。第二组仿真实验将检验所提在线轨迹规划方法针对不同系统参数变化（内部扰动）的鲁棒性。第三组仿真将进一步测试所提在线轨迹规划方法针对不同外部扰动的鲁棒性。

为方便理解，给出基于无源性的控制方法的表达式如下[136]：

$$
\begin{aligned}
F_x = &-\left[k_E \boldsymbol{I} + k_D \boldsymbol{Z} \boldsymbol{M}^{-1}(\boldsymbol{q}) \boldsymbol{Z}^T \right]^{-1} k_p \left(x - p_d \right) + \\
& k_D \boldsymbol{Z} \boldsymbol{M}^{-1}(\boldsymbol{q}) \left[\boldsymbol{C}(\boldsymbol{q}, \dot{\boldsymbol{q}}) \dot{\boldsymbol{q}} + \boldsymbol{G}(\boldsymbol{q}) \right] + k\dot{x}
\end{aligned}
\tag{2-80}
$$

其中，F_x 为施加于台车上的驱动力；k_E，k_D，k_p，$k \in \mathbf{R}^+$ 为控制增益；$\boldsymbol{I} \in \mathbf{R}^{3 \times 3}$ 为单位矩阵；$\boldsymbol{Z} = [1\ 0\ 0]$，$\boldsymbol{q} = [x\ \theta_1\ \theta_2]^T$ 为系统的状态向量；$\boldsymbol{M}(\boldsymbol{q}) \in \mathbf{R}^{3 \times 3}$ 为惯性矩阵；$\boldsymbol{C}(\boldsymbol{q}, \dot{\boldsymbol{q}}) \in \mathbf{R}^{3 \times 3}$ 为向心-柯氏力矩阵；$\boldsymbol{G}(\boldsymbol{q}) \in \mathbf{R}^3$ 为重力向量，它们的具体表达式如下：

$$
\boldsymbol{M}(\boldsymbol{q}) = \begin{bmatrix}
M_t + m_1 + m_2 & (m_1 + m_2) l_1 \cos\theta_1 & m_2 l_2 \cos\theta_2 \\
(m_1 + m_2) l_1 \cos\theta_1 & (m_1 + m_2) l_1^2 & m_2 l_1 l_2 \cos(\theta_1 - \theta_2) \\
m_2 l_2 \cos\theta_2 & m_2 l_1 l_2 \cos(\theta_1 - \theta_2) & m_2 l_2^2
\end{bmatrix}
$$

$$
\boldsymbol{C}(\boldsymbol{q}, \dot{\boldsymbol{q}}) = \begin{bmatrix}
0 & -(m_1 + m_2) l_1 \dot{\theta}_1 \sin\theta_1 & -m_2 l_2 \dot{\theta}_2 \sin\theta_2 \\
0 & 0 & m_2 l_1 l_2 \dot{\theta}_1 \sin(\theta_1 - \theta_2) \\
0 & -m_2 l_1 l_2 \dot{\theta}_1 \sin(\theta_1 - \theta_2) & 0
\end{bmatrix}
$$

$$
\boldsymbol{G}(\boldsymbol{q}) = \begin{bmatrix} 0 & (m_1 + m_2) g l_1 \sin\theta_1 & m_2 g l_2 \sin\theta_2 \end{bmatrix}^T
$$

$$
\boldsymbol{q} = [x\ \theta_1\ \theta_2]^T, \quad \boldsymbol{I} = \begin{bmatrix} 1 & 0 & 0 \\ 0 & 1 & 0 \\ 0 & 0 & 1 \end{bmatrix}, \quad \boldsymbol{Z} = [1\ 0\ 0]
$$

同样地，给出 CSMC 控制方法的表达式如下[119]：

$$F_x = (m_1 + m_2)l_1(\cos\theta_1\ddot{\theta}_1 - \dot{\theta}_1^2\sin\theta_1) + m_2l_2\ddot{\theta}_2\cos\theta_2 - m_2l_2\dot{\theta}_2^2\sin\theta_2 - $$
$$(M_t + m_1 + m_2)(\lambda\dot{x} + \alpha\dot{\theta}_1 + \beta\dot{\theta}_2) - K\,\mathrm{sign}(s) \tag{2-81}$$

其中，$\lambda,\ \alpha,\ K \in \mathbf{R}^+$，$\beta \in \mathbf{R}^-$ 为控制增益；s 为滑模面，其表达式为

$$s = \dot{x} + \lambda(x - p_d) + \alpha\theta_1 + \beta\theta_2 \tag{2-82}$$

为避免抖振现象的出现，用双曲正切函数 $\tanh(\cdot)$ 替代符号函数 $\mathrm{sign}(\cdot)$。那么，式（2-81）可进一步修改为

$$F_x = -(m_1 + m_2)l_1(\cos\theta_1\ddot{\theta}_1 - \dot{\theta}_1^2\sin\theta_1) - m_2l_2\ddot{\theta}_2\cos\theta_2 + m_2l_2\dot{\theta}_2^2\sin\theta_2 - $$
$$(M_t + m_1 + m_2)(\lambda\dot{x} + \alpha\dot{\theta}_1 + \beta\dot{\theta}_2) - K\tanh(s) \tag{2-83}$$

系统参数及这三个控制方法的控制增益见表 2-1。

表 2-1　设计参数

系统参数	所提在线轨迹规划方法	基于无源性控制方法	CSMC 控制方法
$M_t = 10\ \mathrm{kg}$，$m_1 = 1\ \mathrm{kg}$，$m_2 = 2\ \mathrm{kg}$，$l_1 = 0.7\ \mathrm{m}$，$l_2 = 0.3\ \mathrm{m}$，$g = 9.8\ \mathrm{m/s^2}$，$k_v = 0.3\ \mathrm{m/s}$，$k_a = 0.3\ \mathrm{m/s^2}$，$\varepsilon = 5$，$p_d = 1\ \mathrm{m}$，$x(0) = \dot{x}(0) = 0$，$\theta_1(0) = \dot{\theta}_1(0) = 0$，$\theta_2(0) = \dot{\theta}_2(0) = 0$	$k_1 = 5$	$k_E = 1$，$k_D = 0$，$k_p = 8$，$k = 18$	$\lambda = 0.5$，$\alpha = 17$，$\beta = -11$，$K = 90$

第一组仿真　在这组仿真中，通过将所提在线轨迹规划方法与基于无源性的控制方法及 CSMC 控制方法做对比，测试所提在线轨迹规划方法优异的控制性能。

仿真结果见图 2-2 ～图 2-4。由图 2-2 ～图 2-4 可知，虽然所设计在线轨迹规划方法需要的运输时间稍多于基于无源性的控制方法，但该方法的吊钩、负载摆动的抑制与消除能力明显优于另外两个控制方法。同时，当台车到达目标位置后，本方法几乎无残余摆角。

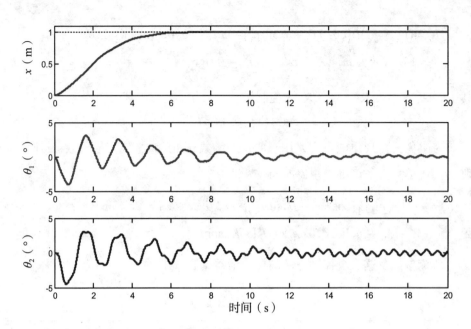

图 2-2　第一组仿真　基于无源性控制方法的仿真结果：台车轨迹、吊钩摆角、负载摆角

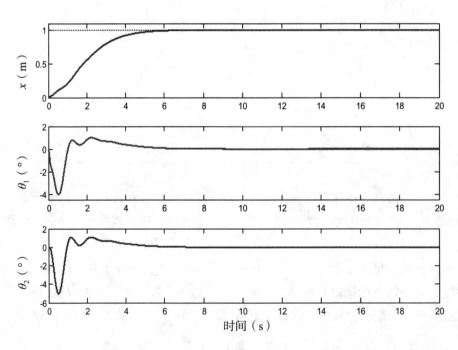

图 2-3　第一组仿真　CSMC 控制方法的仿真结果：台车轨迹、吊钩摆角、负载摆角

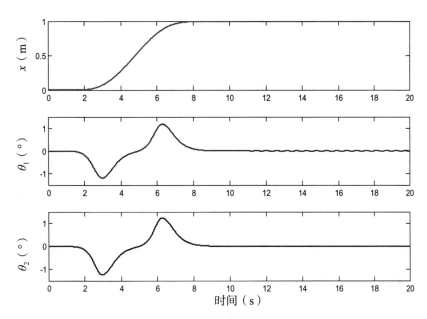

图 2-4　第一组仿真　所提在线轨迹规划方法的仿真结果：台车轨迹、吊钩摆角、负载摆角

第二组仿真　在这组仿真中，将验证本所提在线轨迹规划方法针对不同参数变化的鲁棒性。为此，考虑如下两种极端情况（应该指出的是，参数突变比参数时变情况更加严峻）：

情形 1　在 $t = 2\,\mathrm{s}$ 时，负载质量由 $2\,\mathrm{kg}$ 突然增加至 $3\,\mathrm{kg}$。

情形 2　在 $t = 2\,\mathrm{s}$ 时，吊绳长度由 $0.7\,\mathrm{m}$ 突然增加至 $1.5\,\mathrm{m}$。

相应的仿真曲线见图 2-5 和图 2-6。由图 2-5 和图 2-6 可知，即使在负载质量、吊绳长度突变的情况下，所提在线轨迹规划方法仍可精确地驱动台车至目标位置。在整个运输过程中，最大吊钩摆角、负载摆角均小于 1.2°，并且当台车停止运行后迅速收敛至 0。通过对比图 2-5 和图 2-6 中红色实线与蓝色点线，可知所提控制方法的控制性能受系统参数变化的影响不大。以上结果表明该方法针对系统参数变化具有强鲁棒性。

第三组仿真　在这组仿真中，将进一步验证本所提在线轨迹规划方法针对不同外部扰动的鲁棒性。为此，针对吊钩及负载摆角，在 7 ～ 8 s 施加脉冲扰动，在 11 ～ 12 s 引入正弦扰动，在 15 ～ 16 s 加入随机扰动，这些扰动的幅值均为 2°。

仿真结果见图 2-7。由此可知，所提在线轨迹规划方法可迅速地将施加的外部扰动抑制并消除，表明该方法针对不同外部扰动具有很强的鲁棒性。

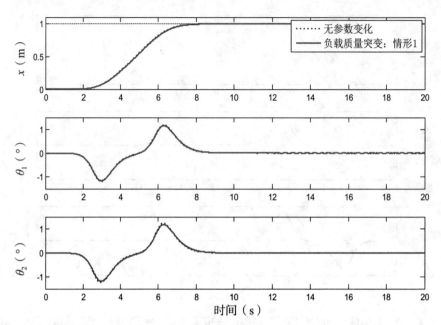

图2-5　第二组仿真　所提在线轨迹规划方法针对情形1的仿真结果
（蓝色点线：无参数变化；红色实线：情形1）：台车轨迹、吊钩摆角、负载摆角

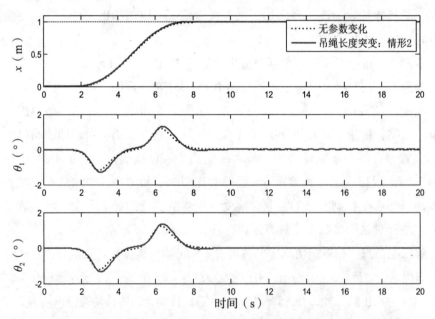

图2-6　第二组仿真　所提在线轨迹规划方法针对情形2的仿真结果
（蓝色点线：无参数变化；红色实线：情形2）：台车轨迹、吊钩摆角、负载摆角

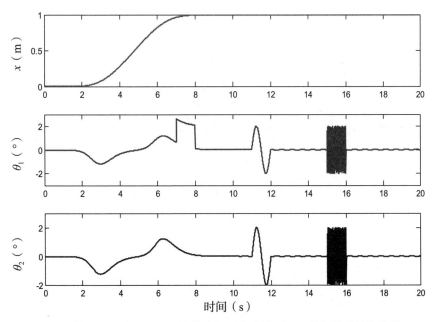

图 2-7   第三组仿真   所提在线轨迹规划方法针对不同外部扰动的仿真结果：
台车轨迹、吊钩摆角、负载摆角

2.3   本章小结

考虑已有针对二级摆型桥式吊车系统的控制方法多为调节 / 稳定控制方法，轨迹规划方法仍处于空白阶段，并且在实际工程应用中，使用人员更希望台车轨迹在线生成。因此，本章针对二级摆型桥式吊车系统提出一种在线轨迹规划方法。该方法针对不同 / 不确定吊绳长度、负载质量及不同外部扰动具有很强的鲁棒性，并且，该方法不需要提前或离线规划。同时，本章利用李雅普诺夫方法、拉塞尔不变性原理、芭芭拉定理及拓展的芭芭拉定理证明了所规划轨迹的收敛性和消摆控制性能。仿真结果表明该方法具有优异的控制性能及针对参数变化、外部扰动的强鲁棒性。

第3章 桥式吊车系统跟踪控制方法

3.1 引言

桥式吊车系统工作环境较为复杂，通常会受到负载质量、台车质量、吊绳长度、摩擦力等系统参数不确定因素及空气阻力等外部扰动的影响，这些系统参数及外部扰动是很难甚至无法测量的。另外，现有二级摆型桥式吊车系统的控制方法大多为调节控制方法，轨迹规划的环节往往被忽略，且调节控制方法存在一些核心指标包括台车最大速度/加速度、吊钩摆幅、负载摆幅、台车工作效率等无法在理论上得到保证的缺点。

为解决上述问题，本章提出可保证跟踪误差受约束的二级摆型桥式吊车系统自适应跟踪控制方法。为驱动台车平稳运行至目标位置，选择了一条平滑的S形曲线作为台车目标轨迹，利用能量整形的观点，构造了一个新的储能函数，提出自适应跟踪控制器。受文献[143-144]启发，在所设计控制器中加入一个额外项，保证了台车跟踪误差始终在允许的范围内。利用李雅普诺夫方法及芭芭拉定理对闭环系统在平衡点处的稳定性进行了严格的理论分析。仿真结果表明该方法可保证台车的跟踪误差始终在允许范围内，并具有良好的控制性能及对系统参数不确定性、外部扰动的强鲁棒性。

总的来说，本章带跟踪误差约束的自适应跟踪控制方法具有如下优点/贡献：①该方法是二级摆型桥式吊车系统的第一个自适应控制方法；②该方法可保证台车的跟踪误差始终在允许的范围内；③该方法对系统参数不确定性及外部扰动具有较强的鲁棒性；④该方法结构简单，易于工程实现。

设计桥式吊车控制方法时，为保证系统状态的收敛性，需假设负载的初始摆角为零。然而，在很多场合中难免存在着负载的初始摆角不为零的情况[145]，因此，研究任意初值条件下的控制方法是十分重要的。另外，对轨迹规划方法而言，当台车目标点改变时，需要重新离线计算轨迹参数，这非常不易于实际工程应用。

人们对于误差轨迹的期望衰减形状有直观的、明确的要求，容易给出期望误差轨迹的表达式。同时，期望误差轨迹一旦设定，可用于吊车系统执行不同运输任务，并且其设定的衰减形状无需修改[146]。因此，本章首先定义了台车及负载摆动的期望误差轨迹，在此基础上，建立了桥式吊车系统的误差跟踪动态模型。受文献 [147] 启发，构造了具有特定结构的期望目标系统，提出可以将桥式吊车系统转变为目标系统的误差跟踪控制方法。对于闭环系统的稳定性和收敛性，通过李雅普诺夫方法及拉塞尔不变性原理对其进行了严格的理论分析。仿真和实验结果均证明了该方法的有效性与正确性。

简而言之，本章所提带任意初始负载摆角的误差跟踪控制方法的优点 / 贡献如下：①该方法允许初始负载摆角取任意值；②该方法对不同 / 不确定绳长、负载质量、不同目标位置、初始负载摆角以及外部扰动具有很强的鲁棒性；③一条期望误差轨迹，可用于吊车系统执行不同的运输任务，并且设定的衰减形状无须修改。

3.2　带有跟踪误差约束的二级摆型桥式吊车系统自适应跟踪控制方法

3.2.1　二级摆型桥式吊车系统动态模型分析

当考虑空气阻力时，二级摆型桥式吊车的动态模型［式（2-1）～式（2-3）］可改写为

$$(M_t + m_1 + m_2)\ddot{x} + (m_1 + m_2)l_1\left(\cos\theta_1\ddot{\theta}_1 - \dot{\theta}_1^2\sin\theta_1\right) +$$
$$m_2l_2\ddot{\theta}_2\cos\theta_2 - m_2l_2\dot{\theta}_2^2\sin\theta_2 = F_x - F_{rx} + F_a \tag{3-1}$$

$$(m_1 + m_2)l_1 \cos\theta_1 \ddot{x} + (m_1 + m_2)l_1^2 \ddot{\theta}_1 + m_2 l_1 l_2 \cos(\theta_1 - \theta_2)\ddot{\theta}_2 +$$
$$m_2 l_1 l_2 \sin(\theta_1 - \theta_2)\dot{\theta}_2^2 + (m_1 + m_2)gl_1 \sin\theta_1 = F_{\theta_1} \tag{3-2}$$

$$m_2 l_2 \cos\theta_2 \ddot{x} + m_2 l_1 l_2 \cos(\theta_1 - \theta_2)\ddot{\theta}_1 + m_2 l_2^2 \ddot{\theta}_2 -$$
$$m_2 l_1 l_2 \sin(\theta_1 - \theta_2)\dot{\theta}_1^2 + m_2 gl_2 \sin\theta_2 = F_{\theta_2} \tag{3-3}$$

其中，F_x 为施加于台车上的驱动力；F_{rx} 为台车与桥架间的摩擦力；F_a，F_{θ_1} 及 F_{θ_2} 为空气阻力。F_{rx}，F_a，F_{θ_1} 和 F_{θ_2} 的具体表达式如下：

$$F_{rx} = f_{r0x} \tanh\left(\frac{\dot{x}}{\varepsilon_x}\right) - k_{rx}|\dot{x}|\dot{x} \tag{3-4}$$

$$F_a = -d_x \dot{x} - d_{\theta_1} l_1 \dot{\theta}_1 - d_{\theta_2} l_2 \dot{\theta}_2 \tag{3-5}$$

$$F_{\theta_1} = -d_{\theta_1} l_1^2 \dot{\theta}_1 \tag{3-6}$$

$$F_{\theta_2} = -d_{\theta_2} l_2^2 \dot{\theta}_2 \tag{3-7}$$

其中，d_x，d_{θ_1}，$d_{\theta_2} \in \mathbf{R}^+$ 分别为台车运行时的空气阻力系数及吊钩、负载在摆动时的空气阻力系数；f_{r0x}，ε_x，$k_{rx} \in \mathbf{R}^1$ 为与摩擦力相关的系数。定义 F 为施加于台车上的合力，则有

$$F = F_x - F_{rx} + F_a \tag{3-8}$$

为便于接下来的分析，将式（3-1）～式（3-3）写成如下矩阵形式：

$$M(q)\ddot{q} + C(q, \dot{q})\dot{q} + G(q) = U \tag{3-9}$$

其中，$M(q) = M^T(q) \in \mathbf{R}^{3\times3}$ 为惯性矩阵；$C(q, \dot{q}) \in \mathbf{R}^{3\times3}$ 为向心－柯氏力矩阵，$G(q) \in \mathbf{R}^3$ 为重力向量；$U \in \mathbf{R}^3$ 为输入向量；q 为状态向量；这些矩阵／向量的表达式为

$$\begin{cases} M(q) = \begin{bmatrix} M_t + m_1 + m_2 & (m_1 + m_2)l_1 \cos\theta_1 & m_2 l_2 \cos\theta_2 \\ (m_1 + m_2)l_1 \cos\theta_1 & (m_1 + m_2)l_1^2 & m_2 l_1 l_2 \cos(\theta_1 - \theta_2) \\ m_2 l_2 \cos\theta_2 & m_2 l_1 l_2 \cos(\theta_1 - \theta_2) & m_2 l_2^2 \end{bmatrix} \\ C(q, \dot{q}) = \begin{bmatrix} 0 & -(m_1 + m_2)l_1 \dot{\theta}_1 \sin\theta_1 & -m_2 l_2 \dot{\theta}_2 \sin\theta_2 \\ 0 & 0 & m_2 l_1 l_2 \dot{\theta}_2 \sin(\theta_1 - \theta_2) \\ 0 & -m_2 l_1 l_2 \dot{\theta}_1 \sin(\theta_1 - \theta_2) & 0 \end{bmatrix} \\ G(q) = \begin{bmatrix} 0 & (m_1 + m_2)gl_1 \sin\theta_1 & m_2 gl_2 \sin\theta_2 \end{bmatrix}^T \\ U = \begin{bmatrix} F_x - F_{rx} + F_a & F_{\theta_1} & F_{\theta_2} \end{bmatrix}^T, \quad q = \begin{bmatrix} x & \theta_1 & \theta_2 \end{bmatrix}^T \end{cases} \tag{3-10}$$

二级摆型桥式吊车系统具有如下 4 个主要的性质[136]：

性质 1 惯性矩阵 $\boldsymbol{M}(\boldsymbol{q})$ 为正定对称矩阵。

性质 2 矩阵 $\dot{\boldsymbol{M}}(\boldsymbol{q}) - 2\boldsymbol{C}(\boldsymbol{q}, \dot{\boldsymbol{q}})$ 是反对称矩阵，则有

$$\boldsymbol{\xi}^{\mathrm{T}} \left[\dot{\boldsymbol{M}}(\boldsymbol{q}) - 2\boldsymbol{C}(\boldsymbol{q}, \dot{\boldsymbol{q}}) \right] \boldsymbol{\xi} = 0, \ \forall \boldsymbol{\xi} \in \mathbf{R}^3 \qquad （3-11）$$

性质 3 二级摆型桥式吊车系统为欠驱动非线性系统：施加于台车上的驱动力只有一个（F_x），而系统的待控自由度有三个（x, θ_1, θ_2）。

性质 4 二级摆型桥式吊车系统为无源系统。

3.2.2 主要结果

3.2.2.1 台车定位参考轨迹的选取

为实现台车的平稳运行，将如下平滑连续的 S 形曲线选为台车的定位参考轨迹[41]：

$$x_d(t) = \frac{p_d}{2} + \frac{k_v^2}{4k_a} \ln \left[\frac{\cosh\left(2k_a t/k_v - \varepsilon\right)}{\cosh\left(2k_a t/k_v - \varepsilon - 2p_d k_a/k_v^2\right)} \right] \qquad （3-12）$$

其中，p_d，k_a，k_v，ε 的定义、式（3-12）关于时间的一阶（台车期望速度轨迹）、二阶（台车期望加速度轨迹）、三阶导数（台车期望加加速度轨迹）及台车参考轨迹的 4 个主要性质参见第 2.2.2 节。

由于吊车系统固有的欠驱动特性，无法对吊钩摆角、负载摆角进行直接的控制，仅能通过台车的运动与吊钩摆动、负载摆动之间的耦合关系来达到抑制吊钩摆动及负载摆动的目的。因为无法对吊钩摆动、负载摆动规划出类似于式（3-12）的目标轨迹。所以，本小节设定吊钩摆动、负载摆动的期望轨迹如下：

$$\theta_{1d}(t) = 0, \ \theta_{2d}(t) = 0 \qquad （3-13）$$

其中，θ_{1d} 表示吊钩摆动的期望轨迹；θ_{2d} 为负载摆动的期望轨迹。

二级摆型桥式吊车系统的目标状态轨迹可表示为

$$\boldsymbol{q}_d = \begin{bmatrix} x_d & \theta_{1d} & \theta_{2d} \end{bmatrix}^{\mathrm{T}} = \begin{bmatrix} x_d & 0 & 0 \end{bmatrix}^{\mathrm{T}} \qquad （3-14）$$

3.2.2.2 带有跟踪误差约束的自适应跟踪控制器设计

在本小节，将利用能量整形的思想，提出一种带有跟踪误差约束的自适应跟踪控制方法。此方法即使在系统参数不确定及存在外部扰动情况时仍能保证系统的渐近跟踪性能，具有很强的鲁棒性。为完成控制器的设计，定义如下形式的跟踪误差向量：

$$e(t) = q(t) - q_d(t) = \begin{bmatrix} x - x_d & \theta_1 & \theta_2 \end{bmatrix}^{\mathrm{T}} = \begin{bmatrix} e_x & \theta_1 & \theta_2 \end{bmatrix}^{\mathrm{T}} \quad (3\text{-}15)$$

其中，e_x 为台车的定位跟踪误差，其表达式如下：

$$e_x = x - x_d \quad (3\text{-}16)$$

二级摆型桥式吊车系统的能量 $E(t)$ 可表示为

$$E(t) = \frac{1}{2}\dot{q}^{\mathrm{T}}M(q)\dot{q} + (m_1 + m_2)gl_1(1 - \cos\theta_1) + m_2gl_2(1 - \cos\theta_2) \quad (3\text{-}17)$$

一个系统的能量可直接反映系统的运动特性及系统所处的状态，当系统的机械能衰减为 0 时，系统稳定至平衡点。受此启发，构造一个类似能量的非负函数 $V(t)$ 为

$$V(t) = \frac{1}{2}\dot{e}^{\mathrm{T}}M(q)\dot{e} + (m_1 + m_2)gl_1(1 - \cos\theta_1) + m_2gl_2(1 - \cos\theta_2) \quad (3\text{-}18)$$

求式（3-18）的时间导数，可得：

$$
\begin{aligned}
\dot{V}(t) &= \dot{e}^{\mathrm{T}}\left[M(q)\ddot{e} + \frac{1}{2}\dot{M}(q)\dot{e} \right] + (m_1 + m_2)gl_1\dot{\theta}_1\sin\theta_1 + m_2gl_2\dot{\theta}_2\sin\theta_2 \\
&= \dot{e}^{\mathrm{T}}\left[U - G + C\dot{q}_d - M\ddot{q}_d \right] + (m_1 + m_2)gl_1\dot{\theta}_1\sin\theta_1 + m_2gl_2\dot{\theta}_2\sin\theta_2 \\
&= F_x\dot{e}_x - Y^{\mathrm{T}}\omega\dot{e}_x - \left[(m_1 + m_2)l_1\dot{\theta}_1\cos\theta_1 + m_2l_2\dot{\theta}_2\cos\theta_2 \right]\ddot{x}_d - \\
&\quad\ d_{\theta_1}l_1^2\dot{\theta}_1^2 - d_{\theta_2}l_2^2\dot{\theta}_2^2
\end{aligned}
\quad (3\text{-}19)
$$

其中，$Y = \begin{bmatrix} Y_1^{\mathrm{T}} & Y_2^{\mathrm{T}} \end{bmatrix}^{\mathrm{T}} \in \mathbf{R}^6$ 表示可测递归向量；$\omega = \begin{bmatrix} \omega_1^{\mathrm{T}} & \omega_2^{\mathrm{T}} \end{bmatrix}^{\mathrm{T}} \in \mathbf{R}^6$ 为系统不确定参数向量，它们的表达式如下：

$$Y_1 = \begin{bmatrix} \dot{x} & \dot{\theta}_1 & \dot{\theta}_2 & \ddot{x}_d \end{bmatrix}^{\mathrm{T}}, \quad Y_2 = \begin{bmatrix} \tanh\left(\dfrac{\dot{x}}{\varepsilon_x}\right) & -|\dot{x}|\dot{x} \end{bmatrix}^{\mathrm{T}} \quad (3\text{-}20)$$

$$\boldsymbol{\omega}_1 = \begin{bmatrix} d_x & d_{\theta_1} l_1 & d_{\theta_2} l_2 & M_t + m_1 + m_2 \end{bmatrix}^{\mathrm{T}}, \quad \boldsymbol{\omega}_2 = \begin{bmatrix} f_{r0x} & k_{rx} \end{bmatrix}^{\mathrm{T}} \quad (3-21)$$

为保证台车的定位跟踪误差 e_x 始终在允许的范围 $(-\varPhi, \varPhi)$ 内，引入如下形式的势函数：

$$V_p(t) = \lambda \frac{e_x^2}{\varPhi^2 - e_x^2} \quad (3-22)$$

其中，$\lambda \in \mathbf{R}^+$ 为正的控制增益；$\varPhi \in \mathbf{R}^+$ 为跟踪误差 e_x 的上限。分析式（3-22）可得，当 $|e_x| \to \varPhi$ 时，$V_p(t) \to \infty$。将类似能量的非负函数 $V(t)$ 与势函数 $V_p(t)$ 相加，可得如下非负函数 $V_t(t)$：

$$V_t(t) = V(t) + V_p(t) \quad (3-23)$$

对式（3-23）两端关于时间求导，并将式（3-19）的结论代入，可得：

$$\dot{V}_t(t) = \left(F_x + \lambda \frac{e_x \varPhi^2}{\left(\varPhi^2 - e_x^2\right)^2} - \boldsymbol{Y}^T \boldsymbol{\omega} \right) \dot{e}_x - \left[(m_1 + m_2) l_1 \dot{\theta}_1 \cos\theta_1 + m_2 l_2 \dot{\theta}_2 \cos\theta_2 \right] \ddot{x}_d - d_{\theta_1} l_1^2 \dot{\theta}_1^2 - d_{\theta_2} l_2^2 \dot{\theta}_2^2 \quad (3-24)$$

根据式（3-24）中 $\dot{V}_t(t)$ 的表达式，构造如下形式的自适应跟踪控制方法：

$$F_x = -\lambda \frac{e_x \varPhi^2}{\left(\varPhi^2 - e_x^2\right)^2} + \boldsymbol{Y}^T \hat{\boldsymbol{\omega}} - k_p e_x - k_d \dot{e}_x \quad (3-25)$$

其中，$k_p, k_d \in \mathbf{R}^+$ 为正的控制增益；$\hat{\boldsymbol{\omega}} \in \mathbf{R}^6$ 为不确定系统参数向量 $\boldsymbol{\omega} \in \mathbf{R}^6$ 的在线估计，其更新律为

$$\dot{\hat{\boldsymbol{\omega}}} = -\boldsymbol{\phi} \boldsymbol{Y} \dot{e}_x \quad (3-26)$$

其中，$\boldsymbol{\phi} = \mathrm{diag}(\phi_1, \phi_2, \phi_3, \phi_4, \phi_5, \phi_6)$ 为正定对角更新增益矩阵。那么，所设计自适应跟踪控制器［式（3-25）和式（3-26）］可在参数不确定因素及外部扰动存在的情况下确保台车的跟踪误差始终在 $(-\varPhi, \varPhi)$ 范围内，并最终实现台车的精确定位及吊钩摆动、负载摆动的有效抑制与消除，如定理 3-1 所述。

3.2.2.3 稳定性分析

定理 3-1 带有跟踪误差约束的自适应跟踪控制器 [式（3-25）～式（3-26）] 可保证台车的位置、速度、加速度轨迹分别渐近收敛至台车定位参考轨迹 [式（3-12）]、期望速度轨迹 [式（2-29）]、期望加速度轨迹 [式（2-30）]，并且吊钩的摆角、角速度、角加速度及负载的摆角、角速度、角加速度均渐近收敛至零即

$$\lim_{t\to\infty}\begin{bmatrix} x & \dot{x} & \ddot{x} & \theta_1 & \dot{\theta}_1 & \ddot{\theta}_1 & \theta_2 & \dot{\theta}_2 & \ddot{\theta}_2 \end{bmatrix}^{\mathrm{T}} = \begin{bmatrix} x_d & \dot{x}_d & \ddot{x}_d & 0 & 0 & 0 & 0 & 0 & 0 \end{bmatrix}^{\mathrm{T}} \quad (3\text{-}27)$$

并且，在此过程中，台车的跟踪误差始终保持在以下允许范围内：

$$-\Phi < e_x < \Phi \quad (3\text{-}28)$$

证明 为证明定理 3-1，选取如下形式的李雅普诺夫候选函数 $V_{all}(t)$ 为

$$V_{all}(t) = V_t(t) + \frac{1}{2}k_p e_x^2 + \frac{1}{2}\tilde{\boldsymbol{\omega}}^{\mathrm{T}}\boldsymbol{\phi}^{-1}\tilde{\boldsymbol{\omega}} \quad (3\text{-}29)$$

其中，$\tilde{\boldsymbol{\omega}} \in \mathbf{R}^6$ 表示系统不确定参数向量 $\boldsymbol{\omega} \in \mathbf{R}^6$ 的估计误差，其表达式为

$$\tilde{\boldsymbol{\omega}} = \boldsymbol{\omega} - \hat{\boldsymbol{\omega}} \quad (3\text{-}30)$$

求解式（3-29）的时间导数，并将式（3-24）～式（3-26）及式（3-30）的结论代入，可直接推知：

$$\dot{V}_{all}(t) = -k_d \dot{e}_x^2 - d_{\theta_1}l_1^2\dot{\theta}_1^2 - d_{\theta_2}l_2^2\dot{\theta}_2^2 - \left[(m_1+m_2)l_1\dot{\theta}_1\cos\theta_1 + m_2 l_2\dot{\theta}_2\cos\theta_2\right]\ddot{x}_d \quad (3\text{-}31)$$

借助不等式的性质，可得

$$-(m_1+m_2)l_1\dot{\theta}_1\cos\theta_1\ddot{x}_d \leq \frac{d_{\theta_1}}{4}l_1^2\dot{\theta}_1^2\cos^2\theta_1 + \frac{(m_1+m_2)^2}{d_{\theta_1}}\ddot{x}_d^2 \leq \frac{d_{\theta_1}}{4}l_1^2\dot{\theta}_1^2 + \frac{(m_1+m_2)^2}{d_{\theta_1}}\ddot{x}_d^2 \quad (3\text{-}32)$$

$$-m_2 l_2\dot{\theta}_2\cos\theta_2\ddot{x}_d \leq \frac{1}{4}d_{\theta_2}l_2^2\dot{\theta}_2^2\cos^2\theta_2 + \frac{m_2^2}{d_{\theta_2}}\ddot{x}_d^2 \quad (3\text{-}33)$$

将式（3-32）和式（3-33）的结论代入式（3-31），如下结论成立：

$$\dot{V}_{all}(t) \leq -k_d\dot{e}_x^2 - \frac{3}{4}d_{\theta_1}l_1^2\dot{\theta}_1^2 - \frac{3}{4}d_{\theta_2}l_2^2\dot{\theta}_2^2 + \left(\frac{(m_1+m_2)^2}{d_{\theta_1}} + \frac{m_2^2}{d_{\theta_2}}\right)\ddot{x}_d^2 \quad (3\text{-}34)$$

对上式关于时间积分，可以得出

$$\dot{V}_{all}(t) \le V_{all}(0) - \int_0^t k_d \dot{e}_x^2 \mathrm{d}t - \frac{3}{4} d_{\theta_1} l_1^2 \int_0^t \dot{\theta}_1^2 \mathrm{d}t - \frac{3}{4} d_{\theta_2} l_2^2 \int_0^t \dot{\theta}_2^2 \mathrm{d}t + \int_0^t \left(\frac{(m_1 + m_2)^2}{d_{\theta_1}} + \frac{m_2^2}{d_{\theta_2}} \right) \ddot{x}_d^2 \mathrm{d}t$$

（3-35）

借助台车的参考轨迹 x_d 的性质［式（2-32）～式（2-35）］，可求得

$$\int_0^t \ddot{x}_d^2 \mathrm{d}t \le \int_0^\infty \ddot{x}_d^2 \mathrm{d}t$$
$$\le \dot{x}_d \ddot{x}_d \big|_0^\infty - \int_0^\infty \dot{x}_d x_d^{(3)} \mathrm{d}t$$
$$\le k_j \int_0^\infty \dot{x}_d \mathrm{d}t$$
$$= k_j p_d \in L_\infty \Rightarrow \ddot{x}_d \in L_2$$

（3-36）

同理可得

$$\int_0^t \dot{x}_d^2 \mathrm{d}t \in L_\infty \Rightarrow \dot{x}_d \in L_2$$

（3-37）

联立式（3-11）、式（3-36）和式（3-37）的结论，可以得出

$$\dot{x}_d, \ \ddot{x}_d \in L_2 \bigcap L_\infty, \ \ddot{x}_d, \ x_d^{(3)} \in L_\infty$$

（3-38）

利用拓展的芭芭拉定理 [83, 142]，可知

$$\lim_{t \to \infty} \dot{x}_d = 0, \ \lim_{t \to \infty} \ddot{x}_d = 0$$

（3-39）

根据式（3-35）和式（3-36）的结论，可得

$$V_{all}(t) \in L_\infty \Rightarrow \dot{e}_x, \ \dot{\theta}_1, \ \dot{\theta}_2, \ \frac{e_x^2}{\Phi^2 - e_x^2}, \ e_x, \ \tilde{\omega} \in L_\infty$$

（3-40）

对式（3-35）移项并进行整理，可得

$$\int_0^t k_d \dot{e}_x^2 \mathrm{d}t + \frac{3}{4} d_{\theta_1} l_1^2 \int_0^t \dot{\theta}_1^2 \mathrm{d}t + \frac{3}{4} d_{\theta_2} l_2^2 \int_0^t \dot{\theta}_2^2 \mathrm{d}t$$
$$\le V_{all}(0) - V_{all}(t) + \int_0^t \left(\frac{(m_1 + m_2)^2}{d_{\theta_1}} + \frac{m_2^2}{d_{\theta_2}} \right) \ddot{x}_d^2 \mathrm{d}t \in L_\infty$$
$$\Rightarrow \dot{e}_x, \ \dot{\theta}_1, \ \dot{\theta}_2 \in L_2$$

（3-41）

结合式（3-40）和式（3-41）的结论，可得

$$\dot{e}_x, \ \dot{\theta}_1, \ \dot{\theta}_2 \in L_2 \bigcap L_\infty \tag{3-42}$$

联立式（3-1）、式（3-3）、式（2-32）、式（2-33）、式（3-16）和式（3-30）的结论，可以得到

$$x, \ \dot{x}, \ \hat{\omega}, \ F_a, \ F_{\theta_1}, \ F_{\theta_2} \in L_\infty \tag{3-43}$$

为验证控制输入 F_x 的有界性，需首先验证 $1/(\Phi^2 - e_x^2)$ 的有界性。为此，考虑如下两种情形：

情形 1 当 $e_x \nrightarrow 0$ 时，由 $e_x \in L_\infty$ 可得 $e_x^2 \in L_\infty$。由 $\dfrac{e_x^2}{\Phi^2 - e_x^2}$，$e_x^2 \in L_\infty$ 知 $\dfrac{1}{\Phi^2 - e_x^2} \in L_\infty$。

情形 2 当 $e_x \to 0$ 时，则有 $\dfrac{1}{\Phi^2 - e_x^2} \to \dfrac{1}{\Phi^2} < \infty$。

综上可知

$$\frac{1}{\Phi^2 - e_x^2} \in L_\infty \tag{3-44}$$

为不失一般性，设定台车的初始位置 $x(0)$ 为 0，那么，台车的初始定位误差 $e_x(0) = 0 < \Phi$。假设在台车运行过程中存在 $e_x \to \Phi^-$，则有 $1/(\Phi^2 - e_x^2) \to \infty$，这与式（3-44）的结论相矛盾。故在初始条件 $e_x(0) = 0 < \Phi$ 的情况下，恒有

$$|e_x| < \Phi \tag{3-45}$$

由式（3-40）、式（3-43）和式（3-44）的结论可知：

$$F_x \in L_\infty \tag{3-46}$$

将式（2-35）、式（2-36）、式（3-40）、式（3-43）及式（3-46）的结论均代入式（3-1）～式（3-3）中，可得：

$$\ddot{x}, \ \ddot{\theta}_1, \ \ddot{\theta}_2, \ \ddot{e}_x \in L_\infty \tag{3-47}$$

利用式（3-42）和式（3-47）的结论，并结合拓展的芭芭拉定理[83, 142]，可以得到

$$\lim_{t \to \infty} \dot{e}_x = 0, \ \lim_{t \to \infty} \dot{\theta}_1 = 0, \ \lim_{t \to \infty} \dot{\theta}_2 = 0 \Rightarrow \lim_{t \to \infty} \dot{x} = \lim_{t \to \infty} \dot{x}_d \tag{3-48}$$

由式（3-4）～式（3-7）、式（3-39）及式（3-48）的结论，可得

$$\lim_{t\to\infty}\dot{x}=0,\ \lim_{t\to\infty}F_a=0,\ \lim_{t\to\infty}F_{rx}=0,\ \lim_{t\to\infty}F_{\theta_1}=0,\ \lim_{t\to\infty}F_{\theta_2}=0 \qquad (3\text{-}49)$$

将式（3-39）、式（3-48）和式（3-49）的结论代入 $\boldsymbol{Y}$ 的表达式中，可得

$$\lim_{t\to\infty}\boldsymbol{Y}=0 \qquad (3\text{-}50)$$

将式（3-25）的结论代入式（3-1），那么式（3-1）可改写为

$$\left(M_t+m_1+m_2\right)\ddot{x}+\left(m_1+m_2\right)l_1\left(\cos\theta_1\ddot{\theta}_1-\dot{\theta}_1^2\sin\theta_1\right)-$$
$$\left(M+m_1+m_2\right)\ddot{x}_d+m_2l_2\ddot{\theta}_2\cos\theta_2-m_2l_2\dot{\theta}_2^2\sin\theta_2=$$
$$-\lambda\frac{e_x\Phi^2}{\left(\Phi^2-e_x^2\right)^2}-\boldsymbol{Y}^{\mathrm{T}}\tilde{\boldsymbol{\omega}}-k_pe_x-k_d\dot{e}_x \qquad (3\text{-}51)$$

为完成定理 3-1 的证明，需结合台车在运行过程中，吊钩摆动及负载摆动足够小的实际情况，做如下合理的近似[48, 140]：

$$\cos\theta_1\approx1,\ \cos\theta_2\approx1,\ \cos\left(\theta_1-\theta_2\right)\approx1,\ \sin\theta_1\approx\theta_1,$$
$$\sin\theta_2\approx\theta_1,\ \sin\left(\theta_1-\theta_2\right)\dot{\theta}_2^2\approx0,\ \sin\left(\theta_1-\theta_2\right)\dot{\theta}_1^2\approx0 \qquad (3\text{-}52)$$

基于以上近似，式（3-2）、式（3-3）和式（3-51）可简化为

$$\left(M_t+m_1+m_2\right)\ddot{x}+\left(m_1+m_2\right)l_1\ddot{\theta}_1-\left(M_t+m_1+m_2\right)\ddot{x}_d+m_2l_2\ddot{\theta}_2$$
$$=-\lambda\frac{e_x\Phi^2}{\left(\Phi^2-e_x^2\right)^2}-\boldsymbol{Y}^{\mathrm{T}}\tilde{\boldsymbol{\omega}}-k_pe_x-k_d\dot{e}_x \qquad (3\text{-}53)$$

$$\left(m_1+m_2\right)l_1\ddot{x}+\left(m_1+m_2\right)l_1^2\ddot{\theta}_1+m_2l_1l_2\ddot{\theta}_2+\left(m_1+m_2\right)gl_1\theta_1=F_{\theta_1} \qquad (3\text{-}54)$$

$$m_2l_2\ddot{x}+m_2l_1l_2\ddot{\theta}_1+m_2l_2^2\ddot{\theta}_2+m_2gl_2\theta_2=F_{\theta_2} \qquad (3\text{-}55)$$

对式（3-54）和式（3-55）进行整理，可以得出

$$m_1l_1l_2\ddot{\theta}_2=\underbrace{\frac{\left(m_1+m_2\right)l_1}{m_2l_2}F_{\theta_2}-F_{\theta_1}}_{\rho_1}\underbrace{-\left(m_1+m_2\right)gl_1\left(\theta_2-\theta_1\right)}_{\rho_2} \qquad (3\text{-}56)$$

由式（3-40）及式（3-49）的结论，可得

$$\lim_{t\to\infty}\rho_1=0,\ \dot{\rho}_2\in L_\infty \qquad (3\text{-}57)$$

结合式（3-48）和式（3-57），并根据拓展的芭芭拉定理[83, 142]，可得

$$\lim_{t \to \infty} \ddot{\theta}_2 = 0, \ \lim_{t \to \infty} \rho_2 = 0 \Rightarrow \lim_{t \to \infty} \theta_1 = \lim_{t \to \infty} \theta_2 \tag{3-58}$$

由式（3-53）及式（3-55）的结论，可得

$$M_t l_1 \ddot{\theta}_1 = g_1(t) + g_2(t) \tag{3-59}$$

其中，$g_1(t)$ 和 $g_2(t)$ 为辅助函数，其表达式如下：

$$g_1(t) = \frac{(M_t + m_1 + m_2)F_{\theta_2}}{m_2 l_2} - (M_t + m_1)l_2\ddot{\theta}_2 -$$

$$(M_t + m_1 + m_2)\ddot{x}_d + k_d \dot{e}_x + \mathbf{Y}^{\mathrm{T}}\tilde{\boldsymbol{\omega}} \tag{3-60}$$

$$g_2(t) = \lambda \frac{e_x \Phi^2}{\left(\Phi^2 - e_x^2\right)^2} - (M_t + m_1 + m_2)g\theta_2 + k_p e_x \tag{3-61}$$

将式（3-39）、式（3-48）～式（3-50）及式（3-58）的结论代入 $g_1(t)$，可得

$$\lim_{t \to \infty} g_1(t) = 0 \tag{3-62}$$

结合式（3-40）和式（3-44）的结论，则有

$$\lim_{t \to \infty} \dot{g}_2(t) \in L_\infty \tag{3-63}$$

借助式（3-62）、式（3-63）以及式（3-48）中 $\lim\limits_{t \to \infty} \dot{\theta}_1 = 0$ 的结论，并利用拓展的芭芭拉定理[83, 142]，可得

$$\lim_{t \to \infty} \ddot{\theta}_1 = 0, \ \lim_{t \to \infty} g_2(t) = 0 \Rightarrow$$

$$\lim_{t \to \infty}\left[\lambda \frac{e_x \Phi^2}{\left(\Phi^2 - e_x^2\right)^2} - (M_t + m_1 + m_2)g\theta_2 + k_p e_x\right] = 0 \tag{3-64}$$

整理式（3-55）可得

$$m_2 l_2 \ddot{x} = \underbrace{F_{\theta_2} - m_2 l_1 l_2 \ddot{\theta}_1 - m_2 l_2^2 \ddot{\theta}_2}_{h_1(t)} \underbrace{-m_2 g l_2 \theta_2}_{h_2(t)} \tag{3-65}$$

其中，$h_1(t)$ 和 $h_2(t)$ 为引入的辅助函数。

根据式（3-49）、式（3-58）及式（3-64）的结论，式（3-66）成立：

$$\lim_{t \to \infty} h_1(t) = 0, \ \dot{h}_2(t) \in L_\infty \tag{3-66}$$

结合式（3-49）中 $\lim\limits_{t\to\infty}\dot{x}=0$ 结论，根据拓展的芭芭拉定理[83, 142]，可得

$$\lim_{t\to\infty}\ddot{x}=0,\ \lim_{t\to\infty}h_2(t)=0\Rightarrow\lim_{t\to\infty}\theta_2=0 \tag{3-67}$$

由式（3-58）及式（3-67）的结论可得

$$\lim_{t\to\infty}\theta_1=\lim_{t\to\infty}\theta_2=0 \tag{3-68}$$

将式（3-67）代入式（3-64），则有

$$\lim_{t\to\infty}\left[\lambda\frac{\varPhi^2}{\left(\varPhi^2-e_x^2\right)^2}+k_p\right]e_x=0\Rightarrow e_x=0\Rightarrow\lim_{t\to\infty}x=\lim_{t\to\infty}x_d \tag{3-69}$$

整理式（3-51），可以求得

$$\left(M_t+m_1+m_2\right)\ddot{e}_x+\left(m_1+m_2\right)l_1\left(\cos\theta_1\ddot{\theta}_1-\dot{\theta}_1^2\sin\theta_1\right)+m_2l_2\ddot{\theta}_2\cos\theta_2-m_2l_2\dot{\theta}_2^2\sin\theta_2=$$

$$-\lambda\frac{e_x\varPhi^2}{\left(\varPhi^2-e_x^2\right)^2}-\boldsymbol{Y}^{\mathrm{T}}\tilde{\boldsymbol{\omega}}-k_pe_x-k_d\dot{e}_x \tag{3-70}$$

将式（3-48）、式（3-50）、式（3-58）、式（3-63）及式（3-65）的结果代入式（3-70），可得

$$\lim_{t\to\infty}\ddot{e}_x=0\Rightarrow\lim_{t\to\infty}\ddot{x}=\lim_{t\to\infty}\ddot{x}_d \tag{3-71}$$

结合式（3-48）、式（3-58）、式（3-64）、式（3-67）～式（3-69）及式（3-71）的结论，式（3-72）成立：

$$\lim_{t\to\infty}\left[x\ \ \dot{x}\ \ \ddot{x}\ \ \theta_1\ \ \dot{\theta}_1\ \ \ddot{\theta}_1\ \ \theta_2\ \ \dot{\theta}_2\ \ \ddot{\theta}_2\right]^{\mathrm{T}}=\left[x_d\ \ \dot{x}_d\ \ \ddot{x}_d\ \ 0\ \ 0\ \ 0\ \ 0\ \ 0\ \ 0\right]^{\mathrm{T}} \tag{3-72}$$

由式（3-34）可知，台车在整个运行过程中，其跟踪误差始终保持在以下允许的范围内：

$$|e_x|<\varPhi \tag{3-73}$$

由此，定理 3-1 得证。

3.2.3　仿真结果及分析

在本小节中，将讨论带有跟踪误差约束的自适应跟踪控制器的仿真结果。具体来说：通过将所提自适应跟踪控制方法与基于无源性的控制方法[136]、CSMC

控制方法[119]相比较，验证所提控制算法良好的控制性能；进一步测试该方法针对系统参数不确定性及存在外部扰动时的渐近稳定性。二级摆型桥式吊车系统参数的名义值见表3-1。

台车的初始位移 x（0）、吊钩初始摆角 θ_1（0）、负载初始摆角 θ_2（0）及不确定系统参数向量 ω 的初始估计 $\hat{\omega}$（0）设置为0，即

$$x(0)=0, \ \theta_1(0)=0, \ \theta_2(0)=0, \ \hat{\omega}(0)=\begin{bmatrix} 0 & 0 & 0 & 0 & 0 & 0 \end{bmatrix}^{\mathrm{T}} \qquad (3-74)$$

表 3-1　系数参数的名义值

系统动态
$M_t = 8$ kg, $m_1 = 0.5$ kg, $m_2 = 1$ kg, $l_1 = 1$ m, $l_2 = 0.5$ m, $g = 9.8$ m/s^2, $d_x = 3$, $f_{r0x} = 4.6$, $\varepsilon_x = 0.01$, $k_{rx} = -0.5$, $k_v = 0.5$ m/s^2, $k_a = 0.5$ m/s, $p_d = 1$ m, $d_{\theta_1} = 5$, $d_{\theta_2} = 4.6$, $\Phi = 0.005$ m

3.2.3.1　对比测试

在本小节中，选择基于无源性的控制方法[136]及CSMC控制方法[119]作为对比方法。这两种方法的具体表达式参见第2.2.3节。

选取更新增益矩阵 ϕ 为 diag（50，50，50，50，50，50）。调节这三种控制方法的控制增益直到获取最好的控制性能，其最终选取值见表3-2。

表 3-2　控制增益

控制方法	k_p	k_d	k_E	k_D	λ	α	β	K
基于无源性控制方法	10	20	1	0	×	×	×	×
CSMC 控制方法	×	×	×	×	0.5	17	−11	90
所提自适应跟踪控制方法	10	10	×	×	0.01	×	×	×

这三种控制方法的仿真结果见图3-1～图3-3，相关的量化结果见表3-3，主要包括以下七个性能指标：

①台车最终位置 p_f；

②在整个运输过程中最大吊钩摆角 $\theta_{1\max}$；

③在整个运输过程中最大负载摆角 $\theta_{2\max}$；

④吊钩残余摆角 $\theta_{1\mathrm{res}}$（台车停止运行后吊钩摆角的幅值）；

⑤负载残余摆角 $\theta_{2\mathrm{res}}$（台车停止运行后负载摆角的幅值）；

⑥运输时间 t_s（台车停止运行的时间）；

⑦在整个运输过程中最大驱动力 $F_{x\max}$。

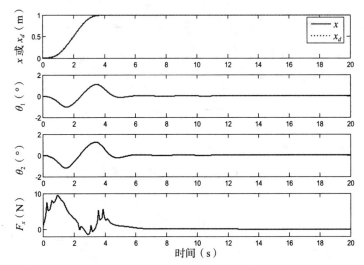

图 3-1　所提自适应跟踪控制方法的仿真结果：
台车轨迹 / 期望轨迹、吊钩摆角、负载摆角、台车驱动力

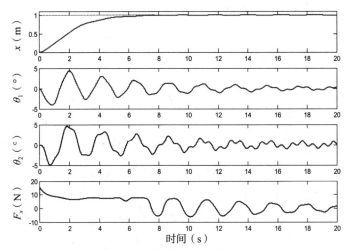

图 3-2　基于无源性控制方法的仿真结果：
台车轨迹、吊钩摆角、负载摆角、台车驱动力

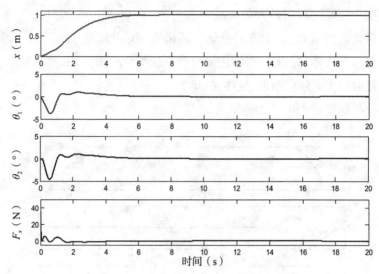

图 3-3 CSMC 控制方法的仿真结果：
台车轨迹、吊钩摆角、负载摆角、台车驱动力

表 3-3 对比测试的量化结果

控制方法	p_f (m)	θ_{1max} (°)	θ_{2max} (°)	θ_{1res} (°)	θ_{2res} (°)	t_s (s)	F_{xmax} (N)
基于无源性控制方法	0.997	4.4	4.6	1.25	1.5	6.8	15.5
CSMC 控制方法	0.998	3.8	4.6	0.1	0.1	6.3	34
所提自适应跟踪控制方法	1.000	1.1	1.2	0.39	0.23	4.2	9.5

　　基于表 3-3 及图 3-1～图 3-3 的仿真曲线可知，所提自适应跟踪控制方法消耗的运输时间为 4.2 s，基于无源性的方法及 CSMC 方法需要的运输时间分别为 6.8 s 和 6.3 s，并且这三种控制方法最终的定位误差均小于 3 mm。如仿真结果所示，所提自适应跟踪控制方法的暂态控制性能明显地优于另外两种控制方法，特别是吊钩摆角及负载摆角得到了更好的抑制与消除。具体来说，与基于无源性的控制方法（吊钩最大摆角为 4.4°，负载最大摆角为 4.6°）及 CSMC 方法（吊钩最大摆角为 3.8°，负载最大摆角为 4.6°）相比，所提自适应跟踪控制方法将吊钩摆角、负载摆角保持在一个更小的范围内（吊钩最大摆角为 1.1°，负载最大摆角为 1.2°）。虽然所提自适应跟踪控制方法的残余摆角（吊钩残

余摆角为 0.39°，负载残余摆角为 0.23°）比 CSMC 控制方法（吊钩残余摆角为 0.1°，负载残余摆角为 0.1°）的略大，但该方法的最大吊钩 / 负载摆角仅为 CSMC 控制方法的 28.95%/26.09%，由此可知，所提自适应跟踪控制方法可更好地抑制吊钩、负载摆动，并且，在这三种控制方法中，该方法的最大驱动力最小。这些仿真结果证明了所提自适应跟踪控制方法优异的控制性能。

3.2.3.2　鲁棒性测试

在本小节中，为进一步检验所提自适应跟踪控制方法的鲁棒性，考虑如下四种情形：

情形 1　负载质量 m_2 的名义值为 1 kg，而它的实际值为 3 kg。

情形 2　负载质量 m_2 的名义值与实际值均为 1 kg，不过吊绳长度 l_1 的实际值为 2 m。

情形 3　负载质量 m_2、吊绳长度 l_1 的名义值和实际值相同，分别为 1 kg 及 1 m，但与摩擦力相关的系数 f_{r0x} 和 k_{rx} 的实际值为 6 和 -1。

情形 4　负载质量 m_2、吊绳长度 l_1、与摩擦力相关的系数 f_{r0x}、k_{rx} 的实际值与名义值均为 1 kg、1 m、4.6 及 -0.5，不过为模拟如风力等的外部扰动，在运输过程中对吊钩及负载摆动施加了三种不同类型的外部扰动。具体来说，在 6 ~ 7 s 施加了正弦扰动，在 10 ~ 11 s 引入了脉冲扰动，在 15 ~ 16 s 加入了随机扰动，这些扰动的幅值均为 2°。

对于上述四种情形，控制增益与表 3-1 相同，量化结果见表 3-4，仿真结果分别见图 3-4 ~ 图 3-7。

表 3-4　鲁棒性测试的量化结果

鲁棒性实验	p_f（m）	θ_{1max}（°）	θ_{2max}（°）	θ_{1res}（°）	θ_{2res}（°）	t_s（s）	F_{xmax}（N）
情形 1	0.999	1.4	1.5	0.2	0.25	5.4	10.2
情形 2	1.000	0.75	1.3	0.04	0.2	5.2	9.5
情形 3	0.999	1.4	1.45	0.1	0.15	5.3	9.4
情形 4	1.000	×	×	×	×	×	9.4

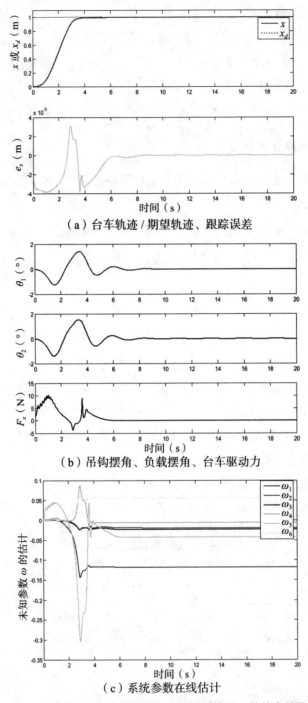

（a）台车轨迹／期望轨迹、跟踪误差

（b）吊钩摆角、负载摆角、台车驱动力

（c）系统参数在线估计

图 3-4　所提自适应跟踪控制方法针对情形 1 的仿真结果

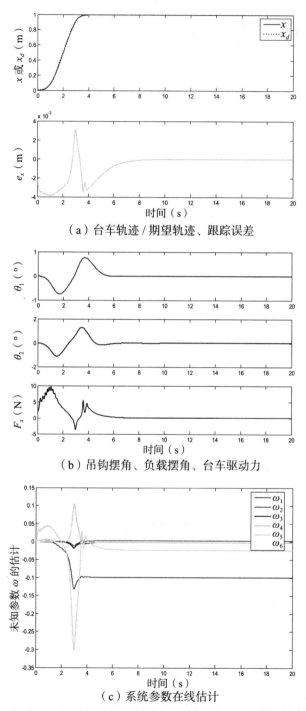

（a）台车轨迹 / 期望轨迹、跟踪误差

（b）吊钩摆角、负载摆角、台车驱动力

（c）系统参数在线估计

图 3-5　所提自适应跟踪控制方法针对情形 2 的仿真结果

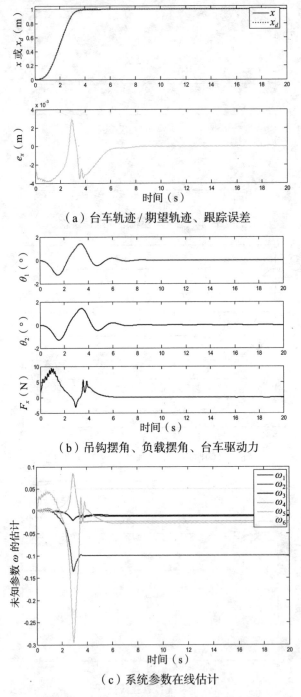

（a）台车轨迹/期望轨迹、跟踪误差

（b）吊钩摆角、负载摆角、台车驱动力

（c）系统参数在线估计

图3-6　所提自适应跟踪控制方法针对情形3的仿真结果

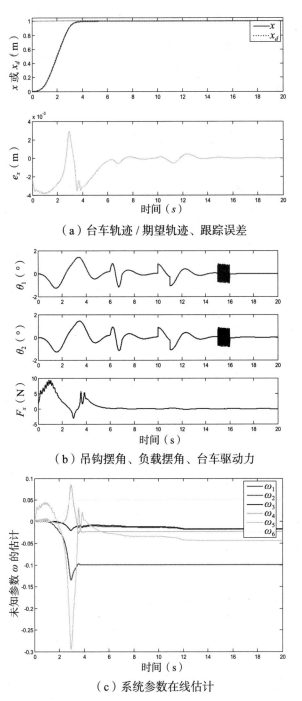

（a）台车轨迹 / 期望轨迹、跟踪误差

（b）吊钩摆角、负载摆角、台车驱动力

（c）系统参数在线估计

图 3-7 所提自适应跟踪控制方法针对情形 4 的仿真结果

从图 3-4（a）～图 3-7（a）可以看出，台车的跟踪误差始终保持在（-0.005 m，0.005 m）的范围内，并且快速收敛至 0。这表明，台车可迅速到达目标位置 p_d 处。系统不确定参数的在线估计见图 3-4（c）～图 3-7（c），可以看出，在这四种情形中，所有估计的不确定系统参数均可在 6 s 左右收敛至稳定值。

图 3-4～图 3-6 分别表示所提自适应跟踪控制方法针对不确定负载质量、吊绳长度、摩擦系数情形下的仿真结果。通过对比图 3-1 与图 3-4～图 3-6 可知，所提自适应跟踪控制方法的控制性能，主要包括台车定位精度、吊钩摆角及负载摆角的抑制和消除，几乎未受到这些参数不确定性的影响。这些结果表明所提自适应跟踪控制方法对系统参数的不确定性并不敏感。这个优点为该方法的实际应用带来了诸多便利，因为在实际运输任务中，经常会出现系统参数不确定的情况。图 3-7 表明，该方法可快速地将这些外部扰动消除。

以上所有的仿真结果均可证明所提自适应跟踪控制方法针对系统参数不确定性及外部扰动具有很强的鲁棒性。同时，该方法可保证台车的跟踪误差始终在允许的范围内并迅速收敛至零。

3.3　带任意初始负载摆角的二维桥式吊车系统误差跟踪控制方法

3.3.1　二维桥式吊车系统动态模型分析

利用欧拉－拉格朗日方法对二维桥式吊车系统（图 3-8）建模，可得如下形式的动态模型 [13, 47, 86, 137-140]：

$$\left(m_p + M_t\right)\ddot{x} + m_p l\ddot{\theta}\cos\theta - m_p l\dot{\theta}^2\sin\theta = F_x - F_{rx} \tag{3-75}$$

$$m_p l^2\ddot{\theta} + m_p l\ddot{x}\cos\theta + m_p gl\sin\theta = 0 \tag{3-76}$$

其中，M_t，g 和 $x(t)$ 的定义参见第 2.2.1 节；F_x 的定义参见第 3.2.1 节；F_{rx} 的定义及详细表达式参见第 3.2.1 节；m_p 代表负载质量；l 表示吊绳长度；$\theta(t)$ 代表负载与竖直方向的夹角。

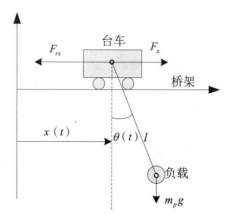

图 3-8　二维桥式吊车系统示意图

为便于控制器的设计，将式（3-75）和式（3-76）改写成：

$$M_c(q_c)\ddot{q}_c + C_c(q_c,\ \dot{q}_c)\dot{q}_c + G_c(q_c) = U_c \tag{3-77}$$

其中，$q_c = [x\ \theta]^{\mathrm{T}} \in \mathbf{R}^2$ 为系统状态向量；$M_c(q_c) \in \mathbf{R}^{2\times2}$，$C_c(q_c,\ \dot{q}_c) \in \mathbf{R}^{2\times2}$，$G_c(q_c) \in \mathbf{R}^2$ 分别为惯性矩阵、向心 - 柯氏力矩阵和重力向量；$U_c \in \mathbf{R}^2$ 为输入向量。这些矩阵 / 向量的表达式如下：

$$\begin{cases} M_c(q_c) = \begin{bmatrix} (m_p + M_t) & m_p l \cos\theta \\ m_p l \cos\theta & m_p l^2 \end{bmatrix} \\[4mm] C_c(q_c,\ \dot{q}_c) = \begin{bmatrix} 0 & -m_p l \dot{\theta} \sin\theta \\ 0 & 0 \end{bmatrix} \\[4mm] G_c(q_c) = \begin{bmatrix} 0 \\ m_p g l \sin\theta \end{bmatrix} \\[4mm] U_c = \begin{bmatrix} F_x - F_{rx} \\ 0 \end{bmatrix} \end{cases} \tag{3-78}$$

在整个运输过程中，负载不会摆到台车的上方。基于这个事实，做如下合理的假设。

假设 3-1　在整个运输过程中，负载摆角始终保持在如下范围内：

$$-\pi < \theta < \pi \tag{3-79}$$

3.3.2 主要结果

3.3.2.1 模型变换及分析

设定期望台车误差轨迹 ε_x^*、期望摆角误差轨迹 ε_θ^* 的表达式为

$$\varepsilon_x^* = -\mu e^{-\lambda_x t} \tag{3-80}$$

$$\varepsilon_\theta^* = \varepsilon_\theta(0)e^{-\lambda_\theta t} = \theta(0)e^{-\lambda_\theta t} \tag{3-81}$$

其中，$\theta(0)$ 为初始负载摆角；$\varepsilon_x(t) = x(t) - p_d$ 为台车定位误差；p_d 为台车的目标位置；$\varepsilon_\theta(t) = \theta(t)$ 为摆角误差；即摆角与目标值的差值；$\lambda_x, \lambda_\theta \in \mathbf{R}^+$ 为误差衰减系数。

由式（3-80）和式（3-81）可得

$$\varepsilon_x^*, \ \varepsilon_\theta^* \in L_\infty \tag{3-82}$$

记台车定位、负载摆动的误差跟踪信号如下：

$$\delta_x = \varepsilon_x - \varepsilon_x^* = x - p_d - \varepsilon_x^* \tag{3-83}$$

$$\delta_\theta = \varepsilon_\theta - \varepsilon_\theta^* = \theta - \varepsilon_\theta^* \tag{3-84}$$

其中，δ_x，δ_θ 分别为台车定位误差跟踪信号及负载摆角误差跟踪信号。

结合假设 3-1 及式（3-82）的结论，可直接求得

$$\delta_\theta \in L_\infty \tag{3-85}$$

这表明，δ_θ 是有界的。因此，可找到一个正的常数 τ 使下式成立：

$$|\delta_\theta| < \tau \tag{3-86}$$

其中，$\tau \in \mathbf{R}^+$ 为已知的边界常数。

式（3-83）和式（3-84）的一阶、二阶时间导数，可计算如下：

$$\dot{\delta}_x = \dot{x} - \dot{\varepsilon}_x^* \tag{3-87}$$

$$\dot{\delta}_\theta = \dot{\theta} - \dot{\varepsilon}_\theta^* \tag{3-88}$$

$$\ddot{\delta}_x = \ddot{x} - \ddot{\varepsilon}_x^* \tag{3-89}$$

$$\ddot{\delta}_\theta = \ddot{\theta} - \ddot{\varepsilon}_\theta^* \tag{3-90}$$

联立式（3-87）～式（3-90）及式（3-75）～式（3-76）的结论，可得

$$\left(m_p + M_t\right)\ddot{\delta}_x + m_p l \ddot{\delta}_\theta \cos\theta - m_p l \dot{\theta}\dot{\delta}_\theta \sin\theta + \left(m_p + M_t\right)\ddot{\varepsilon}_x^* +$$
$$m_p l \ddot{\varepsilon}_\theta^* \cos\theta - m_p l \dot{\theta}\dot{\varepsilon}_\theta^* \sin\theta = F_x - F_{rx} \tag{3-91}$$

$$m_p l \ddot{\delta}_x \cos\theta + m_p l^2 \ddot{\delta}_\theta + m_p l \ddot{\varepsilon}_x^* \cos\theta + m_p l^2 \ddot{\varepsilon}_\theta^* + m_p g l \sin\theta = 0 \tag{3-92}$$

式（3-91）和式（3-92）可写为如下矩阵形式：

$$\boldsymbol{M}_c\left(\boldsymbol{q}_c\right)\ddot{\boldsymbol{\delta}} + \boldsymbol{C}_c\left(\boldsymbol{q}_c,\ \dot{\boldsymbol{q}}_c\right)\dot{\boldsymbol{\delta}} + \boldsymbol{G}_c\left(\boldsymbol{q}_c\right) + \boldsymbol{N}\left(\boldsymbol{q}_c,\ \boldsymbol{\varepsilon}^*\right) = \boldsymbol{\alpha}\left(F_x - F_{rx}\right) \tag{3-93}$$

其中，$\boldsymbol{\delta} = \begin{bmatrix} \delta_x & \delta_\theta \end{bmatrix}^T$ 为误差跟踪向量；$\boldsymbol{\varepsilon}^* = \begin{bmatrix} \varepsilon_x^* & \varepsilon_\theta^* \end{bmatrix}^T$ 为期望误差轨迹向量；

$\boldsymbol{\alpha} = \begin{bmatrix} 1 & 0 \end{bmatrix}^T$ 为辅助向量；$\boldsymbol{N}\left(\boldsymbol{q}_c,\ \boldsymbol{\varepsilon}^*\right)$ 为与期望误差轨迹相关的向量，其表达式为

$$\boldsymbol{N}\left(\boldsymbol{q}_c,\ \boldsymbol{\varepsilon}^*\right) = \begin{bmatrix} \left(m_p + M_t\right)\ddot{\varepsilon}_x^* + m_p l \ddot{\varepsilon}_\theta^* \cos\theta - m_p l \dot{\theta}\dot{\varepsilon}_\theta^* \sin\theta \\ m_p l \ddot{\varepsilon}_x^* \cos\theta + m_p l^2 \ddot{\varepsilon}_\theta^* \end{bmatrix} \tag{3-94}$$

3.3.2.2　误差跟踪控制器设计

本小节将详细讨论带有任意初始负载摆角的误差跟踪控制器的设计过程。

考虑如下形式的非负函数 $V(t)$ 为

$$V(t) = \frac{1}{2}\dot{\boldsymbol{\delta}}^T \dot{\boldsymbol{\delta}} + Q(\boldsymbol{\delta}) \tag{3-95}$$

其中，$Q(\boldsymbol{\delta}) \in \mathbf{R}^+$ 为与 $\boldsymbol{\delta}$ 相关的待确定函数。

对式（3-95）两端关于时间求导，则有

$$\dot{V}(t) = \dot{\boldsymbol{\delta}}^T \left[\ddot{\boldsymbol{\delta}} + \frac{\partial Q(\boldsymbol{\delta})}{\partial \boldsymbol{\delta}} \right] \tag{3-96}$$

为使式（3-96）中的 $\dot{V}(t)$ 非正，构造如下形式的目标系统：

$$\ddot{\boldsymbol{\delta}} + \boldsymbol{\Omega}\dot{\boldsymbol{\delta}} + \frac{\partial Q(\boldsymbol{\delta})}{\partial \boldsymbol{\delta}} = 0 \tag{3-97}$$

其中，$\boldsymbol{\Omega} \in \mathbf{R}^{2 \times 2}$ 表示半正定矩阵。

将式（3-97）的结论代入式（3-96），可以得出：

$$\dot{V}(t) = -\dot{\boldsymbol{\delta}}^{\mathrm{T}} \boldsymbol{\Omega} \dot{\boldsymbol{\delta}} \leqslant 0 \qquad (3\text{-}98)$$

这表明在式（3-97）的条件下，闭环系统在平衡点处是李雅普诺夫稳定的[83, 142]。接下来，需进一步求取 $\boldsymbol{\Omega} \in \mathbf{R}^{2 \times 2}$ 及 $Q(\boldsymbol{\delta}) \in \mathbf{R}^+$ 的详细表达式。

将式（3-97）两端分别左乘 $\boldsymbol{M}_c(\boldsymbol{q}_c)$，可直接导出：

$$\boldsymbol{M}_c(\boldsymbol{q}_c)\ddot{\boldsymbol{\delta}} + \boldsymbol{M}_c(\boldsymbol{q}_c)\boldsymbol{\Omega}\dot{\boldsymbol{\delta}} + \boldsymbol{M}_c(\boldsymbol{q}_c)\frac{\partial Q(\boldsymbol{\delta})}{\partial \boldsymbol{\delta}} = 0 \qquad (3\text{-}99)$$

整理式（3-93）可得：

$$\boldsymbol{M}_c(\boldsymbol{q}_c)\ddot{\boldsymbol{\delta}} = \boldsymbol{\alpha}(F_x - F_{rx}) - \boldsymbol{C}(\boldsymbol{q}_c,\ \dot{\boldsymbol{q}}_c)\dot{\boldsymbol{\delta}} - \boldsymbol{G}(\boldsymbol{q}_c) - \boldsymbol{N}(\boldsymbol{q}_c,\ \boldsymbol{\varepsilon}^*) \qquad (3\text{-}100)$$

通过观察式（3-100）的结构，构造如下形式的误差跟踪控制器：

$$F_x = \boldsymbol{\alpha}^{\mathrm{T}} \begin{bmatrix} \boldsymbol{C}_c(\boldsymbol{q}_c,\ \dot{\boldsymbol{q}}_c)\dot{\boldsymbol{\delta}} + \boldsymbol{G}_c(\boldsymbol{q}_c) + \boldsymbol{N}(\boldsymbol{q}_c,\ \boldsymbol{\varepsilon}^*) \\ -\boldsymbol{M}_c(\boldsymbol{q}_c)\boldsymbol{\Omega}\dot{\boldsymbol{\delta}} - \boldsymbol{M}_c(\boldsymbol{q}_c)\frac{\partial Q(\boldsymbol{\delta})}{\partial \boldsymbol{\delta}} \end{bmatrix} + F_{rx} \qquad (3\text{-}101)$$

在式（3-100）两端分别左乘 $\boldsymbol{\beta} = [0\ 1]$，可得：

$$\boldsymbol{\beta} \begin{bmatrix} \boldsymbol{C}_c(\boldsymbol{q}_c,\ \dot{\boldsymbol{q}}_c)\dot{\boldsymbol{\delta}} + \boldsymbol{G}_c(\boldsymbol{q}_c) + \boldsymbol{N}(\boldsymbol{q}_c,\ \boldsymbol{\varepsilon}^*) \\ -\boldsymbol{M}_c(\boldsymbol{q}_c)\boldsymbol{\Omega}\dot{\boldsymbol{\delta}} - \boldsymbol{M}_c(\boldsymbol{q}_c)\frac{\partial Q(\boldsymbol{\delta})}{\partial \boldsymbol{\delta}} \end{bmatrix} = 0 \qquad (3\text{-}102)$$

为求解式（3-102），将其分解成如下两部分：

$$\boldsymbol{\beta}\left[\boldsymbol{C}_c(\boldsymbol{q}_c,\ \dot{\boldsymbol{q}}_c) - \boldsymbol{M}_c(\boldsymbol{q}_c)\boldsymbol{\Omega}\right]\dot{\boldsymbol{\delta}} = 0 \qquad (3\text{-}103)$$

$$\boldsymbol{\beta}\left[\boldsymbol{G}_c(\boldsymbol{q}_c) + \boldsymbol{N}(\boldsymbol{q}_c,\ \boldsymbol{\varepsilon}^*) - \boldsymbol{M}_c(\boldsymbol{q}_c)\frac{\partial Q(\boldsymbol{\delta})}{\partial \boldsymbol{\delta}}\right] = 0 \qquad (3\text{-}104)$$

由 $\boldsymbol{C}_c(\boldsymbol{q}_c,\ \dot{\boldsymbol{q}}_c)$ 的表达式可知 $\boldsymbol{\beta}\boldsymbol{C}_c(\boldsymbol{q}_c,\ \dot{\boldsymbol{q}}_c)\dot{\boldsymbol{\delta}} = 0$。那么，为使式（3-103）成立，需满足

$$\boldsymbol{\beta}\boldsymbol{M}_c(\boldsymbol{q}_c)\boldsymbol{\Omega}\dot{\boldsymbol{\delta}} = 0 \qquad (3\text{-}105)$$

为保证 $\boldsymbol{\Omega}$ 半正定，本小节选择 $\boldsymbol{\Omega}$ 的表达式如下：

$$\boldsymbol{\Omega} = \rho M_c^{-1}(\boldsymbol{q})\boldsymbol{\alpha}\boldsymbol{\alpha}^{\mathrm{T}} M_c^{-1}(\boldsymbol{q}) =$$

$$\frac{\rho}{\left[m_p l^2 \left(M_t + m_p \sin^2\theta\right)\right]^2} \begin{bmatrix} m_p l^2 & -m_p l\cos\theta \\ -m_p l\cos\theta & \left(m_p + M_t\right) \end{bmatrix}$$

$$\begin{bmatrix} 1 & 0 \\ 0 & 0 \end{bmatrix} \begin{bmatrix} m_p l^2 & -m_p l\cos\theta \\ -m_p l\cos\theta & \left(m_p + M_t\right) \end{bmatrix} =$$

$$\frac{\rho}{\left[l\left(M_t + m_p \sin^2\theta\right)\right]^2} \begin{bmatrix} l^2 & -l\cos\theta \\ -l\cos\theta & \cos^2\theta \end{bmatrix} \geqslant 0 \qquad (3\text{-}106)$$

其中，$\rho \in \mathbf{R}^+$ 为正的衰减系数。

将式（3-94）代入式（3-104），并进行整理，可求得

$$\ddot{\varepsilon}_x^* \cos\left(\delta_\theta + \varepsilon_\theta^*\right) + l\ddot{\varepsilon}_\theta^* + g\sin\left(\delta_\theta + \varepsilon_\theta^*\right) - \cos\left(\delta_\theta + \varepsilon_\theta^*\right)\frac{\partial Q(\boldsymbol{\delta})}{\partial \delta_x} - l\frac{\partial Q(\boldsymbol{\delta})}{\partial \delta_\theta} = 0$$

$$\Rightarrow \frac{\cos\left(\delta_\theta + \varepsilon_\theta^*\right)}{l}\frac{\partial Q(\boldsymbol{\delta})}{\partial \delta_x} + \frac{\partial Q(\boldsymbol{\delta})}{\partial \delta_\theta} = \frac{\ddot{\varepsilon}_x^* \cos\left(\delta_\theta + \varepsilon_\theta^*\right)}{l} + \ddot{\varepsilon}_\theta^* + \frac{g\sin\left(\delta_\theta + \varepsilon_\theta^*\right)}{l}$$

$$\Rightarrow Q(\boldsymbol{\delta}) = -\frac{g\cos\left(\delta_\theta + \varepsilon_\theta^*\right)}{l} + \frac{\ddot{\varepsilon}_x^* \sin\left(\delta_\theta + \varepsilon_\theta^*\right)}{l} + \ddot{\varepsilon}_\theta^* \delta_\theta + \Xi\left[\delta_x - \frac{1}{l}\sin\left(\delta_\theta + \varepsilon_\theta^*\right)\right]$$

$$(3\text{-}107)$$

本小节选取 $\Xi(\bullet)$ 为

$$\Xi(\bullet) = \frac{g}{l} + \left|\frac{\ddot{\varepsilon}_x^*}{l}\right| + \left|\ddot{\varepsilon}_\theta^*\tau\right| + \frac{1}{2}k_p\left[\delta_x - \frac{1}{l}\sin\left(\delta_\theta + \varepsilon_\theta^*\right)\right]^2 \qquad (3\text{-}108)$$

其中，$k_p \in \mathbf{R}^+$ 为正的控制增益。因此，由式（3-107）及式（3-108）可得 $Q(\boldsymbol{\delta})$ 的表达式为

$$Q(\boldsymbol{\delta}) = -\frac{g}{l}\cos\left(\delta_\theta + \varepsilon_\theta^*\right) + \frac{g}{l} + \frac{\ddot{\varepsilon}_x^*}{l}\sin\left(\delta_\theta + \varepsilon_\theta^*\right) + \left|\frac{\ddot{\varepsilon}_x^*}{l}\right| + \ddot{\varepsilon}_\theta^*\delta_\theta +$$

$$\left|\ddot{\varepsilon}_\theta^*\tau\right| + \frac{1}{2}k_p\left[\delta_x - \frac{1}{l}\sin\left(\delta_\theta + \varepsilon_\theta^*\right)\right]^2 \geqslant 0 \qquad (3\text{-}109)$$

由式（3-109）可得

$$\frac{\partial Q(\delta)}{\partial \delta_x} = k_p \left[\delta_x - \frac{1}{l}\sin(\delta_\theta + \varepsilon_\theta^*) \right] \tag{3-110}$$

$$\frac{\partial Q(\delta)}{\partial \delta_\theta} = \frac{g}{l}\sin(\delta_\theta + \varepsilon_\theta^*) + \frac{\ddot{\varepsilon}_x^*}{l}\cos(\delta_\theta + \varepsilon_\theta^*) + \ddot{\varepsilon}_\theta^* -$$

$$\frac{k_p}{l}\cos(\delta_\theta + \varepsilon_\theta^*)\left[\delta_x - \frac{1}{l}\sin(\delta_\theta + \varepsilon_\theta^*) \right] \tag{3-111}$$

将式（3-110）和式（3-111）的结论代入式（3-101），可求得所设计误差跟踪控制器的表达式如下：

$$F_x = -m_p l\dot{\theta}\dot{\delta}_\theta \sin\theta + (m_p \sin^2\theta + M_t)\ddot{\varepsilon}_x^* - m_p l\dot{\theta}\dot{\varepsilon}_\theta^* \sin\theta - \rho\frac{l\dot{\delta}_x - \cos\theta\dot{\delta}_\theta}{l(M_t + m_p\sin^2\theta)} -$$

$$k_p(m_p\sin^2\theta + M_t)\left(\delta_x - \frac{1}{l}\sin\theta\right) - m_p g\sin\theta\cos\theta + F_{rx} \tag{3-112}$$

3.3.2.3 稳定性分析

定理 3-2 带有任意初始负载摆角的误差跟踪控制器［式（3-112）］可驱动台车至目标位置，并在此过程中消除负载摆动，即

$$\lim_{t\to\infty}\begin{bmatrix} x & \dot{x} & \ddot{x} & \theta & \dot{\theta} & \ddot{\theta} \end{bmatrix}^T = \begin{bmatrix} p_d & 0 & 0 & 0 & 0 & 0 \end{bmatrix}^T \tag{3-113}$$

证明 将式（3-106）的结论代入式（3-98），可以得出

$$\dot{V}(t) = -\frac{\lambda}{\left[l(M_t + m_p\sin^2\theta)\right]^2}\begin{bmatrix}\dot{\delta}_x & \dot{\delta}_\theta\end{bmatrix}\begin{bmatrix} l^2 & -l\cos\theta \\ -l\cos\theta & \cos^2\theta \end{bmatrix}\begin{bmatrix}\dot{\delta}_x \\ \dot{\delta}_\theta\end{bmatrix} =$$

$$-\frac{\lambda}{\left[l(M_t + m_p\sin^2\theta)\right]^2}\left(l\dot{\delta}_x - \cos\theta\dot{\delta}_\theta\right)^2 \leq 0 \tag{3-114}$$

由式（3-114）可得

$$V(t)\in L_\infty \Rightarrow \dot{\delta}_x,\ \dot{\delta}_\theta,\ \delta_x \in L_\infty \Rightarrow x,\ F_x \in L_\infty \tag{3-115}$$

为完成定理 3-2 的证明，需进行不变集分析。为此，定义如下集合 S：

$$S \triangleq \left\{ \delta_x,\ \delta_\theta,\ \dot{\delta}_x,\ \dot{\delta}_\theta \middle| \dot{V}(t) = 0 \right\} \tag{3-116}$$

记 M 为集合 S 中的最大不变集，那么在集合 M 中恒有

$$l\dot{\delta}_x - \cos\theta\dot{\delta}_\theta = 0 \tag{3-117}$$

针对桥式吊车系统，可做 $\sin\theta \approx \theta$, $\cos\theta \approx 1$ 的近似[48, 140]。在此基础上，式（3-117）可简化为

$$l\dot{\delta}_x - \dot{\theta} = -\dot{\varepsilon}_\theta^* \tag{3-118}$$

由式（3-91）、式（3-92）及式（3-112），可得

$$\ddot{\delta}_x = -k_p\left(\delta_x - \frac{1}{l}\theta\right) \tag{3-119}$$

对式（3-118）两端关于时间积分，可得

$$\delta_x - \frac{\theta}{l} = -\frac{\varepsilon_\theta^*}{l} + C_1 \tag{3-120}$$

其中，$C_1 \in \mathbf{R}^1$ 为待确定的常数。

将式（3-120）代入式（3-119），可得

$$\ddot{\delta}_x = -k_p\left(-\frac{\varepsilon_\theta^*}{l} + C_1\right) \tag{3-121}$$

求解式（3-121）的时间积分，可得：

$$\dot{\delta}_x = -k_p C_1 t - \frac{k_p}{\lambda_\theta l}\theta(0)e^{-\lambda_\theta t} + C_2 \tag{3-122}$$

其中，$C_2 \in \mathbf{R}^1$ 为待确定常数。假设 $C_1 \neq 0$，则有

$$\dot{\delta}_x \to \begin{cases} +\infty & C_1 < 0 \\ -\infty & C_1 > 0 \end{cases} \tag{3-123}$$

这与式（3-115）中 $\dot{\delta}_x \in L_\infty$ 的结论相矛盾。故假设不成立，那么 $C_1 = 0$。

接下来，对式（3-122）两端关于时间积分，可得：

$$\delta_x = \frac{k_p}{\lambda_\theta^2 l}\theta(0)e^{-\lambda_\theta t} + C_2 t + C_3 \tag{3-124}$$

其中，$C_3 \in \mathbf{R}^1$ 为待确定常数。假设 $C_2 \neq 0$，则有

$$\delta_x \to \begin{cases} -\infty & C_2 < 0 \\ +\infty & C_2 > 0 \end{cases} \tag{3-125}$$

这与式（3-115）中 $\delta_x \in L_\infty$ 的结论相矛盾。故假设不成立，则 $C_2 = 0$。

将 $C_2 = 0$ 的结果代入式（3-124），可得

$$\delta_x = \frac{k_p}{\lambda_\theta^2 l}\theta(0)e^{-\lambda_\theta t} + C_3 \tag{3-126}$$

将式（3-120）及式（3-126）的结论结合起来，有

$$\begin{cases} \delta_x = -\dfrac{1}{l}\theta(0)e^{-\lambda_\theta t} + \dfrac{\theta}{l} \\ \delta_x = \dfrac{k_p}{\lambda_\theta^2 l}\theta(0)e^{-\lambda_\theta t} + C_3 \end{cases} \tag{3-127}$$

其中，k_p 和 λ_θ 分别为任意正的常数。那么，为使（3-127）式成立，需要满足

$$e^{-\lambda_\theta t} \text{ 或 } \theta(0) = 0,\ \theta = lC_3 \Rightarrow \dot\theta = 0,\ \ddot\theta = 0 \tag{3-128}$$

由式（3-128）可得：

$$\varepsilon_\theta^* = \dot\varepsilon_\theta^* = \ddot\varepsilon_\theta^* = 0 \tag{3-129}$$

将式（3-117）、式（3-118）和式（3-129）代入式（3-112），可证得

$$F_x - F_{rx} = -m_p g\theta \tag{3-130}$$

另外，由式（3-75）、式（3-76）及式（3-128）可得

$$F_x - F_{rx} = -\left(m_p + M_t\right)g\theta \tag{3-131}$$

联立式（3-130）和式（3-131），可得

$$\theta = 0,\ C_3 = 0 \tag{3-132}$$

结合式（3-119）、式（3-122）、式（3-124）、式（3-128）、式（3-129）及式（3-132）的结论，可得

$$\ddot\delta_x = 0,\ \dot\delta_x = 0,\ \delta_x = 0 \tag{3-133}$$

根据式（3-128）、式（3-132）及式（3-133）的结论，可知在 M 中，恒有

$$x = p_d,\ \dot x = 0,\ \ddot x = 0,\ \theta = 0,\ \dot\theta = 0,\ \ddot\theta = 0 \tag{3-134}$$

基于以上分析，可知最大不变集 M 中仅包含一个平衡点 $\begin{bmatrix} x & \dot x & \ddot x & \theta & \dot\theta & \ddot\theta \end{bmatrix}^{\mathrm{T}} = \begin{bmatrix} p_d & 0 & 0 & 0 & 0 & 0 \end{bmatrix}^{\mathrm{T}}$。那么，借助拉塞尔不变性原理[83, 142]可知，系统状态可渐近收敛至期望值。由此，定理 3-2 得证。

3.3.3　仿真结果及分析

在本小节中，将通过仿真结果验证所提误差跟踪控制方法的控制性能。吊

车系统参数设置为 $M_t = 7\,\text{kg}$ ， $m_p = 1\,\text{kg}$ ， $g = 9.8\,\text{m/s}^2$ ， $l = 1\,\text{m}$ ，台车期望位置为 $p_d = 1\,\text{m}$ ，摩擦系数选择为 $f_{r0x} = 4.4$ ， $\varepsilon_x = 0.01$ ， $k_{rx} = -0.5$ 。

为验证所提误差跟踪控制方法的控制性能，将进行四组仿真。在第一组仿真中，通过将所提误差跟踪控制方法与增强耦合非线性控制方法[138]、LQR 控制方法[148] 及 PD 控制方法[56] 做对比，验证该方法针对系统参数变化（内部扰动）的鲁棒性。在第二组仿真中，将检验所提误差跟踪控制方法针对不同外部扰动的鲁棒性，并将该方法与前述三种方法进行比较。在第三组仿真中，将进一步验证所提误差跟踪控制方法针对不同初始负载摆角的鲁棒性。第四组仿真将测试所提误差跟踪控制方法针对不同目标位置的控制性能。值得指出的是，增强耦合非线性控制方法、LQR 控制方法及 PD 控制方法均是在零初始负载摆角的基础上提出的，为了公平起见，在第一组和第二组仿真中，初始负载摆角设置为 0。式（3-80）中的 μ 设为 1。通过试凑法，所提误差跟踪控制方法的控制增益调节为 $\lambda_x = 1$ ， $\lambda_\theta = 1$ ， $k_p = 1.7$ ， $\rho = 93$ 。

为了叙述的完整性，给出增强耦合非线性控制方法、LQR 控制方法及 PD 控制方法的详细表达式。

增强耦合非线性控制方法[138] 的详细表达式：

$$F_x = -k_p \left(\int_0^t \xi_x dt - p_d \right) - k_\xi \xi_x + \lambda_x \left(M_t + m_p \right) \dot{\theta} + F_{rx} \qquad (3\text{-}135)$$

其中， k_p ， k_ξ ， $\lambda \in \mathbf{R}^+$ 为正的控制增益； ξ_x 为如下形式的辅助函数：

$$\xi_x = \dot{x} - \lambda\theta \qquad (3\text{-}136)$$

调优后，式（3-135）和式（3-136）中的控制增益选取为： $k_p = 50$ ， $k_\xi = 50$ ， $\lambda = 12$ 。

LQR 控制方法[148] 的详细表达式：

$$F_x = -k_1 \varepsilon_x - k_2 \dot{x} - k_3 \theta - k_4 \dot{\theta} + F_{rx} \qquad (3\text{-}137)$$

其中， $k_1, k_2 \in \mathbf{R}^+$ ， $k_3, k_4 \in \mathbf{R}^-$ 为控制增益。式（3-137）中的控制增益设定为 $k_1 = 10$ ， $k_2 = 20$ ， $k_3 = -10$ ， $k_4 = -6$ 。

PD 控制方法[56] 的详细表达式：

$$F_x = -k_p \varepsilon_x - k_d \dot{x} + F_{rx} \qquad (3\text{-}138)$$

其中， $k_p, k_d \in \mathbf{R}^+$ 为正的控制增益，其选值为： $k_p = 12$ ， $k_d = 20$ 。

3.3.3.1 针对参数变化的控制性能测试

在本小节中，选用增强耦合非线性控制方法、LQR 控制方法及 PD 控制方法作为对比方法。考虑在一个运输过程中如下两种极端情况（要注意的是，参数突然变化比参数时变更加严峻）：在 $t = 2\,\mathrm{s}$ 时，吊绳长度由 1 m 突然变为 2 m；在 $t = 5\,\mathrm{s}$ 时，负载质量由 2 kg 突然变为 8 kg。

针对这两种极端情况，四种控制方法的控制结果分别见图 3-9 ～图 3-12。通过对比这四个图可知，所提误差跟踪控制方法可在最短的时间内（3.8 s）将台车驱动至目标位置。此外，与另外三种方法对比，该方法可将负载的摆动抑制在一个更小的范围内（最大负载摆角为 1.7°；几乎无残余摆角）。同时，该方法的最大驱动力（10.2 N）是最小的。在吊绳长度及负载质量突变的情形下，该方法的控制性能几乎未受到影响，尤其是负载摆角的抑制情况，两个曲线几乎一样。而 LQR 控制方法及 PD 控制方法的控制性能明显地降低了。这些结果直接证明了所提误差跟踪控制方法针对参数变化的鲁棒性。

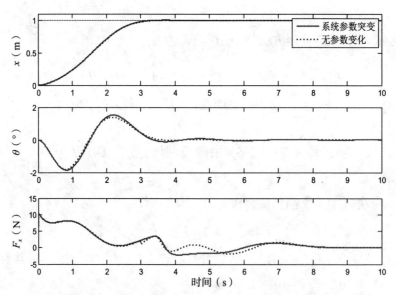

图 3-9　所提误差跟踪控制方法针对参数变化的仿真结果
（红色实线：参数变化；蓝色点线：无参数变化）：台车轨迹、负载摆角、台车驱动力

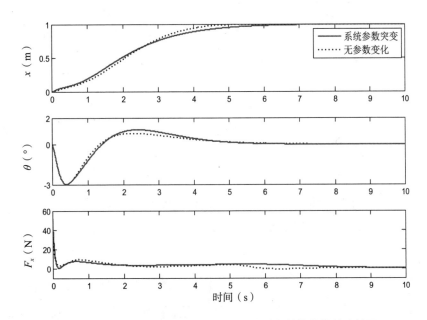

图 3-10　增强耦合非线性控制方法针对参数变化的仿真结果

（红色实线：参数变化；蓝色点线：无参数变化）：台车轨迹、负载摆角、台车驱动力

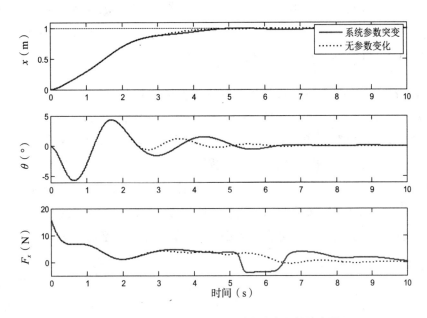

图 3-11　LQR 控制方法针对参数变化的仿真结果

（红色实线：参数变化；蓝色点线：无参数变化）：台车轨迹、负载摆角、台车驱动力

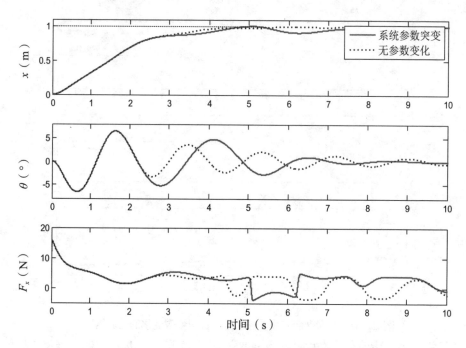

图 3-12 PD 控制方法针对参数变化的仿真结果

（红色实线：参数变化；蓝色点线：无参数变化）：台车轨迹、负载摆角、台车驱动力

3.3.3.2 针对外部扰动的控制性能测试

在本小节中，将验证所提误差跟踪控制方法针对不同外部扰动的鲁棒性，并与增强耦合非线性控制方法、LQR 控制方法及 PD 控制方法进行对比。为此，在运输过程中对负载摆角引入了两种不同类型的扰动。在 2 ~ 3 s 内，加入了脉冲扰动，在 5 ~ 6 s 内，引入了随机扰动。这些扰动的幅值均为 1.5°。响应的仿真结果见图 3-13 ~图 3-16。从这些图记录的结果可知，这四种控制方法均可快速抑制并消除负载扰动，表明了这些方法对外部扰动的强鲁棒性。不过，所提控制方法消除负载摆动的能力明显优于另外三种控制方法。

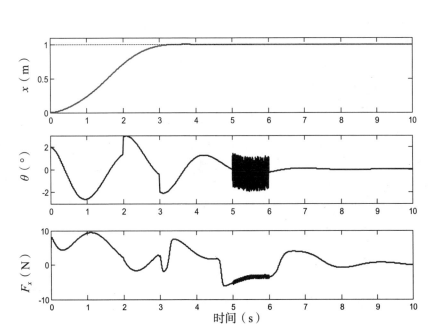

图 3-13 所提误差跟踪控制方法针对不同外部扰动的仿真结果：
台车轨迹、负载摆角、台车驱动力

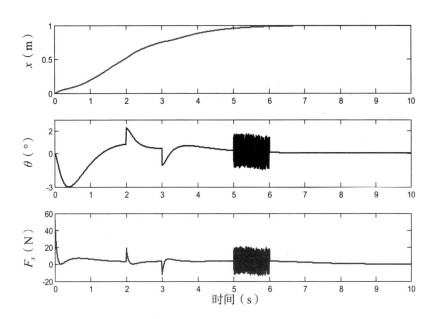

图 3-14 增强耦合非线性控制方法针对不同外部扰动的仿真结果：
台车轨迹、负载摆角、台车驱动力

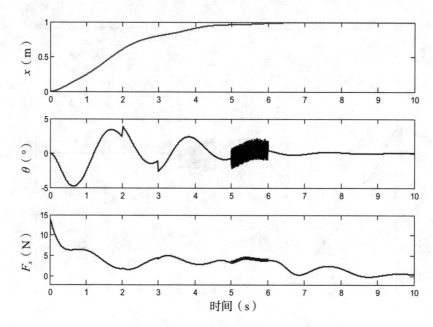

图 3-15　LQR 控制方法针对不同外部扰动的仿真结果：
台车轨迹、负载摆角、台车驱动力

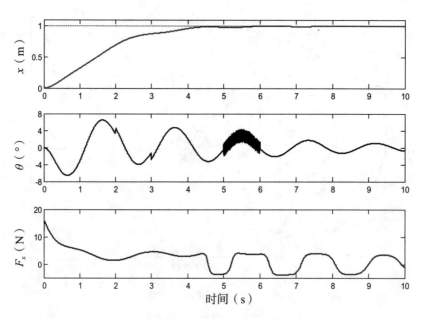

图 3-16　PD 控制方法针对不同外部扰动的仿真结果：
台车轨迹、负载摆角、台车驱动力

3.3.3.3　针对不同初始负载摆角的控制性能测试

在本小节中，将检验所提误差跟踪控制方法针对不同初始负载摆角的鲁棒性。为此，考虑如下三种情形：

情形 1　$\theta(0)=3°$。

情形 2　$\theta(0)=6°$。

情形 3　$\theta(0)=10°$。

在这组仿真中，控制增益的选取与第 3.3.3.1 小节中保持一致。这三种情形下的仿真曲线图见图 3-17。针对这三种不同的情形，所提误差跟踪控制方法依然可以保证台车迅速准确地到达目标位置，并且在此过程中快速地抑制并消除负载的摆动。此外，运输效率及负载消摆性能并未受到明显的影响，表明所提误差跟踪控制方法针对不同初始负载摆角的强鲁棒性。

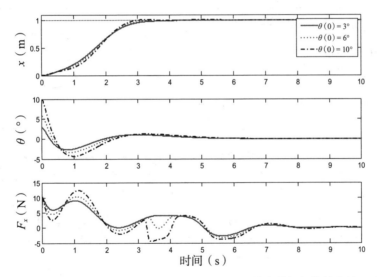

图 3-17　所提误差跟踪控制方法针对不同初始负载摆角的仿真结果
[红色实线: $\theta(0)=3°$；品红色点线: $\theta(0)=6°$；蓝色点划线: $\theta(0)=10°$]: 台车轨迹、
负载摆角、台车驱动力

3.3.3.4　针对不同目标位置的控制性能测试

为进一步验证所提误差跟踪控制方法在不改变控制增益及期望误差轨迹的情况下，针对不同目标位置的控制性能，考虑如下三种情形：

情形 1　$p_d = 1\,\mathrm{m}$。

情形 2　$p_d = 2\,\mathrm{m}$。

情形 3　$p_d = 4\,\mathrm{m}$。

在这三种情形下，设置初始负载摆角 $2°$。得到的仿真结果如图 3-18 所示。可以看出，这三种情形下，所提误差跟踪控制方法依然能够保持良好的控制性能。需要指出的是，目标位置越远，负载摆幅越大，为了解决这个问题，可以用一个光滑、收敛的轨迹代替目标位置 p_d，从而保证台车的平滑启动。

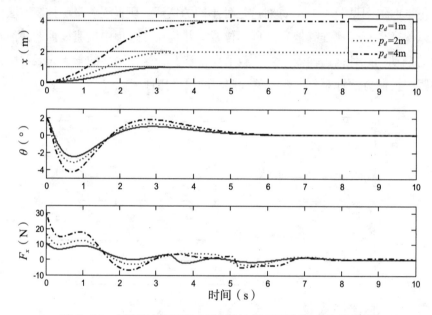

图 3-18　所提误差跟踪控制方法针对不同目标位置的仿真结果
（红色实线：$p_d = 1\,\mathrm{m}$；品红色点线：$p_d = 2\,\mathrm{m}$；蓝色点划线：$p_d = 4\,\mathrm{m}$）：
台车轨迹、负载摆角、台车驱动力

3.3.4　实验结果及分析

在本小节中，将进一步在桥式吊车实验平台（图 3-19，来自曲阜师范大学工学院）上验证所提误差跟踪控制方法的实际控制性能。首先，通过对比所提误差跟踪控制方法与增强耦合非线性控制方法、LQR 控制方法及 PD 控制方法，测试所提误差跟踪控制方法良好的控制性能。紧接着，将验证所提误差跟踪控制方法针对参数变化、初始负载摆角及外部扰动的鲁棒性。

图 3-19　桥式吊车实验平台

桥式吊车实验平台的物理参数设置为：$M_t = 6.157\,\text{kg}$，$m_p = 1\,\text{kg}$，$l = 0.6\,\text{m}$。台车的目标位置设为：$p_d = 0.4\,\text{m}$。经过大量的离线实验及采用最小二乘法对摩擦力参数进行拟合和优化，最终得出摩擦力参数：$f_{r0x} = 20.371$，$\sigma_x = 0.01$，$k_{rx} = -0.5$。实验中，采用运行在 Windows XP 操作系统下的 MATLAB/Simulink Real-Time Windows Target 实时操作系统。采样周期为 10 ms。

3.3.4.1　针对精确系统参数的控制性能测试实验

在本小节中，通过与增强耦合非线性控制方法、LQR 控制方法及 PD 控制方法比较，验证所提误差跟踪控制方法针对精确系统参数的良好控制性能。这四种控制方法的控制增益见表 3-5。相应的实验曲线见图 3-20 ～图 3-23。将图 3-20 的实验结果与图 3-21 ～图 3-23 的实验结果对比可知，所提误差跟踪控制方法的整体控制性能（主要包括台车定位精度及负载消摆性能）明显优于另外三种控制方法。这表明所提误差跟踪控制方法具有良好的控制性能。

表 3-5　控制增益

控制方法	k_p	λ_θ	ρ	k_ξ	λ	k_1	k_2	k_3	k_4	k_d
增强耦合非线性控制方法	3	×	×	8.393	0.5	×	×	×	×	×
LQR 控制方法	×	×	×	×	×	6.05	13.8	−18.7	−19.3	×
PD 控制方法	2	×	×	×	×	×	×	×	×	7.19
所提误差跟踪控制方法	4.5	1	10.02	×	×	×	×	×	×	×

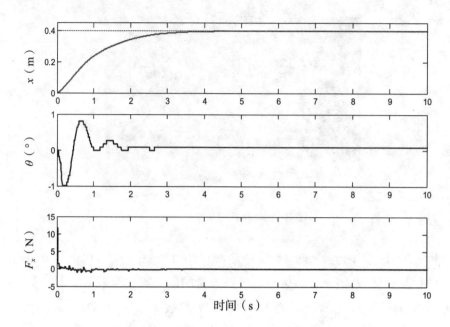

图 3-20　所提误差跟踪控制方法针对精确系统参数的实验结果：
台车轨迹、负载摆角、台车驱动力

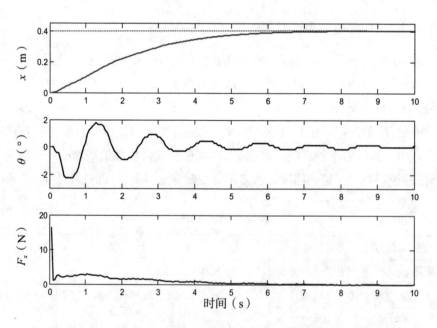

图 3-21　增强耦合非线性控制方法针对精确系统参数的实验结果：
台车轨迹、负载摆角、台车驱动力

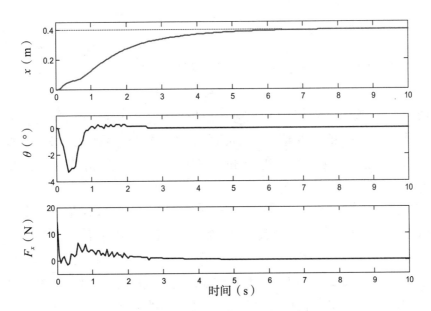

图 3-22　LQR 控制方法针对精确系统参数的实验结果：
台车轨迹、负载摆角、台车驱动力

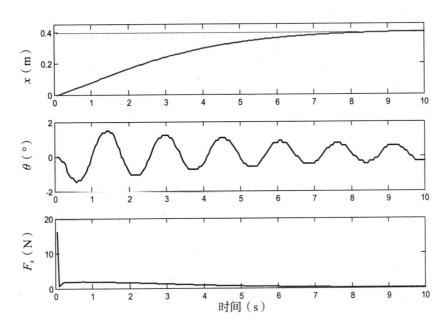

图 3-23　PD 控制方法针对精确系统参数的实验结果：
台车轨迹、负载摆角、台车驱动力

3.3.4.2 鲁棒性测试实验

在本小节中，将进一步验证所提误差跟踪控制方法的鲁棒性。为此，考虑如下三种情形：

情形1 为验证所提误差跟踪控制方法针对参数变化的鲁棒性，考虑负载质量和吊绳长度及它们的名义值不同的情况。这些参数的实际值分别为 $m_p=2\,\text{kg}$，$l=1\,\text{m}$，而它们的名义值与第 3.3.4.1 节相同。除此之外，在这种情形下，控制增益与第 3.3.4.1 节相同。

情形2 引入幅值约为 2.7° 的初始负载摆角，并且控制增益保持不变。

情形3 在 $1.5 \sim 2.5\,\text{s}$ 对负载摆动施加扰动，且控制增益保持不变。

实验结果如图 3-24 ～图 3-26 所示。通过对比图 3-20 与图 3-23 的实验曲线，可知所提误差跟踪控制方法的控制性能，主要包括运输效率和负载消摆性能，受系统参数不确定性的影响并不大。这个优点为所提误差跟踪控制方法的实际应用带来了诸多便利，因为在不同的运输任务中，负载的质量及吊绳的长度往往是不同的。分析图 3-25 和图 3-26 可知，所提误差跟踪控制方法可迅速抑制并消除初始负载摆角及外部扰动。这些实验结果均表明所提误差跟踪控制方法具有很强的鲁棒性。

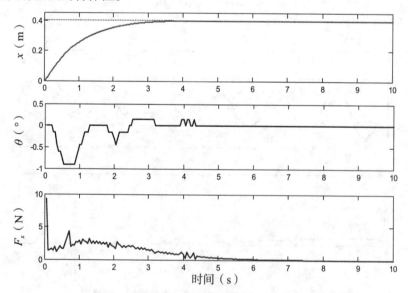

图 3-24 所提误差跟踪控制方法针对系统参数变化的实验结果（情形1）：
台车轨迹、负载摆角、台车驱动力

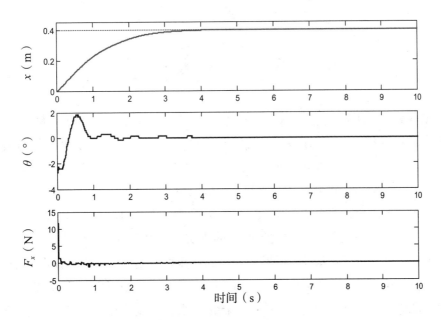

图 3-25　所提误差跟踪控制方法针对初始负载摆角的实验结果（情形 2）：
台车轨迹、负载摆角、台车驱动力

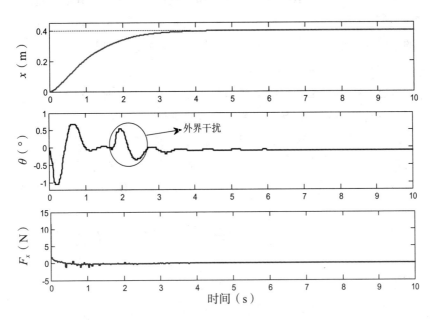

图 3-26　所提误差跟踪控制方法针对外部扰动的实验结果（情形 3）：
台车轨迹、负载摆角、台车驱动力

3.4　本章小结

在本章中，针对二级摆型桥式吊车系统和二维桥式吊车系统分别设计了带有跟踪误差约束的自适应跟踪控制方法及带有任意初始负载摆角的误差跟踪控制方法。

首先，考虑到桥式吊车系统通常会受负载质量、台车质量、吊绳长度、摩擦力系数等系统参数不确定因素和空气阻力等外部扰动的影响及二级摆型桥式吊车系统的轨迹规划的环节往往被忽略的事实，针对二级摆型桥式吊车系统，提出了一种可以保证跟踪误差受约束的自适应跟踪控制方法。为保证台车平稳运行至目标位置，为台车选择了一条平滑的 S 形曲线，作为其定位参考轨迹。利用能量整形的观点，构造了一个新的储能函数，在此基础上，提出自适应跟踪控制方法。为保证台车跟踪误差始终在允许的范围内，在所设计控制器中加入了一个额外项，并利用李雅普诺夫方法和芭芭拉定理对闭环系统在平衡点处的稳定性进行了严格的理论分析。仿真结果表明所提自适应跟踪控制方法可保证台车的跟踪误差始终在允许的范围内，且具有良好的控制性能，以及对系统参数不确定性和外部扰动的适应性。

考虑到已有控制方法需假设负载的初始摆角为零及针对不同的运送位置需重新规划台车轨迹的问题，提出了一种带有任意初始负载摆角的误差跟踪控制方法。定义了台车及负载摆动的期望误差轨迹，在此基础上，建立了桥式吊车系统的误差跟踪动态模型。构造了具有特定结构的期望目标系统，提出了一种可以将桥式吊车系统转变为目标系统的误差跟踪控制方法。同时对于闭环系统的稳定性和收敛性，通过李雅普诺夫方法及拉塞尔不变性原理对其进行了严格的理论分析。仿真和实验结果表明所提误差跟踪控制方法的有效性和正确性。

第4章 桥式吊车系统调节控制方法

4.1 引言

就目前而言，大多数控制方法是针对二维桥式吊车系统提出的，相比之下，三维桥式吊车系统的状态量更多，并且各个状态之间的耦合性、非线性更强，因此其控制方法的研究更具挑战性。现有三维桥式吊车系统的调节控制方法存在随着目标位置的增大，负载摆动的幅值逐渐增大的问题。换言之，已有调节控制方法无法保证台车的平滑启动。

为了解决这个问题，并提升三维桥式吊车系统的暂态控制性能，本章提出了一种增强耦合非线性的调节控制方法。通过引入两个可反映台车速度与负载摆动信息的广义信号，构造了一个新的储能函数，通过储能函数的导数形式，提出了一种增强耦合非线性控制方法。该方法可大幅提升系统的暂态控制性能。利用李雅普诺夫方法及芭芭拉定理对闭环系统在平衡点处的稳定性进行了理论分析。仿真和实验结果均表明所提控制方法具有良好的控制性能及对系统参数变化、外部扰动具有较强的鲁棒性。所提增强耦合非线性控制方法具有以下优点 / 贡献：①该方法对不同 / 不确定吊绳长度、负载质量及不同外部扰动具有很强的鲁棒性；②通过将该方法与其他控制方法（PD 控制方法及 LQR 控制方法）做对比，得出了该方法可提升控制器暂态控制性能的结论；③该方法可保证台车的平滑启动，解决了现有调节控制方法的弊端。

针对二级摆型桥式吊车系统，提出了一种基于能量耦合的控制方法，该方法属于调节控制方法。与二级摆型桥式吊车系统的大多数控制方法相比，本章所提的能量耦合控制方法结构简单，不包含与吊绳长度、负载质量相关的项，因此其对绳长、负载质量变化具有很强的鲁棒性。但是，对调节控制方法而言，当目标位置很远时，初始的驱动力会很大，相应的台车加速度也会很大，导致负载大幅度摆动，并可能损坏电机[149]。为解决所提能量耦合控制方法固有的缺点，在控制律中引入了一个平滑的双曲正切函数，减少了初始驱动力并可保证台车的平滑启动。首先，引入了一个包含台车运动、吊钩摆动、负载摆动信息的广义水平位移信号。构造了一个新型储能函数，使其导数等于广义水平信号与施加于台车上的驱动力的乘积。将双曲正切函数引入所设计的控制器中，提出了能量耦合控制方法。利用李雅普诺夫方法和拉塞尔不变性原理，证明了闭环系统平衡点处的稳定性。最后，通过数值仿真对本章所提能量耦合控制方法的有效性及鲁棒性加以验证，并与基于无源性的控制方法[136]、CSMC控制方法[119]进行性能比较。总的来说，本章设计的能量耦合控制方法具有以下优点/贡献：①所设计控制器结构简单、易于工程实现；②通过引入广义的负载水平位移信号，增强了台车运动、吊钩摆动、负载摆动之间的耦合关系，可提升系统的暂态控制性能；③通过在控制律中引入一个双曲正切函数，所提能量耦合控制方法大幅减少了初始驱动力，因此可保证台车的平滑启动，解决了现有调节控制方法的弊端；④所设计控制器对不同的负载质量、吊绳长度、目标位置、外部扰动具有很强的鲁棒性。

4.2　三维桥式吊车系统增强耦合非线性控制方法

4.2.1　三维桥式吊车系统动态模型分析

三维桥式吊车系统的示意图见图 4-1，其动态模型可描述如下[42-43, 68, 88, 122]：

$$(M_x + m_p)\ddot{x} + m_p l\ddot{\theta}_x C_x C_y - m_p l\ddot{\theta}_y S_x S_y - 2m_p l\dot{\theta}_x\dot{\theta}_y C_x S_y - m_p l\dot{\theta}_x^2 S_x C_y - m_p l\dot{\theta}_y^2 S_x C_y$$
$$= F_x - F_{rx} \tag{4-1}$$

$$(M_y + m_p)\ddot{y} - m_p l\ddot{\theta}_y C_y + m_p l\dot{\theta}_y^2 S_y = F_y - F_{ry} \tag{4-2}$$

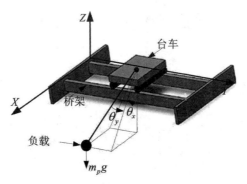

图 4-1　三维桥式吊车系统示意图

$$m_p \ddot{x} l C_x C_y + m_p l^2 \ddot{\theta}_x C_y^2 - 2m_p l^2 \dot{\theta}_x \dot{\theta}_y C_y S_y + m_p g l S_x C_y = 0 \qquad (4\text{-}3)$$

$$-m_p \ddot{x} l S_x S_y - m_p \ddot{y} l C_y + m_p l^2 \ddot{\theta}_y + m_p l^2 \dot{\theta}_x^2 C_y S_y + m_p g l C_x S_y = 0 \qquad (4\text{-}4)$$

其中，M_x 为台车质量；M_y 为台车质量与桥架质量之和；m_p 为负载质量；l 和 g 分别为吊绳长度及重力加速度；x、y 分别为台车在 X、Y 方向上的位移；$\ddot{x}$ 和 $\ddot{y}$ 分别为 x 与 y 关于时间的二阶导数；F_x 和 F_y 分别表示施加于台车 X、Y 方向上的驱动力，即控制输入；S_x，S_y，C_x 及 C_y 分别为 $\sin\theta_x$，$\sin\theta_y$，$\cos\theta_x$ 及 $\cos\theta_y$ 的缩写；F_{rx}，F_{ry} 分别表示 X、Y 方向上的摩擦力，其表达式[46,48,139]为：

$$\begin{cases} F_{rx} = f_{r0x} \tanh\left(\dfrac{\dot{x}}{\varepsilon_x} \right) - k_{rx} |\dot{x}| \dot{x} \\[3mm] F_{ry} = f_{r0y} \tanh\left(\dfrac{\dot{y}}{\varepsilon_y} \right) - k_{ry} |\dot{y}| \dot{y} \end{cases} \qquad (4\text{-}5)$$

其中，f_{r0x}，f_{r0y}，ε_x 及 ε_y 分别为与摩擦力相关的静摩擦系数；k_{rx} 及 k_{ry} 分别为与摩擦力相关的黏性摩擦系数。这些参数可通过离线实验和数据拟合方法获得。

为方便控制器的设计，将式（4-1）～式（4-4）写成如下矩阵形式：

$$\boldsymbol{M}_m(\boldsymbol{q}_m)\ddot{\boldsymbol{q}}_m + \boldsymbol{C}_m(\boldsymbol{q}_m, \dot{\boldsymbol{q}}_m)\dot{\boldsymbol{q}}_m + \boldsymbol{G}_m(\boldsymbol{q}_m) = \boldsymbol{U}_m \qquad (4\text{-}6)$$

其中，$\boldsymbol{q}_m = \begin{bmatrix} x & y & \theta_x & \theta_y \end{bmatrix}^{\mathrm{T}}$ 为系统的状态向量；$\boldsymbol{M}_m(\boldsymbol{q}_m)$ 为惯性矩阵；$\boldsymbol{C}_m(\boldsymbol{q}_m, \dot{\boldsymbol{q}}_m)$

为向心−柯氏力矩阵；$\boldsymbol{G}_m(\boldsymbol{q}_m)$ 为重力向量；$\boldsymbol{U}_m$ 为控制输入向量。它们的具体表达形式如下：

$$
\left\{
\begin{aligned}
&\boldsymbol{M}_m(\boldsymbol{q}_m) = \begin{bmatrix} M_x + m_p & 0 & m_p l C_x C_y & -m_p l S_x S_y \\ 0 & M_y + m_p & 0 & -m_p l C_y \\ m_p l C_x C_y & 0 & m_p l^2 C_y^2 & 0 \\ -m_p l S_x S_y & -m_p l C_y & 0 & m_p l^2 \end{bmatrix} \\[2mm]
&\boldsymbol{C}_m(\boldsymbol{q}_m,\ \dot{\boldsymbol{q}}_m) = \begin{bmatrix} 0 & 0 & -m_p l \dot{\theta}_y C_x S_y - m_p l \dot{\theta}_x S_x C_y & -m_p l \dot{\theta}_y C_x S_y - m_p l \dot{\theta}_x S_x C_y \\ 0 & 0 & 0 & m_p l \dot{\theta}_y S_y \\ 0 & 0 & -m_p l^2 \dot{\theta}_y C_y S_y & -m_p l^2 \dot{\theta}_x C_y S_y \\ 0 & 0 & m_p l^2 \dot{\theta}_x C_y S_y & 0 \end{bmatrix} \\[2mm]
&\boldsymbol{G}_m(\boldsymbol{q}_m) = \begin{bmatrix} 0 & 0 & m_p g l S_x C_y & m_p g l C_x S_y \end{bmatrix}^{\mathrm{T}}, \quad \boldsymbol{U}_m = \begin{bmatrix} F_x - F_{rx} & F_y - F_{ry} & 0 & 0 \end{bmatrix}^{\mathrm{T}}
\end{aligned}
\right.
\tag{4-7}
$$

惯性矩阵 $\boldsymbol{M}_m(\boldsymbol{q}_m)$ 是正定的，且和向心−柯氏力矩阵 $\boldsymbol{C}_m(\boldsymbol{q}_m,\ \dot{\boldsymbol{q}}_m)$ 之间满足如下反对称关系[43, 138-139]：

$$
\boldsymbol{\upsilon}^{\mathrm{T}} \left[\frac{1}{2} \dot{\boldsymbol{M}}_m(\boldsymbol{q}_m) - \boldsymbol{C}_m(\boldsymbol{q}_m,\ \dot{\boldsymbol{q}}_m) \right] \boldsymbol{\upsilon} = 0, \quad \forall \boldsymbol{\upsilon} \in \mathbf{R}^4
\tag{4-8}
$$

其中，$\dot{\boldsymbol{M}}_m(\boldsymbol{q}_m)$ 表示 $\boldsymbol{M}_m(\boldsymbol{q}_m)$ 的时间导数。

假设 4-1　在整个运输过程中，负载摆角 θ_x 和 θ_y 始终保持在如下范围内：

$$
-\pi < \theta_x,\ \theta_y < \pi
\tag{4-9}
$$

4.2.2　增强耦合非线性控制器设计

具有固定绳长的三维吊车系统有 2 个控制输入（F_x 和 F_y）及 4 个待控自由度（x，y，θ_x 和 θ_y）。吊车系统控制的主要目的是快速、精确定位及负载摆动的有效抑制与消除。为了实现这两个目标，唯一的途径就是充分利用台车位移（x 和 y）与负载摆动（θ_x 和 θ_y）之间的动态耦合关系[138]。全驱动系统往往需要进行解耦控制，与其不同的是，为提升控制性能，欠驱动桥式吊车系统需要增强状态之间的耦合非线性关系。为此，定义如下两个广义信号 ς_x 和 ς_y 为

$$\begin{cases} \varsigma_x = \dot{x} + \lambda f(\theta_x) g(\theta_y) \\ \varsigma_y = \dot{y} + r w(\theta_y) \end{cases} \tag{4-10}$$

其中，λ，$r \in \mathbf{R}^+$ 为正的控制增益；$f(\theta_x)$ 为与 θ_x 相关的待确定函数；$g(\theta_y)$ 和 $w(\theta_y)$ 分别为与 θ_y 相关的待确定函数。

为不失一般性，将台车的初始位置、速度、负载摆动的初始角度、角速度设置为 0，即 $x(0) = y(0) = 0$，$\dot{x}(0) = \dot{y}(0) = 0$，$\theta_x(0) = \theta_y(0) = 0$，$\dot{\theta}_x(0) = \dot{\theta}_y(0) = 0$。

对式（4-10）两端关于时间求导，可得

$$\begin{cases} \dot{\varsigma}_x = \ddot{x} + \lambda \left[\dot{\theta}_x f'(\theta_x) g(\theta_y) + \dot{\theta}_y f(\theta_x) g'(\theta_y) \right] \\ \dot{\varsigma}_y = \ddot{y} + r \dot{\theta}_y w'(\theta_y) \end{cases} \tag{4-11}$$

其中，$f'(\theta_x)$ 表示 $f(\theta_x)$ 关于 θ_x 的导数；$g'(\theta_y)$ 和 $w'(\theta_y)$ 分别代表 $g(\theta_y)$ 和 $w(\theta_y)$ 关于 θ_y 的导数。

求解式（4-10）关于时间的积分，可以得到

$$\begin{aligned} \int_0^t \varsigma_x(\tau) \mathrm{d}\tau - p_{dx} &= x(t) - p_{dx} + \lambda \int_0^t f(\theta_x) g(\theta_y) \mathrm{d}\tau \\ &= e_x + \lambda \int_0^t f(\theta_x) g(\theta_y) \mathrm{d}\tau \end{aligned} \tag{4-12}$$

$$\int_0^t \varsigma_y(\tau) \mathrm{d}\tau - p_{dy} = y - p_{dy} + r \int_0^t w(\theta_y) \mathrm{d}\tau = e_y + r \int_0^t w(\theta_y) \mathrm{d}\tau \tag{4-13}$$

其中，$e_x = x(t) - p_{dx}$ 和 $e_y = y - p_{dy}$ 分别为台车在 X、Y 方向上的定位误差；p_{dx} 与 p_{dy} 分别为台车在 X、Y 方向上的目标位置。那么，新的状态向量 $\boldsymbol{\Omega}(t)$ 可构造如下：

$$\boldsymbol{\Omega}(t) = \begin{bmatrix} \varsigma_x \\ \varsigma_y \\ \dot{\theta}_x \\ \dot{\theta}_y \end{bmatrix} = \begin{bmatrix} \dot{x} + \lambda f(\theta_x) g(\theta_y) \\ \dot{y} + r w(\theta_y) \\ \dot{\theta}_x \\ \dot{\theta}_y \end{bmatrix} \tag{4-14}$$

将新的状态向量代入式（4-6），三维桥式吊车系统的动态模型可改写为

$$M_m(q_m)\dot{\Omega} + C_m(q_m, \dot{q}_m)\Omega = U_m - G_m(q_m) +$$

$$\begin{bmatrix} \lambda(M_x + m_p)[\dot{\theta}_x f'(\theta_x)g(\theta_y) + \dot{\theta}_y f(\theta_x)g'(\theta_y)] \\ r(M_y + m_p)\dot{\theta}_y w'(\theta_y) \\ \lambda m_p l C_x C_y[\dot{\theta}_x f'(\theta_x)g(\theta_y) + \dot{\theta}_y f(\theta_x)g'(\theta_y)] \\ -\lambda m_p l S_x S_y[\dot{\theta}_x f'(\theta_x)g(\theta_y) + \dot{\theta}_y f(\theta_x)g'(\theta_y)] - rm_p l\dot{\theta}_y C_y w'(\theta_y) \end{bmatrix} \quad (4\text{-}15)$$

包括动能和势能的三维桥式吊车系统的能量 $E(t)$，可以表示为：

$$E(t) = \frac{1}{2}\dot{q}_m^{\mathrm{T}} M_m(q_m)\dot{q}_m + m_p gl(1 - C_x C_y) \quad (4\text{-}16)$$

基于系统能量的形式，定义一个新的"类能量函数" $E_\Omega(t)$ 如下：

$$E_\Omega(t) = \frac{1}{2}\Omega^{\mathrm{T}} M_m(q_m)\Omega + m_p gl(1 - C_x C_y) \quad (4\text{-}17)$$

由 $M_m(q)$ 是正定的，且 $m_p gl(1 - C_x C_y) = 0 \rightarrow \theta_x = \theta_y = 0$ 可知，$E_\Omega(t)$ 是局部正定的。

将式（4-8）及式（4-15）的结论代入式（4-17）的时间导数中，并进行整理，可得：

$$\begin{aligned}
\dot{E}_\Omega(t) &= \Omega^{\mathrm{T}}\left[M_m(q_m)\dot{\Omega} + \frac{1}{2}\dot{M}_m(q_m)\Omega\right] + m_p gl(\dot{\theta}_x S_x C_y + \dot{\theta}_y C_x S_y) \\
&= \Omega^{\mathrm{T}}\left[M_m(q_m)\dot{\Omega} + C_m(q_m,\dot{q}_m)\Omega\right] + m_p gl(\dot{\theta}_x S_x C_y + \dot{\theta}_y C_x S_y) \\
&= \varsigma_x\left\{F_x - F_{rx} + \lambda(M_x + m_p)[\dot{\theta}_x f'(\theta_x)g(\theta_y) + \dot{\theta}_y f(\theta_x)g'(\theta_y)]\right\} + \\
&\quad \varsigma_y\left[F_y - F_{ry} + r(M_y + m_p)\dot{\theta}_y w'(\theta_y)\right] - rm_p l\dot{\theta}_y^2 \cos\theta_y w'(\theta_y) + \\
&\quad \lambda m_p l\dot{\theta}_x C_x C_y[\dot{\theta}_x f'(\theta_x)g(\theta_y) + \dot{\theta}_y f(\theta_x)g'(\theta_y)] - \\
&\quad \lambda m_p l\dot{\theta}_y S_x S_y[\dot{\theta}_x f'(\theta_x)g(\theta_y) + \dot{\theta}_y f(\theta_x)g'(\theta_y)]
\end{aligned} \quad (4\text{-}18)$$

基于式（4-18）的结构，构造的非线性控制器的表达式如下：

$$\begin{aligned}
F_x &= -k_{px}\tanh\left[\int_0^t \varsigma_x(\tau)d\tau - p_{dx}\right] - k_{dx}\varsigma_x + F_{rx} - \\
&\quad \lambda(M_x + m_p)[\dot{\theta}_x f'(\theta_x)g(\theta_y) + \dot{\theta}_y f(\theta_x)g'(\theta_y)]
\end{aligned} \quad (4\text{-}19)$$

$$F_y = -k_{py} \tanh\left[\int_0^t \varsigma_y(\tau)\mathrm{d}\tau - p_{dy}\right] - k_{dy}\varsigma_y - r\left(M_y + m_p\right)\dot{\theta}_y w'\left(\theta_y\right) + F_{ry} \quad (4\text{-}20)$$

其中，k_{px}，k_{dx}，k_{py} 及 $k_{dy} \in \mathbf{R}^+$ 为正的控制增益。定义两个辅助函数 $\varLambda_x$ 及 $\varLambda_y$

分别为：$\varLambda_x = \int_0^t \varsigma_x(\tau)\mathrm{d}\tau - p_{dx}$，$\varLambda_y = \int_0^t \varsigma_y(\tau)\mathrm{d}\tau - p_{dy}$。引入式（4-19）和式（4-

20）右侧第一项的目的是保证台车的精确定位。为更好地理解式（4-19）和式

（4-20）中双曲正切函数 $\tanh\left(\varLambda_x\right)$ 以及 $\tanh\left(\varLambda_y\right)$ 的用处，给出了它们的曲线图，

见图 4-2。

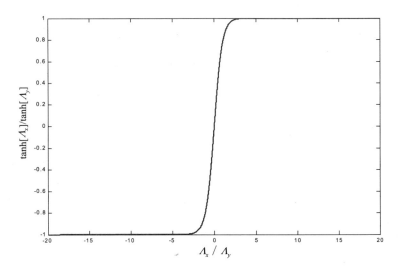

图 4-2　$\tanh\left(\varLambda_x\right) / \tanh\left(\varLambda_y\right)$ 的示意图

为使 $\dot{E}_\Omega$ 中的下列项非正，即

$$\lambda m_p l\dot{\theta}_x C_x C_y\left[\dot{\theta}_x f'(\theta_x)g(\theta_y) + \dot{\theta}_y f(\theta_x)g'(\theta_y)\right] -$$
$$\lambda m_p l\dot{\theta}_y S_x S_y\left[\dot{\theta}_x f'(\theta_x)g(\theta_y) + \dot{\theta}_y f(\theta_x)g'(\theta_y)\right] \leqslant 0 \quad (4\text{-}21)$$

本小节选择 $f(\theta_x)$ 及 $g(\theta_y)$ 的表达式为

$$f(\theta_x) = -S_x, \; g(\theta_y) = C_y \quad (4\text{-}22)$$

将式（4-22）代入式（4-21），可得：

$$-\lambda m_p l \dot{\theta}_x^2 C_x^2 C_y^2 + 2\lambda m_p l \dot{\theta}_x \dot{\theta}_y C_x C_y S_x S_y - \lambda m_p l \dot{\theta}_y^2 S_x^2 S_y^2 =$$
$$-\lambda m_p l \left(\dot{\theta}_x C_x C_y - \dot{\theta}_y S_x S_y \right)^2 \leqslant 0 \tag{4-23}$$

为保证 $\dot{E}_\Omega$ 中的下列项非正，即

$$-r m_p l \dot{\theta}_y^2 C_y w'\left(\theta_y \right) \leqslant 0 \tag{4-24}$$

应选择使得 $C_y w'\left(\theta_y \right) \geqslant 0$ 成立的 $w\left(\theta_y \right)$，本文选择 $w'\left(\theta_y \right) = C_y$，有：

$$w\left(\theta_y \right) = S_y \tag{4-25}$$

总的来说，非线性控制器［式（4-19）和式（4-20）］的表达式为

$$F_x = -k_{px} \tanh \left[\int_0^t \varsigma_x\left(\tau \right) \mathrm{d}\tau - p_{dx} \right] - k_{dx} \varsigma_x -$$
$$\lambda \left(M_x + m_p \right)\left(-\dot{\theta}_x C_x C_y + \dot{\theta}_y S_x S_y \right) + F_{rx} \tag{4-26}$$

$$F_y = -k_{py} \tanh \left[\int_0^t \varsigma_y\left(\tau \right) \mathrm{d}\tau - p_{dy} \right] - k_{dy} \varsigma_y - r \left(M_y + m_p \right) \dot{\theta}_y C_y + F_{ry} \tag{4-27}$$

相应地，式（4-10）可改写为

$$\begin{cases} \varsigma_x = \dot{x} - \lambda S_x C_y \\ \varsigma_y = \dot{y} + r S_y \end{cases} \tag{4-28}$$

在控制器中引入双曲正切函数的目的是减少初始控制输入，从而保证台车的平滑启动。在零初始条件下，则有

$$x(0) = y(0) = 0, \ \dot{x}(0) = \dot{y}(0) = 0, \ \theta_x(0) = \theta_y(0) = 0, \ \dot{\theta}_x(0) = \dot{\theta}_y(0) = 0$$
$$\Rightarrow F_{rx} = F_{ry} = 0, \ \varsigma_x = \varsigma_y = 0, \ \varsigma_x = -p_{dx}, \ \varsigma_y = -p_{dy} \tag{4-29}$$

式（4-26）和式（4-27）中的初始控制输入可计算如下：

$$\left| F_x(0) \right| = \left| k_{px} \tanh\left(-p_{dx} \right) \right| \leqslant k_{px} \min\left\{ \left| p_{dx} \right|, 1 \right\} \tag{4-30}$$

$$\left| F_y(0) \right| = \left| k_{py} \tanh\left(-p_{dy} \right) \right| \leqslant k_{py} \min\left\{ \left| p_{dy} \right|, 1 \right\} \tag{4-31}$$

当台车的目标位置远大于 1 时，可表示为

$$\left|e_x\left(0\right)\right| = p_{dx} \gg 1 \qquad (4\text{-}32)$$

或

$$\left|e_y\left(0\right)\right| = p_{dy} \gg 1 \qquad (4\text{-}33)$$

此时，所提增强耦合非线性控制方法可明显地减少初始控制输入，保证台车的平滑启动，从而降低台车的加速度，避免引起大幅度的负载摆动。

4.2.3　稳定性分析

定理 4-1　台车在增强耦合非线性控制器 [式（4-26）和式（4-27）] 的作用下，可迅速到达目标位置，并有效地抑制并消除负载摆动，即

$$\lim_{t\to\infty}\left[x\left(t\right)\ y\left(t\right)\ \dot{x}\left(t\right)\ \dot{y}\left(t\right)\ \theta_x\left(t\right)\ \theta_y\left(t\right)\ \dot{\theta}_x\left(t\right)\ \dot{\theta}_y\left(t\right)\right]^{\mathrm{T}} = \left[p_{dx}\ p_{dy}\ 0\ 0\ 0\ 0\ 0\ 0\right]^{\mathrm{T}} \qquad (4\text{-}34)$$

证明　基于 E_Ω 和 $\dot{E}_\Omega$ 的表达式，选择以下函数 $V\left(t\right)$ 作为李雅普诺夫候选函数：

$$V\left(t\right) = E_\Omega\left(t\right) + k_{px}\ln\left\{\cosh\left[\int_0^t \varsigma_x\left(\tau\right)\mathrm{d}\tau - p_{dx}\right]\right\} +$$
$$k_{py}\ln\left\{\cosh\left[\int_0^t \varsigma_y\left(\tau\right)\mathrm{d}\tau - p_{dy}\right]\right\} \qquad (4\text{-}35)$$

其中，$\cosh\left(*\right) = \left(e^{-*} + e^*\right)/2 \geq 1$ 表示 $*$ 的双曲余弦函数，$*$ 为任意函数；$\ln\left[\cosh\left(*\right)\right] \geq 0$，并结合 $E_\Omega\left(t\right) \geq 0$ 的结论，可知 $V\left(t\right) \geq 0$。

对式（4-35）两端关于时间求导，可得

$$\dot{V}\left(t\right) = -k_{dx}\varsigma_x^2 - k_{dy}\varsigma_y^2 - \lambda m_p l\left(\dot{\theta}_x\cos\theta_x\cos\theta_y - \dot{\theta}_y\sin\theta_x\sin\theta_y\right)^2 -$$
$$r m_p l\dot{\theta}_y^2\cos^2\theta_y \leq 0 \qquad (4\text{-}36)$$

根据李雅普诺夫定理可知，此闭环系统是李雅普诺夫意义下稳定的[83, 142]。换句话说，李雅普诺夫候选函数 $V\left(t\right)$ 是非增的，即

$$V\left(t\right) \leq V\left(0\right), \quad \forall t \geq 0 \qquad (4\text{-}37)$$

因此，得到

$$V(t) \in L_\infty \tag{4-38}$$

由式（4-35）及式（4-38）的结论，可以得到

$$E_\Omega, \int_0^t \varsigma_x \mathrm{d}\tau, \int_0^t \varsigma_y \mathrm{d}\tau \in L_\infty \tag{4-39}$$

联立式（4-14）、式（4-17）以及（4-39），则有

$$\dot{\theta}_x, \ \dot{\theta}_y, \ \varsigma_x, \ \varsigma_y \in L_\infty \tag{4-40}$$

根据式（4-5）、式（4-26）～式（4-28）及式（4-40）的结论，可得：

$$\dot{x}, \ \dot{y} \in L_\infty \Rightarrow F_{rx}, \ F_{ry} \in L_\infty \tag{4-41}$$

由式（4-39）～式（4-41）可得

$$F_x, \ F_y \in L_\infty \tag{4-42}$$

在台车运行过程中，负载摆角较小。因此，可做如下合理的近似[48, 140]：

$$\sin\theta_x \approx \theta_x, \ \sin\theta_y \approx \theta_y, \ \cos\theta_x \approx 1, \ \cos\theta_y \approx 1 \tag{4-43}$$

因此，由式（4-3）及式（4-43）的结论可直接得到

$$\int_0^t S_x C_y \mathrm{d}\tau = -\frac{\dot{x}}{g} - \frac{l}{g}\dot{\theta}_x \tag{4-44}$$

由式（4-40）和式（4-41）的结论，可得

$$\int_0^t S_x C_y \mathrm{d}\tau \in L_\infty \tag{4-45}$$

同理，式（4-4）可改写为

$$\int_0^t S_y \mathrm{d}\tau = \frac{\dot{y} - l\dot{\theta}_y}{g} \tag{4-46}$$

在推导过程中，使用了初始台车速度及初始负载摆动角速度为 0 的条件，即 $\dot{x}(0) = \dot{y}(0) = 0$，$\dot{\theta}_x(0) = \dot{\theta}_y(0) = 0$。

由式（4-40）和式（4-41）可得

$$\int_0^t S_y \mathrm{d}\tau \in L_\infty \tag{4-47}$$

因此，根据式（4-12）、式（4-13）、式（4-39）、式（4-45）及式（4-47）

的结论，可直接求出

$$x, \ y, \ e_x, \ e_y \in L_\infty \qquad (4\text{-}48)$$

为完成定理 4-1 的证明，定义集合 S 为

$$S \triangleq \left\{ \left(x, \ y, \ \dot{x}, \ \dot{y}, \ \theta_x, \ \theta_y, \ \dot{\theta}_x, \ \dot{\theta}_y\right) \Big| \dot{V}(x) = 0 \right\} \qquad (4\text{-}49)$$

并定义 Γ 为集合 S 中的最大不变集。很明显地，在 Γ 中，下式成立：

$$\begin{cases} \varsigma_x = \dot{x} - \lambda \sin\theta_x \cos\theta_y = 0 \\ \varsigma_y = \dot{y} + r\theta_y = 0 \\ \dot{\theta}_x = 0 \\ \dot{\theta}_y = 0 \end{cases} \Rightarrow \begin{cases} \ddot{x} = 0 \\ \ddot{y} = 0 \\ \ddot{\theta}_x = 0 \\ \ddot{\theta}_y = 0 \end{cases} \qquad (4\text{-}50)$$

这表明

$$\dot{y} + r\theta_y = 0 \Rightarrow \dot{y} = -r\theta_y \qquad (4\text{-}51)$$

由式（4-50）可直接得出

$$\ddot{y} = 0 \Rightarrow \dot{y} = C_1 \qquad (4\text{-}52)$$

其中，$C_1 \in \mathbf{R}^1$ 为待确定常数。

根据式（4-51）和式（4-52）的结论，可直接求得

$$\theta_y = -\frac{C_1}{r} = 常数 \qquad (4\text{-}53)$$

假设 $C_1 \neq 0$，则 $\theta_y \neq 0$，由式（4-51）可得

$$y(t) \rightarrow \begin{cases} +\infty, & \theta_y < 0 \\ -\infty, & \theta_y > 0 \end{cases} \quad 当 t \rightarrow \infty 时 \qquad (4\text{-}54)$$

这与式（4-48）中的 $y(t) \in L_\infty$ 的结论相矛盾，所以假设不成立。也就是说，在 Γ 内，恒有

$$\theta_y = 0 \qquad (4\text{-}55)$$

将式（4-47）及式（4-50）的结论均代入式（4-1）~式（4-3）中，可得如下结论：

$$F_x - F_{rx} = 0, \ F_y - F_{ry} = 0, \ S_x C_y = 0 \Rightarrow \theta_x = 0 \qquad (4\text{-}56)$$

在推导过程中,使用了假设 4-1。

由式(4-50)、式(4-55)和式(4-56)可得

$$\begin{cases} \dot{e} = \dot{x} = 0 \\ \dot{y} = 0 \end{cases} \qquad (4\text{-}57)$$

由式(4-5)可知,当台车停止运行后,摩擦力为 0,即 $F_{rx} = 0$,$F_{ry} = 0$。根据式(4-56)的结论,可得

$$F_x = 0, F_y = 0 \qquad (4\text{-}58)$$

根据式(4-26)、式(4-27)、式(4-50)、式(4-55)、式(4-56)及式(4-58)的结论,下式成立:

$$\int_0^t \varsigma_x(\tau)\mathrm{d}\tau - p_{dx} = 0 \Rightarrow e_x = \lambda \int_0^t S_x C_y \mathrm{d}\tau \qquad (4\text{-}59)$$

$$\int_0^t \varsigma_y(\tau)\mathrm{d}\tau - p_{dy} = 0 \Rightarrow e_y = -r \int_0^t S_x \mathrm{d}\tau \qquad (4\text{-}60)$$

把式(4-50)及式(4-57)的结论代入式(4-44),则有

$$\int_0^t S_x C_y \mathrm{d}t = -\frac{\dot{x}}{g} - \frac{l}{g}\dot{\theta}_x = 0 \qquad (4\text{-}61)$$

由式(4-59)和式(4-61)可得

$$e_x = 0 \qquad (4\text{-}62)$$

将式(4-50)、式(4-57)代入式(4-46),则有

$$\int_0^t S_y \mathrm{d}\tau = \frac{\dot{y} - l\dot{\theta}_y}{g} = 0 \qquad (4\text{-}63)$$

由式(4-60)及式(4-63)的结论,可得

$$e_y = 0 \qquad (4\text{-}64)$$

由式(4-62)及式(4-64)的结论可得:

$$\begin{cases} x(t) = p_{dx} \\ y(t) = p_{dy} \end{cases} \qquad (4\text{-}65)$$

总的来说，有且仅有一个平衡点

$$\begin{bmatrix} x(t) & y(t) & \dot{x}(t) & \dot{y}(t) & \theta_x(t) & \theta_y(t) & \dot{\theta}_x(t) & \dot{\theta}_y(t) \end{bmatrix}^{\mathrm{T}} = \begin{bmatrix} p_{dx} & p_{dy} & 0 & 0 & 0 & 0 & 0 & 0 \end{bmatrix}^{\mathrm{T}}$$

包含在集合 Γ 内。借助拉塞尔不变性原理 [83, 142] 可知，定理 4-1 得证。

4.2.4　仿真结果及分析

在本小节中，将通过大量的数值仿真验证所提增强耦合非线性控制方法的控制性能。三维桥式吊车系统参数的选取如下：

$$M_x = 6.157 \text{ kg}, \ M_y = 15.594 \text{ kg}, \ m_p = 1 \text{ kg}, \ g = 9.8 \text{ m/s}^2, \ l = 0.6 \text{ m}$$

采样周期为 10 ms。台车的初始位置设置为 0，即 $x(0) = y(0) = 0$，台车的目标位置设定为

$$\begin{bmatrix} p_{dx} & p_{dy} \end{bmatrix}^{\mathrm{T}} = \begin{bmatrix} 2 \text{ m} & 2 \text{ m} \end{bmatrix}^{\mathrm{T}}$$

式（4-5）中摩擦力系数设为

$$f_{r0x} = 20.371, \ k_{rx} = -0.5, \ \varepsilon_x = 0.01, \ f_{r0y} = 23.652, \ k_{ry} = -1.2, \ \varepsilon_y = 0.01$$

仿真的目的是验证所提增强耦合非线性控制方法的暂态控制性能及鲁棒性。因此，可将仿真分成两组。在第一组仿真中，将验证所提增强耦合非线性控制方法针对不同／不确定吊绳长度及负载质量的控制性能，并与 PD 控制方法 [56] 及 LQR 方法 [148] 做对比。在第二组仿真中，将测试所提增强耦合非线性控制方法针对不同外部扰动的鲁棒性。

为分析的完整性，给出 PD 控制方法及 LQR 控制方法的表达式。

① PD 控制方法 [56] 的表达式：

$$F_x = -k_{px} e_x - k_{dx} \dot{x} + F_{rx} \tag{4-66}$$

$$F_y = -k_{py} e_y - k_{dy} \dot{y} + F_{ry} \tag{4-67}$$

其中，k_{px}，k_{py}，k_{dx} 及 $k_{dy} \in \mathbf{R}^+$ 为正的控制增益。

② LQR 控制方法 [148] 的表达式：

$$F_x = -k_{px} e_x - k_{dx} \dot{x} - k_1 \theta_x - k_2 \dot{\theta}_x + F_{rx} \tag{4-68}$$

$$F_y = -k_{py}e_y - k_{dy}\dot{y} - k_3\theta_y - k_4\dot{\theta}_y + F_{ry} \qquad (4\text{-}69)$$

其中，k_{px}，k_{py}，k_{dx} 及 $k_{dy} \in \mathbf{R}^+$ 为正的控制增益；k_1，k_2，k_3 及 $k_4 \in \mathbf{R}^-$ 为负的控制增益。

PD 控制方法、LQR 控制方法及所提增强耦合非线性控制方法的控制增益见表 4-1。

表 4-1　仿真中的控制增益

控制方法	k_{px}	k_{dx}	k_{py}	k_{dy}	λ	r	k_1	k_2	k_3	k_4
PD 控制方法	10	15	18	30	×	×	×	×	×	×
LQR 控制方法	10	20	13	27	×	×	-6	-10	-6	-10
所提增强耦合非线性控制方法	12	15	20	30	2	2	×	×	×	×

第一组仿真　在本组仿真中，将验证所提增强耦合非线性控制方法针对不同 / 不确定吊绳长度及负载质量的控制性能。

（1）不同 / 不确定吊绳长度。将吊绳长度分别设置为 0.6 m、1.5 m 和 2 m，而吊绳的名义长度依旧是 0.6 m。这三种情况下的控制增益与表 4-1 相同。所提增强耦合非线性控制方法、PD 控制方法及 LQR 控制方法的仿真曲线见图 4-3 ~图 4-5，其量化结果见表 4-2，主要包括以下四个性能指标：

①台车最终位置（p_{fx} 以及 p_{fy}）；

②最大负载摆角（$\theta_{x\max}$ 以及 $\theta_{y\max}$）；

③负载残余摆角（θ_{xres} 以及 θ_{yres}），其定义参见第 3.2.3 节；

④初始控制输入 $[\, F_x(0)$ 以及 $F_y(0)\,]$。

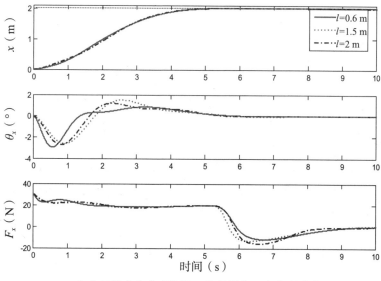

（a）X 轴方向台车轨迹、负载摆角、台车驱动力

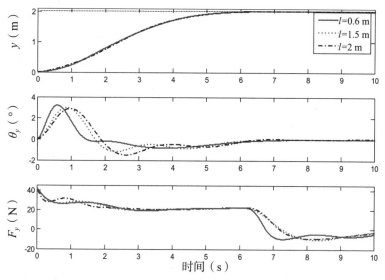

（b）Y 轴方向台车轨迹、负载摆角、台车驱动力

图 4-3　所提增强耦合非线性控制方法针对不同 l 不确定吊绳长度的仿真结果
（红色实线：l = 0.6 m；品红色点线：l = 1.5 m；蓝色点划线：l = 2 m）

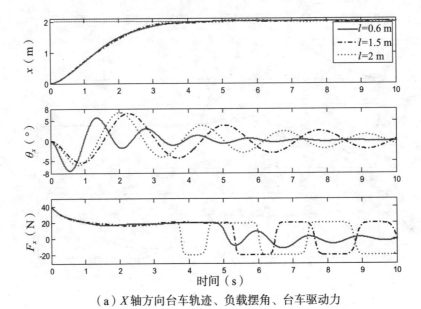

（a）X 轴方向台车轨迹、负载摆角、台车驱动力

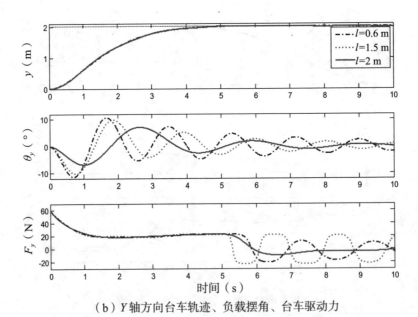

（b）Y 轴方向台车轨迹、负载摆角、台车驱动力

图 4-4　PD 控制方法针对不同 l/不确定吊绳长度的仿真结果

（红色实线：l = 0.6 m；品红色点线：l = 1.5 m；蓝色点划线：l = 2 m）

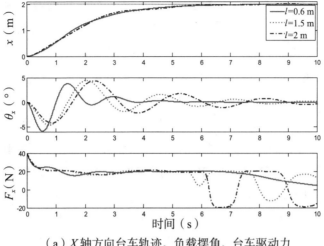

（a）X 轴方向台车轨迹、负载摆角、台车驱动力

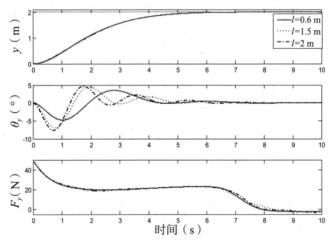

（b）Y 轴方向台车轨迹、负载摆角、台车驱动力

图 4-5　LQR 控制方法针对不同 / 不确定吊绳长度的仿真结果

（红色实线：l = 0.6 m；品红色点线：l = 1.5 m；蓝色点划线：l = 2 m）

表 4-2　第一组仿真的量化结果

控制方法	p_{fx} （m）	p_{fy} （m）	θ_{xmax} （°）	θ_{ymax} （°）	θ_{xres} （°）	θ_{yres} （°）	$F_{x(0)}$ （N）	$F_{y(0)}$ （N）
PD 控制方法	2.004	2.002	7.45	11.45	3.82	3.78	39.82	58.63
LQR 控制方法	2.001	2.002	5.85	7.64	0.48	0.21	39.58	48.65
所提增强耦合非线性控制方法	2.001	2.001	2.95	3.22	0.21	0.15	31.2	41.4

由图 4-3 ~ 图 4-5 及表 4-2 可知，这三种控制方法均可将台车从初始位置驱动至目标位置处，并且在整个运输过程中，负载的摆角始终在允许的范围内。不过，在相似的运输效率及定位误差的情况下（台车均在 6 s 内到达目标位置，并且在 X 轴方向的定位误差均小于 4 mm，在 Y 轴方向上的定位误差均小于 2 mm），所提增强耦合非线性控制方法的暂态控制性能明显地优于 PD 控制方法及 LQR 控制方法，尤其是负载摆角得到了更好的抑制与消除。具体而言，所提增强耦合非线性控制方法在 X、Y 轴方向上的最大负载摆角分别为 2.95° 和 3.22°，而 PD 控制方法的分别为 7.45° 和 11.45°，LQR 控制方法的分别为 5.85° 和 7.64°。

通过观察图 4-3 ~ 图 4-5 以及表 4-2 中控制输入的结果可知，所提增强耦合非线性控制方法在 X、Y 轴方向上需要的初始控制输入分别为 31.2 N 和 41.4 N，PD 控制方法分别需要 39.82 N 和 58.63 N，LQR 控制方法分别需要 39.58 N 和 48.65 N。这表明所提增强耦合非线性控制方法由于引入了双曲正切函数 $\tanh$（·），大大减少了初始控制输入，保证了台车的平滑启动，同时，虽然在三种情形中，吊绳长度大不相同，但是该方法的控制性能并未受到明显的影响，相反，另外两种控制方法的控制性能却大打折扣。这些仿真结果均表明所提增强耦合非线性控制方法针对不同/不确定吊绳长度具有优异的暂态控制性能。

（2）不同/不确定负载质量。

将负载质量分别设置为 1 kg、2 kg 和 4 kg，在这三种情形下，负载的名义值均为 1 kg，控制增益与表 4-1 保持一致。相应的仿真结果见图 4-6 ~ 图 4-8。不难发现，相比 PD 控制方法及 LQR 控制方法，所提增强耦合非线性控制方法的负载摆动的幅值是最小的，并且当台车停止运行后，几乎无残余摆角，同时，该方法的控制性能几乎未受到负载质量的不确定性/不同的影响。以上结果均表明所提增强耦合非线性控制方法的正确性与有效性。

第二组仿真　为进一步验证所提增强耦合非线性控制方法针对外部扰动的鲁棒性，对负载摆动 θ_x 和 θ_y，在 3 ~ 4 s 引入脉冲扰动，在 7 ~ 8 s 加入正弦扰动（周期为 1 s，初始相位为 0°），在 10 ~ 11 s 施加随机扰动，这些扰动的幅值均为 2°。控制增益与表 4-1 的相同。所得结果如图 4-9 所示，不难发现，该方法可迅速抑制并消除这些外部扰动。这些结果表明所提增强耦合非线性控制法针对外部扰动具有很强的鲁棒性。

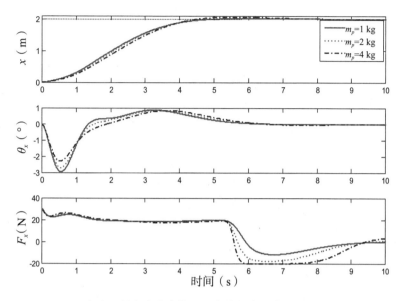

（a）X 轴方向台车轨迹、负载摆角、台车驱动力

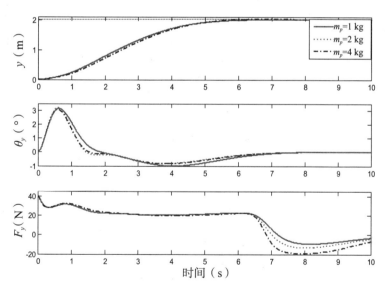

（b）Y 轴方向台车轨迹、负载摆角、台车驱动力

图 4-6　所提耦合非线性控制方法针对不同 / 不确定负载质量的仿真结果
（红色实线：m_p = 1 kg；品红色点线：m_p = 2 kg；蓝色点划线：m_p = 4 kg）

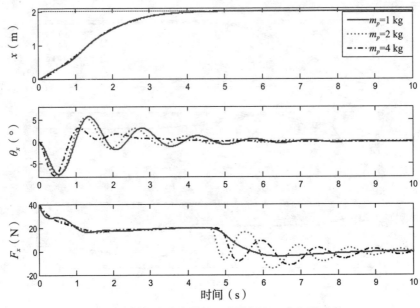

（a）X轴方向台车轨迹、负载摆角、台车驱动力

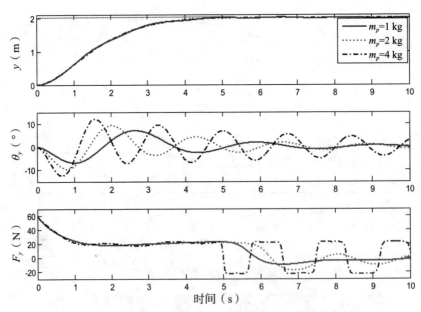

（b）Y轴方向台车轨迹、负载摆角、台车驱动力

图4-7　PD控制方法针对不同/不确定负载质量的仿真结果

（红色实线：m_p = 1 kg；品红色点线：m_p =2 kg；蓝色点划线：m_p = 4 kg）

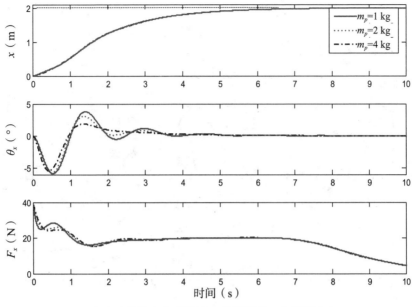

（a）X 轴方向台车轨迹、负载摆角、台车驱动力

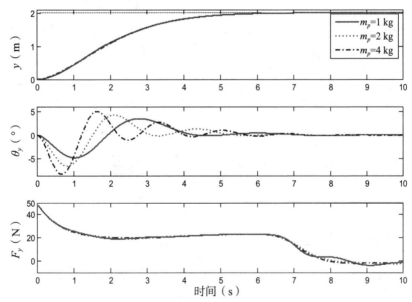

（b）Y 轴方向台车轨迹、负载摆角、台车驱动力

图 4-8　LQR 控制方法针对不同 / 不确定负载质量的仿真结果

（红色实线：m_p = 1 kg；品红色点线：m_p = 2 kg；蓝色点划线：m_p = 4 kg）

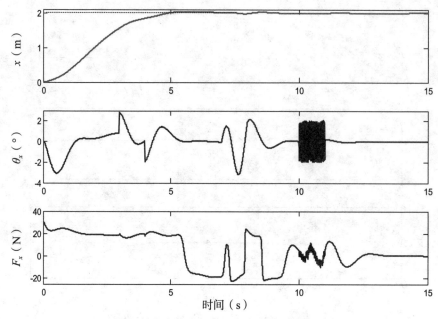

（a）X轴方向台车轨迹、负载摆角、台车驱动力

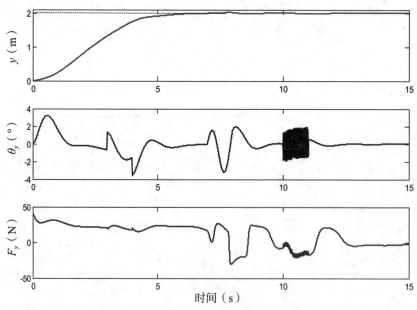

（b）Y轴方向台车轨迹、负载摆角、台车驱动力

图4-9　LQR控制方法针对不同外部扰动的仿真结果

4.2.5　实验结果及分析

在本小节中，将进一步验证所提增强耦合非线性控制方法实际的控制性能。桥式吊车系统实验平台参见第 3.3.4 节。实验平台的物理参数与仿真中的相同。台车目标位置设定为：$\begin{bmatrix} p_{dx} & p_{dy} \end{bmatrix}^T = \begin{bmatrix} 0.3\ \text{m} & 0.4\ \text{m} \end{bmatrix}^T$。在本实验中，将通过对比所提增强耦合非线性控制方法与 PD 控制方法[56]、LQR 控制方法[148]，测试所提增强耦合非线性控制方法优异的控制性能。这三种控制方法的控制增益见表 4-3。表 4-4 给出了相应的量化结果。

表 4-3　实验中的控制增益

控制方法	k_{px}	k_{dx}	k_{py}	k_{dy}	λ	r	k_1	k_2	k_3	k_4
PD 控制方法	2	7.19	2	7.19	×	×	×	×	×	×
LQR 控制方法	2.04	2.81	0.98	2.28	×	×	−3.04	−3.14	−3.24	−3.85
所提增强耦合非线性控制方法	4.5	10.02	4	8.5	1	1	×	×	×	×

表 4-4　实验的量化结果

控制方法	p_{fx} (m)	p_{fy} (m)	θ_{xmax} (°)	θ_{ymax} (°)	θ_{xres} (°)	θ_{yres} (°)	$F_{x(0)}$ (N)	$F_{y(0)}$ (N)
PD 控制方法	0.302	0.402	2.1	1.52	1.98	0.6	12.3	16.2
LQR 控制方法	0.301	0.401	3.15	3.29	0.08	0.01	12.4	14.5
所提增强耦合非线性控制方法	0.299	0.400	0.75	0.91	0.09	0.01	7.73	9.38

图 4-10～图 4-12 给出了相应的实验结果曲线。通过对比图 4-10～图 4-12 的实验结果及表 4-4 的数据可知，三种控制方法均可在 8 s 内驱动台车至目标位置处，并且在 X、Y 轴方向的定位误差均小于 2 mm。不过所提增强耦合非线性控制方法的暂态控制性能明显优于 PD 控制方法及 LQR 控制方法，同时，该方法的初始控制输入是三种控制方法中最小的，证明了双曲正切函数 tanh（·）的有效性。

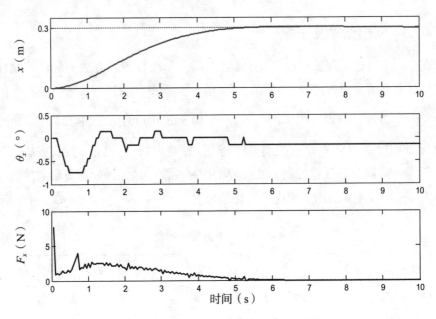

（a）X轴方向台车轨迹、负载摆角、台车驱动力

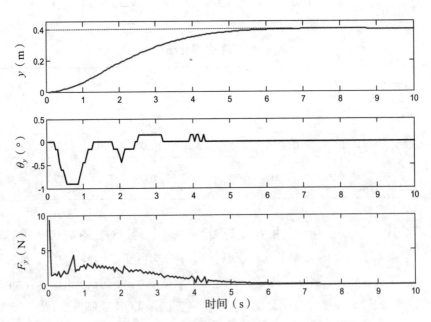

（b）Y轴方向台车轨迹、负载摆角、台车驱动力

图4-10　所提增强耦合非线性控制方法的实验结果

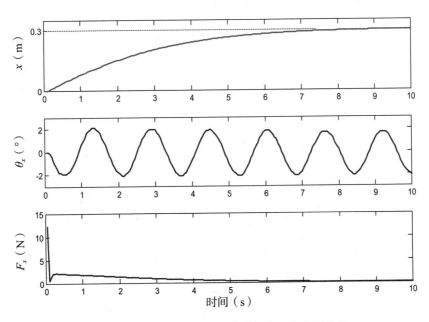

（a）X 轴方向台车轨迹、负载摆角、台车驱动力

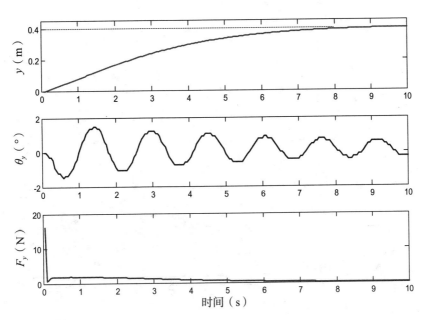

（b）Y 轴方向台车轨迹、负载摆角、台车驱动力

图 4-11　PD 控制方法的实验结果

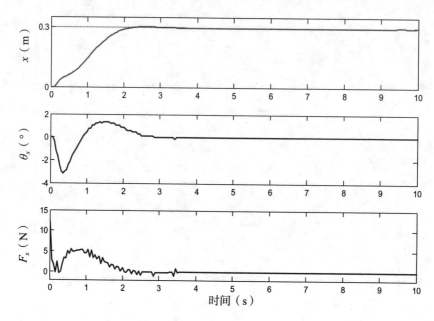

（a）X 轴方向台车轨迹、负载摆角、台车驱动力

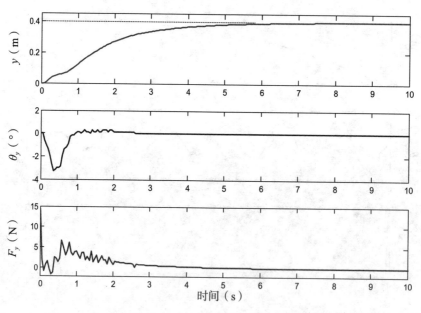

（b）Y 轴方向台车轨迹、负载摆角、台车驱动力

图 4-12　LQR 控制方法的实验结果

4.3　考虑初始输入约束的二级摆型桥式吊车系统能量耦合控制方法

4.3.1　能量耦合控制器设计

在本小节中，将通过分析二级摆型桥式吊车系统的无源性及引入一个广义的信号，提出一种带有控制输入约束的能量耦合控制方法。

由图 2-1 可知，负载的水平位移 x_p 的表达式为

$$x_p = x + l_1 \sin\theta_1 + l_2 \sin\theta_2 \tag{4-70}$$

这表明负载位移 x_p 是一个可反映台车运动与吊钩摆角、负载摆角之间耦合关系的信号。受式（4-70）的启发，引入广义信号 X_p：

$$X_p = x + \lambda_1 \sin\theta_1 + \lambda_2 \sin\theta_2 \tag{4-71}$$

其中，λ_1 和 $\lambda_2 \in \mathbf{R}^1$ 分别表示待确定的参数。

系统能量 $E(t)$ 的表达式如下：

$$E(t) = \frac{1}{2}\dot{q}^\mathrm{T} M(q)\dot{q} + (m_1+m_2)gl_1(1-\cos\theta_1) + m_2gl_2(1-\cos\theta_2) \tag{4-72}$$

对式（4-72）两端关于时间求导，可得

$$\dot{E}(t) = \dot{q}^\mathrm{T}\left[M(q)\ddot{q} + \frac{1}{2}\dot{M}(q)\dot{q}\right] + (m_1+m_2)gl_1\dot{\theta}_1\sin\theta_1 + m_2gl_2\dot{\theta}_2\sin\theta_2$$

$$= \dot{q}^\mathrm{T}\left[U - G(q) - C(q,\dot{q})\dot{q} + \frac{1}{2}\dot{M}(q)\dot{q}\right] + (m_1+m_2)gl_1\dot{\theta}_1\sin\theta_1 +$$

$$m_2gl_2\dot{\theta}_2\sin\theta_2 = \dot{x}^\mathrm{T}\left(F_x - F_{rx}\right) = \dot{x}^\mathrm{T}F \tag{4-73}$$

这表明以 $F(t)$ 为输入、$\dot{x}(t)$ 为输出的二级摆型桥式吊车系统是无源的、耗散的[142]。观察式（4-73）可知，$\dot{E}(t)$ 的表达式中并未包含与 θ_1（或 $\dot{\theta}_1$）及 θ_2（或 $\dot{\theta}_2$）相关的项。为了解决这个问题，并提升系统的暂态控制性能，拟构

造一个储能函数，其关于时间的导数满足

$$\dot{E}_t(t) = \dot{X}_p F = \dot{E} + \dot{E}_{k_1} + \dot{E}_{k_2} \tag{4-74}$$

其中，X_p 的定义见式（4-71）。对式（4-71）关于时间求导，可得

$$\dot{X}_p = \dot{x} + \lambda_1 \dot{\theta}_1 \cos\theta_1 + \lambda_2 \dot{\theta}_2 \cos\theta_2 \tag{4-75}$$

将式（2-1）及式（4-75）的结果代入式（4-74），并进行整理，可直接求出

$$\dot{E}_{k_1} = \lambda_1 \dot{\theta}_1 \cos\theta_1 F$$
$$= -(M_t + m_1 + m_2)\lambda_1 l_1 \dot{\theta}_1 \ddot{\theta}_1 + \lambda_1 \dot{\theta}_1 \cos\theta_1 (m_1 + m_2)l_1 (\cos\theta_1 \ddot{\theta}_1 - \dot{\theta}_1^2 \sin\theta_1) -$$
$$(M_t + m_1 + m_2)\lambda_1 g \sin\theta_1 \dot{\theta}_1 - \frac{M_t + m_1 + m_2}{m_1 + m_2} m_2 \lambda_1 l_2 \sin\theta_1 \sin\theta_2 \dot{\theta}_1 \ddot{\theta}_2 -$$
$$\frac{M_t}{m_1 + m_2} m_2 \lambda_1 l_2 \cos\theta_1 \cos\theta_2 \dot{\theta}_1 \ddot{\theta}_2 - \frac{M_t + m_1 + m_2}{m_1 + m_2} m_2 \lambda_1 l_2 \sin\theta_1 \cos\theta_2 \dot{\theta}_1 \dot{\theta}_2^2 +$$
$$\frac{M_t}{m_1 + m_2} m_2 \lambda_1 l_2 \cos\theta_1 \sin\theta_2 \dot{\theta}_1 \dot{\theta}_2^2 \tag{4-76}$$

$$\dot{E}_{k_2} = \lambda_2 \dot{\theta}_2 \cos\theta_2 F$$
$$= -(M_t + m_1 + m_2)l_2 \lambda_2 \ddot{\theta}_2 \dot{\theta}_2 + \lambda_2 m_2 l_2 \dot{\theta}_2 \cos\theta_2 (\ddot{\theta}_2 \cos\theta_2 - \dot{\theta}_2^2 \sin\theta_2) -$$
$$(M_t + m_1 + m_2)g\lambda_2 \sin\theta_2 \dot{\theta}_2 - M_t l_1 \lambda_2 \cos\theta_1 \cos\theta_2 \ddot{\theta}_1 \dot{\theta}_2 -$$
$$(M_t + m_1 + m_2)l_1 \lambda_2 \sin\theta_1 \sin\theta_2 \ddot{\theta}_1 \dot{\theta}_2 + M_t l_1 \lambda_2 \sin\theta_1 \cos\theta_2 \dot{\theta}_1^2 \dot{\theta}_2 -$$
$$(M_t + m_1 + m_2)l_1 \lambda_2 \cos\theta_1 \sin\theta_2 \dot{\theta}_1^2 \dot{\theta}_2 \tag{4-77}$$

因此，基于式（4-76）及式（4-77）的结构，设置 λ_1 和 λ_2 的关系如下：

$$\frac{M_t}{m_1 + m_2} m_2 \lambda_1 l_2 = M_t l_1 \lambda_2 \Rightarrow \frac{\lambda_1}{\lambda_2} = \frac{(m_1 + m_2)l_1}{m_2 l_2} \tag{4-78}$$

在此基础上，将式（4-76）与式（4-77）相加，可得

$$\dot{E}_{k_1} + \dot{E}_{k_2} = -\left(M_t + m_1 + m_2\right)\lambda_1 l_1 \dot{\theta}_1 \ddot{\theta}_1 + \lambda_1 \dot{\theta}_1 \cos\theta_1 \left(m_1 + m_2\right) l_1 \left(\cos\theta_1 \ddot{\theta}_1 - \dot{\theta}_1^2 \sin\theta_1\right) -$$
$$\left(M_t + m_1 + m_2\right)\lambda_1 g \sin\theta_1 \dot{\theta}_1 + \lambda_2 m_2 l_2 \dot{\theta}_2 \cos\theta_2 \left(\ddot{\theta}_2 \cos\theta_2 - \dot{\theta}_2^2 \sin\theta_2\right) -$$
$$\left(M_t + m_1 + m_2\right) g \lambda_2 \sin\theta_2 \dot{\theta}_2 - \left(M_t + m_1 + m_2\right) l_2 \lambda_2 \ddot{\theta}_2 \dot{\theta}_2 -$$
$$M_t l_1 \lambda_2 \frac{d}{dt}\left(\dot{\theta}_1 \dot{\theta}_2 \cos\theta_1 \cos\theta_2\right) - \left(M_t + m_1 + m_2\right) l_1 \lambda_2 \frac{d}{dt}\left(\dot{\theta}_1 \dot{\theta}_2 \sin\theta_1 \sin\theta_2\right)$$

$$(4\text{-}79)$$

为不失一般性，将初始台车位置、速度、吊钩摆动、吊钩摆动角速度、负载摆动、负载摆动角速度设置为 0，即：

$$x(0) = 0,\ \dot{x}(0) = 0,\ \theta_1(0) = \theta_2(0) = 0,\ \dot{\theta}_1(0) = \dot{\theta}_2(0) = 0 \qquad (4\text{-}80)$$

对式（4-79）两端关于时间积分，可得：

$$E_{k_1} + E_{k_2} = -\frac{1}{2}\left(M_t + m_1 + m_2\right)\left(\lambda_1 l_1 \dot{\theta}_1^2 + \lambda_2 l_2 \dot{\theta}_2^2\right) + \frac{1}{2}\left(m_1 + m_2\right)\lambda_1 l_1 \dot{\theta}_1^2 \cos^2\theta_1 +$$
$$\frac{1}{2} m_2 \lambda_2 l_2 \dot{\theta}_2^2 \cos^2\theta_2 - M_t l_1 \lambda_2 \left(\dot{\theta}_1 \dot{\theta}_2 \cos\theta_1 \cos\theta_2\right) -$$
$$\left(M_t + m_1 + m_2\right) l_1 \lambda_2 \left(\dot{\theta}_1 \dot{\theta}_2 \sin\theta_1 \sin\theta_2\right) -$$
$$\left(M_t + m_1 + m_2\right) g\left[\lambda_1\left(1 - \cos\theta_1\right) + \lambda_2\left(1 - \cos\theta_2\right)\right] \qquad (4\text{-}81)$$

由式（4-78）可知，当 $\lambda_1,\ \lambda_2 < 0$ 时，恒有

$$\lambda_1 l_1 \lambda_2 = \frac{\left(m_1 + m_2\right)}{m_2} l_1^2 \lambda_2^2 > l_1^2 \lambda_2^2 \qquad (4\text{-}82)$$

借助 $\lambda_1,\ \lambda_2 < 0$ 和式（4-81）、式（4-82）的结论及 $a^2 + b^2 \geqslant 2ab$ 不等式性质，可以得到

$$E_{k_1} + E_{k_2} = -\frac{1}{2}\left(M_t + m_1 + m_2\right)\left(\lambda_1 l_1 \dot{\theta}_1^2 \sin^2\theta_1 + \lambda_2 l_2 \dot{\theta}_2^2 \sin^2\theta_2\right) -$$
$$\left(M_t + m_1 + m_2\right) l_1 \lambda_2 \left(\dot{\theta}_1 \dot{\theta}_2 \sin\theta_1 \sin\theta_2\right) -$$
$$\frac{1}{2} M_t \left(\lambda_1 l_1 \dot{\theta}_1^2 \cos^2\theta_1 + \lambda_2 l_2 \dot{\theta}_2^2 \cos^2\theta_2\right) -$$
$$M_t l_1 \lambda_2 \left(\dot{\theta}_1 \dot{\theta}_2 \cos\theta_1 \cos\theta_2\right) - \frac{1}{2} m_1 \lambda_2 l_2 \dot{\theta}_2^2 \cos^2\theta_2 -$$
$$\left(M_t + m_1 + m_2\right) g\left[\lambda_1\left(1 - \cos\theta_1\right) + \lambda_2\left(1 - \cos\theta_2\right)\right] \geqslant 0 \qquad (4\text{-}83)$$

并结合系统能量非负的事实，可得

$$E_t(t) = E + E_{k_1} + E_{k_2} \geq 0 \qquad (4\text{-}84)$$

为促进接下来控制器的设计与稳定性分析，定义广义定位误差信号 ξ_x 如下：

$$\xi_x = X_p - p_d = x - p_d + \lambda_1 \sin\theta_1 + \lambda_2 \sin\theta_2$$
$$= e_x + \lambda_1 \sin\theta_1 + \lambda_2 \sin\theta_2 \qquad (4\text{-}85)$$

其中，$p_d \in \mathbf{R}^+$ 为台车的目标位置；$e_x \in \mathbf{R}^1$ 为台车的定位误差，其具体表达式为

$$e_x = x - p_d \qquad (4\text{-}86)$$

求式（4-85）的时间导数，可直接得出

$$\dot{\xi}_x = \dot{X}_p = \dot{e}_x + \lambda_1 \dot{\theta}_1 \cos\theta_1 + \lambda_2 \dot{\theta}_2 \cos\theta_2 \qquad (4\text{-}87)$$

将式（4-87）的结论代入式（4-74），有

$$\dot{E}_t(t) = \dot{\xi}_x F \qquad (4\text{-}88)$$

基于式（4-88）的形式，具有初始控制输入约束的能量耦合控制器的设计如下：

$$F_x = F_{rx} - k_p \tanh(\xi_x) - k_d \dot{\xi}_x \qquad (4\text{-}89)$$

其中，k_p，$k_d \in \mathbf{R}^+$ 为正的控制增益。式（4-89）中引入双曲正切函数的目的是减少初始驱动力，从而保证台车的平滑启动。下面给出证明：在初始时刻 $t=0$ 时，有

$$x(0) = 0, \ \dot{x}(0) = 0, \ \theta_1(0) = \theta_2(0) = 0, \ \dot{\theta}_1(0) = \dot{\theta}_2(0) = 0$$
$$\Rightarrow F_{rx} = 0, \ \dot{\xi}_x = 0, \ \xi_x = -p_d \qquad (4\text{-}90)$$

那么，由式（4-89）可知

$$\left| F_x(t) \right| = \left| k_p \tanh(-p_d) \right| \leq k_p \min\{|p_d|, 1\} \qquad (4\text{-}91)$$

因此，当台车的目标位置与初始位置距离较远，即 $|e_x(0)| = p_d \gg 1$ 时，所设计的能量耦合控制器可大大减少初始驱动力，降低台车的加速度，从而避免负载的大幅度摆动。

4.3.2　稳定性分析

定理 4-2　带有初始输入约束的能量耦合控制器［式（4-89）］可精确地驱动台车至目标位置 p_d 处，同时快速地抑制并消除吊钩摆动及负载摆动，即

$$\lim_{t\to\infty}\left[\,x(t)\quad \dot{x}(t)\quad \theta_1(t)\quad \theta_2(t)\quad \dot{\theta}_1(t)\quad \dot{\theta}_2(t)\right]^{\mathrm{T}}=\left[\,p_d\quad 0\quad 0\quad 0\quad 0\quad 0\,\right]^{\mathrm{T}} \qquad (4\text{-}92)$$

备注 4-1　吊车在实际运行时，由于台车的加速度受限，吊钩以及负载摆角通常控制在 10° 以内。在这种情况下，以下近似

$$\sin\theta_1 \approx \theta_1,\ \sin\theta_2 \approx \theta_2,\ \cos\theta_1 \approx 1,\ \cos\theta_2 \approx 1 \qquad (4\text{-}93)$$

是合理的 [48, 140]。

证明　为证明定理 4-2，选取李雅普诺夫候选函数 $V(t)$ 为

$$V(t)=E_t(t)+k_p\ln\left[\cosh(\xi_x)\right] \qquad (4\text{-}94)$$

将式（4-88）和式（4-89）的结论代入式（4-94）的时间导数表达式中，可得出

$$\dot{V}(t)=-k_d\dot{\xi}_x^2 \leqslant 0 \qquad (4\text{-}95)$$

这表明所设计的闭环系统的平衡点是李雅普诺夫意义下稳定的 [83, 142]，也就是说 $V(t)$ 是非增的，那么

$$V(t)\in L_\infty \qquad (4\text{-}96)$$

并结合式（3-4）、式（4-75）、式（4-85）、式（4-87）、式（4-89）及式（4-94）的结论，可得出

$$\dot{x},\ \dot{\theta}_1,\ \dot{\theta}_2,\ F_x,\ F_{rx},\ \xi_x,\ \dot{\xi}_x,\ e_x,\ \dot{e}_x\in L_\infty \qquad (4\text{-}97)$$

定义集合 Φ 为

$$\Phi\triangleq\left\{x,\ \dot{x},\ \theta_1,\ \dot{\theta}_1,\ \theta_2,\ \dot{\theta}_2\,\middle|\,\dot{V}(t)=0\right\} \qquad (4\text{-}98)$$

并定义 S 为集合 Φ 中的最大不变集，那么在 S 中，有

$$\dot{\xi}_x=\dot{x}+\lambda_1\dot{\theta}_1\cos\theta_1+\lambda_2\dot{\theta}_2\cos\theta_2=0 \qquad (4\text{-}99)$$

由式（4-99）可直接导出

$$\xi_x = e_x + \lambda_1 \sin\theta_1 + \lambda_2 \sin\theta_2 = \alpha \tag{4-100}$$

$$\ddot{\xi}_x = \ddot{x} + \lambda_1 \ddot{\theta}_1 \cos\theta_1 - \lambda_1 \dot{\theta}_1^2 \sin\theta_1 + \lambda_2 \ddot{\theta}_2 \cos\theta_2 - \lambda_2 \dot{\theta}_2^2 \sin\theta_2 = 0 \tag{4-101}$$

其中，$\alpha \in \mathbf{R}^1$ 为待确定常数。

将式（4-99）和式（4-100）的结论代入式（4-89），可得

$$F_x - F_{rx} = -k_p \tanh\alpha \tag{4-102}$$

整理式（4-101），可得

$$\lambda_1 \ddot{\theta}_1 \cos\theta_1 - \lambda_1 \dot{\theta}_1^2 \sin\theta_1 + \lambda_2 \ddot{\theta}_2 \cos\theta_2 - \lambda_2 \dot{\theta}_2^2 \sin\theta_2 = -\ddot{x} \tag{4-103}$$

整理式（2-1）有

$$\cos\theta_1 \ddot{\theta}_1 - \dot{\theta}_1^2 \sin\theta_1 + \frac{m_2 l_2}{(m_1 + m_2) l_1} \left(\ddot{\theta}_2 \cos\theta_2 - \dot{\theta}_2^2 \sin\theta_2 \right) =$$

$$\frac{1}{(m_1 + m_2) l_1} \left[F - (M_t + m_1 + m_2) \ddot{x} \right] \tag{4-104}$$

并结合式（4-78）的结论，可得

$$\ddot{x} = -\frac{k_p \lambda_1}{(m_1 + m_2) l_1 + (M_t + m_1 + m_2) \lambda_1} \tanh\alpha \tag{4-105}$$

为求得 α 的取值，假设 $\alpha \neq 0$，由式（4-105）可得

$$\dot{x}(t) \to \begin{cases} +\infty, & \alpha < 0, \\ -\infty, & \alpha < 0, \end{cases} \quad \text{当} \ t \to \infty \text{时} \tag{4-106}$$

这与式（4-97）中 $\dot{x}(t) \in L_\infty$ 的结论相矛盾，故假设不成立。换句话说，在 S 中，恒有

$$\alpha = 0 \tag{4-107}$$

将式（4-107）代入式（4-102）和式（4-105）中，可直接得出

$$F_x - F_{rx} = 0, \quad \ddot{x} = 0 \to \dot{x} = \dot{e}_x = \beta \tag{4-108}$$

其中，$\beta \in \mathbf{R}^1$ 为待确定常数。

同理可得

$$\beta = 0 \to \dot{x} = \dot{e}_x = 0 \tag{4-109}$$

将式（4-93）及式（4-108）的结论均代入式（2-1）～式（2-3）中，可得

$$\left(m_1 + m_2\right)l_1\ddot{\theta}_1 + m_2l_2\ddot{\theta}_2 = 0 \tag{4-110}$$

$$\left(m_1 + m_2\right)l_1\ddot{\theta}_1 + m_2l_2\ddot{\theta}_2 + \left(m_1 + m_2\right)g\theta_1 = 0 \tag{4-111}$$

$$l_1\ddot{\theta}_1 + l_2\ddot{\theta}_2 + g\sin\theta_2 = 0 \tag{4-112}$$

求解式（4-110）和式（4-111），可以得到

$$\theta_1 = 0 \tag{4-113}$$

求取式（4-113）关于时间的一阶、二阶导数，可得

$$\dot{\theta}_1 = 0, \quad \ddot{\theta}_1 = 0 \tag{4-114}$$

由式（4-110）及式（4-112）～式（4-114）的结论，可得

$$\theta_2 = 0 \tag{4-115}$$

相应地，在集合 S 中，下式成立：

$$\dot{\theta}_2 = 0, \quad \ddot{\theta}_2 = 0 \tag{4-116}$$

将式（4-113）、式（4-115）代入式（4-100），可得

$$e_x = 0 \rightarrow x = p_d \tag{4-117}$$

并结合式（4-109）、式（4-113）～式（4-116）的结论，可知在最大不变集 S 中仅包含一个平衡点 $\begin{bmatrix} x & \dot{x} & \theta_1 & \theta_2 & \dot{\theta}_1 & \dot{\theta}_2 \end{bmatrix}^{\mathrm{T}} = \begin{bmatrix} p_d & 0 & 0 & 0 & 0 & 0 \end{bmatrix}^{\mathrm{T}}$。根据拉塞尔不变性原理[83, 142]可知，定理 4-2 得证。

4.3.3　仿真结果及分析

在本小节中，为验证所提能量耦合控制方法［式（4-89）］的正确性与有效性，进行几组仿真实验。仿真环境为 MATLAB/Simulink。二级摆型桥式吊车系统的模型参数设定如下：

$$M_t = 20\text{ kg}, \quad m_1 = 1\text{ kg}, \quad m_2 = 5\text{ kg}, \quad l_1 = 2\text{ m}, \quad l_2 = 0.4\text{ m}, \quad g = 9.8\text{ m/s}^2$$

台车的初始位置、吊钩的初始摆角以及负载的初始摆角设定为 0。摩擦力参数设为

$$f_{rox} = 8, \quad k_{rx} = -1.2, \quad \varepsilon_x = 0.01$$

台车期望的目标位置为

$$p_d = 2\text{ m}$$

4.3.3.1　对比测试

为验证所提能量耦合控制方法的控制性能，将该方法与基于无源性的控制方法[136]、CSMC 控制方法[119]进行对比。基于无源性的控制方法及 CSMC 控制方法的详细表达式参见第 2.2.3 节。这三种控制方法的控制增益见表 4-5。所得的仿真曲线如图 4-13 ～图 4-15 所示，对应的量化结果见表 4-6。在表 4-6 中，调节时间表示摆角进入范围 $|\theta_1(t)| \leq 0.5$ 及 $|\theta_2(t)| \leq 0.5$ 的时刻，其余性能指标的定义参见第 3.2.3 节。

表 4-5　控制增益

控制方法	k_p	k_d	k_E	k_D	λ	α	β	K	λ_1	λ_2
基于无源性的控制方法	10	20	1	0	×	×	×	×	×	×
CSMC 控制方法	×	×	×	×	0.5	17	−11	90	×	×
所提能量耦合控制方法	12	30	×	×	×	×	×	×	−6	−1

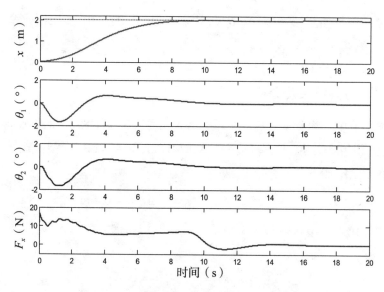

图 4-13　所提能量耦合控制方法的仿真结果：
台车轨迹、吊钩摆角、负载摆角、台车驱动力

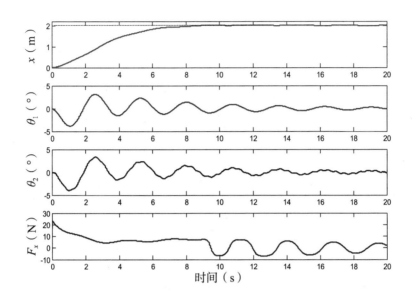

图 4-14 基于无源性的控制方法的仿真结果：
台车轨迹、吊钩摆角、负载摆角、台车驱动力

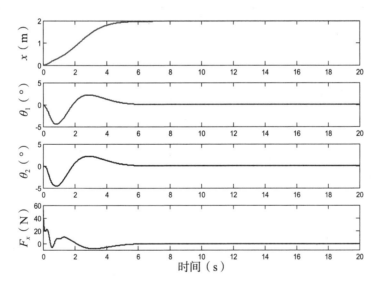

图 4-15 CSMC 控制方法的仿真结果：
台车轨迹、吊钩摆角、负载摆角、台车驱动力

表 4-6　控制性能比较

控制方法	p_f (m)	θ_{1max} (°)	θ_{2max} (°)	θ_{1res} (°)	θ_{2res} (°)	t_s (s)	F_{xmax} (N)
基于无源性的控制方法	2.02	3.84	3.97	1.4	1.48	13.82	23.27
CSMC 控制方法	1.98	5.52	5.89	0.32	0.51	5.20	69.25
所提能量耦合控制方法	2.00	1.66	1.68	0.06	0.05	5.48	17.05

由图 4-13 ~图 4-15 及表 4-6 可知，这三种控制方法均可实现台车的快速、精确定位，并充分抑制并消除系统的两极摆动。值得指出的是，所提能量耦合控制方法的暂态控制性能优于其他两种控制方法，并且其结构最简单，对应的吊钩、负载摆动最小，当台车到达目标位置时几乎无残余摆动。具体体现为：在运送时间相近的情况下（均在 8 s 以内），所提能量耦合控制方法可将吊钩摆角、负载摆角抑制在更小的范围内（吊钩最大摆角 1.66° 并几乎无残余摆动；负载最大摆角 1.68° 并几乎无残余摆动）。虽然 CSMC 控制方法的调节时间少于所提能量耦合控制方法，不过所提能量耦合控制方法的最大驱动力（初始驱动力）是这三种方法中最小的。这些仿真结果表明所提能量耦合控制方法可提升二级摆型桥式吊车系统的暂态控制性能。

4.3.3.2　鲁棒性测试

为进一步验证所提能量耦合控制方法［式（4-89）］针对系统参数发生变化及存在外部扰动情形下的鲁棒性，将测试分为四组。

第一组仿真　吊车系统的自然频率取决于吊绳的长度，则吊绳长度的变化会直接影响吊钩及负载的摆动。为验证所提能量耦合控制方法［式（4-89）］针对不同绳长的鲁棒性，考虑以下三种情形：

① $l_1 = 1$ m 。

② $l_1 = 2$ m 。

③ $l_1 = 4$ m 。

在这三种情形中，所提能量耦合控制方法控制增益保持不变，如表 4-5 所示。仿真结果如图 4-16 所示。由图 4-16 可知，所提能量耦合控制方法的性能几乎未受到绳长变化的影响，这表明其对绳长的变化不敏感。

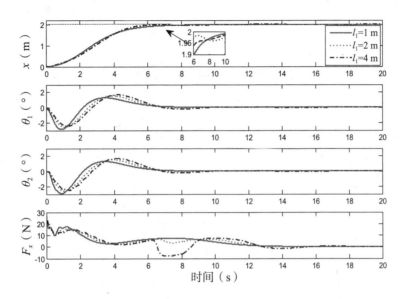

图 4-16　所提能量耦合控制方法针对不同吊绳长度的仿真结果

（红色实线：$l_1 = 1\,\mathrm{m}$；品红色点线：$l_1 = 2\,\mathrm{m}$；蓝色点划线：$l_1 = 4\,\mathrm{m}$）：

台车轨迹、吊钩摆角、负载摆角、台车驱动力

第二组仿真　为验证所提能量耦合控制方法针对不同负载质量的鲁棒性，考虑如下三种情况：

① $m_2 = 1\,\mathrm{kg}$。

② $m_2 = 3\,\mathrm{kg}$。

③ $m_2 = 5\,\mathrm{kg}$。

在这三种情况中，控制增益与第一组仿真中保持一致。相应的仿真结果如图 4-17 所示。可见针对不同的负载质量，台车依然能够快速、准确地到达目标位置，同时负载摆动得以快速地消除，并且几乎无残余摆动。这些仿真结果表明所提能量耦合控制方法针对不同的负载质量具有很强的鲁棒性。

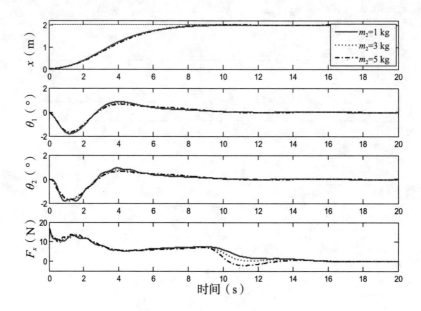

图 4-17   所提能量耦合控制方法针对不同负载质量的仿真结果

（红色实线：$m_2 = 1\,\text{kg}$；品红色点线：$m_2 = 3\,\text{kg}$；蓝色点划线：$m_2 = 5\,\text{kg}$）：

台车轨迹、吊钩摆角、负载摆角、台车驱动力

第三组仿真   进一步测试所提能量耦合控制方法在台车运送距离发生变化而控制增益不变时的控制性能。为此，考虑以下四种台车目标位置：

①$p_d = 1\,\text{m}$。

②$p_d = 2\,\text{m}$。

③$p_d = 3\,\text{m}$。

④$p_d = 4\,\text{m}$。

仿真结果如图 4-18 所示。由图 4-18 可知，针对不同的目标位置，台车仍可快速、准确地到达，同时在整个运输过程中，负载、吊钩的摆动始终小于1.7°，并且几乎无残余摆动。也就是说，当目标位置增大时，负载摆动的幅值并未明显地增加，这也证明了所提能量耦合控制方法有效减少了初始驱动力，实现台车的平滑启动，从而减少了负载摆动的幅值。

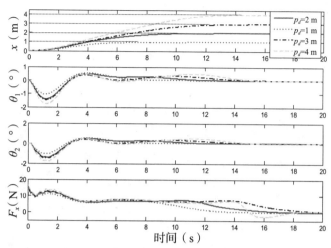

图 4-18 所提能量耦合控制方法针对不同目标位置的仿真结果
（红色实线：p_d = 2 m；品红色点线：p_d = 1 m；蓝色点划线：p_d = 3 m；
蓝绿色虚线：p_d = 4 m）：台车轨迹、吊钩摆角、负载摆角、台车驱动力

第四组仿真 为模拟如风力等外部扰动，在台车运输过程中对负载摆角添加两种类型的外部干扰。具体来说，在 9 ~ 10 s 施加脉冲扰动，在 15 ~ 16 s 施加正弦扰动，这两种扰动的幅值均为 2° 。相应的仿真结果如图 4-19 所示。由图 4-19 可知，所提能量耦合控制方法可快速、有效地抑制并消除这些外部扰动，表明该方法针对外部扰动具有强鲁棒性。

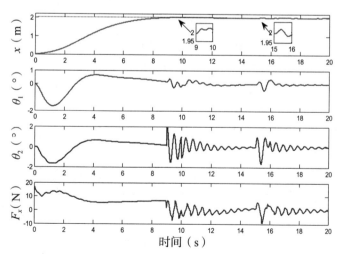

图 4-19 所提能量耦合控制方法针对不同外部扰动的仿真结果：
台车轨迹、吊钩摆角、负载摆角、台车驱动力

4.4　本章小结

本章针对三维桥式吊车系统及二级摆型桥式吊车系统分别提出了增强耦合非线性及带有初始输入约束的能量耦合控制方法。

第4.2节针对动态模型更复杂的三维桥式吊车系统设计了一种增强耦合非线性的调节控制方法。这种方法可以解决现有调节控制方法不能保证台车平滑启动的缺点，并且增强了台车运动与负载摆动之间的耦合关系，从而大幅度提升了控制器在定位消摆方面的暂态控制性能。此外，为保证台车的平滑启动，减少驱动力，尤其是初始驱动力，在控制率中引入了平滑的双曲正切函数。最后，通过仿真和实验结果验证了所提增强耦合非线性控制方法的正确性和有效性。

针对二级摆型桥式吊车系统的欠驱动特性，提出了一种带有初始输入约束的能量耦合控制方法。该方法即使在系统参数发生变化或者存在外部扰动时仍可取得良好的控制效果。通过在控制率中引入一个双曲正切函数，所提控制方法大大减少了初始驱动力，从而保证了台车的平滑启动，避免了负载的大幅度摆动。此外，通过构造一个广义的负载水平位移信号，增强了台车运动、吊钩摆动、负载摆动之间的耦合关系，提升了控制器的暂态控制性能。借助李雅普诺夫方法与拉塞尔不变性原理对闭环系统在平衡点处的稳定性进行了数学分析。仿真结果表明所提能量耦合控制方法具有很好的控制性能并且对不同负载质量、绳长、目标位置、外部扰动具有较强的鲁棒性。

第 5 章　伴有负载升降运动的桥式吊车控制方法

5.1　引言

　　已有大多数控制方法是针对定绳长桥式吊车系统提出的，不过，在一些特殊情况下，为提高工作效率，需要使负载的升 / 落吊运动与水平运动同时进行。负载的升 / 落吊运动对负载的摆动有着非常大的影响，此时，吊绳长度从常数转变为状态变量，导致已有定绳长吊车控制方法无法应用的问题出现。同时，绳长的变化极易引起负载的大幅度摆动。因此，国内外学者针对变绳长吊车系统设计了一些高性能控制方法。具体来说，在文献 [150] 中，学者加里多（Garrido）等人提出了一种带负载重力补偿的输入整形控制方法。文献 [151] 通过对吊车模型在平衡点处做线性化处理，提出了一种模糊逻辑控制方法，实现了负载摆动消除的目标。通过分析系统的能量，学者巴纳瓦尔（Banavar）等人利用 IDC-PBC 理论设计了消摆定位控制方法 [152]。学者巴托里尼（Bartolini）等人通过将有驱的台车运动与无驱的负载摆动耦合在一个滑动面上，提出了一种基于滑模的控制方法 [123]。文献 [153] 借助模糊神经网络对不确定性进行补偿，设计了一种智能抗摆控制方法。学者科里加（Corriga）等人提出一种增益调度控制方法 [154]。文献 [69] 通过反馈线性化控制方法对吊车动态模型进行处理后，设计了一种基于精确模型的控制方法。然而，以上各个控制方法均需要对吊车模型做近似化处理或者忽略闭环系统的一些非线性项。基于此，学者孙宁等人提出了非线性跟踪控制方法 [140] 及自适应控制方法 [155]。

　　以上大多数针对伴随负载升降运动的控制方法无法保证台车的平滑启动，仅前述非线性跟踪控制方法 [140] 可保证零初始条件下台车的平滑启动。同时，桥式吊车系统工作环境较为复杂，桥式吊车系统通常会受到负载质量、台车质量、摩擦力等系统参数不确定因素及空气阻力等外部扰动的影响。考虑到以上问题，本章提出了一种局部饱和自适应控制方法。所提控制方法可使台车位移、吊绳长度快速、准确地到达目标位置、目标长度，有效地抑制了整个运输过程中的负载摆动，同时减小了初始驱动力。同时，所提控制方法不需要了解系统参数的精确模型，因此具有优异的自适应控制性能。本章采用李雅普诺夫方法及拉塞尔不变性原理证明所提控制方法的正确性。为进一步减少收敛时间并提供正确的权重值，在自适应控制方法中加入了记忆模块，提出了一种自适应学习控制方法。最后，仿真结果表明所提控制方法的有效性。

总的来说，所提局部饱和自适应控制方法具有以下几个优点或贡献：①在整个证明过程中，没有对桥式吊车系统的动态模型进行任何近似或线性化处理，为控制器良好控制性能提供了理论支持；②该方法可有效地减少收敛时间；③该方法对系统参数不确定性及外部扰动具有很强的自适应性；④即使在台车和吊绳初始速度很大的情况下，该方法仍可保证台车的平滑启动。

随后，本章针对带有持续扰动的可升降桥式吊车系统提出了一种基于能量的模糊控制方法。该方法可使台车位移及吊绳长度快速准确地到达目标位置和目标长度，实现负载扰动的完全补偿，同时可有效地抑制并消除负载摆动。具体而言，通过引入坐标变换，建立带有持续扰动的可升降桥式吊车系统的动态模型，然后设计模糊扰动观测器，实现对外部扰动的准确估计。紧接着，通过引入一个集合台车运动与负载摆动的广义信号，设计了一种基于能量的模糊控制方法，并借用李雅普诺夫方法及拉塞尔不变性原理证明了闭环系统的渐近稳定性。最后，仿真结果表明所提控制方法的良好控制性能及针对不同负载质量、台车目标位置、吊绳目标长度和外部扰动的强鲁棒性。

总而言之，所提基于能量的模糊控制方法具有如下几个优点或贡献：①不需要对吊车模型做线性化处理或者忽略闭环系统中的一些非线性项；②外部扰动得到了完全补偿，对分析变绳长吊车系统的鲁棒性具有非常重要的理论意义；③该方法是变绳长桥式吊车系统中第一个考虑负载受持续扰动情况的控制方法；④由仿真结果可知，该方法的暂态控制性能得到了大大的提高。

5.2　带有局部饱和的自适应学习控制方法

5.2.1　伴有负载升降运动的桥式吊车系统动态模型分析

考虑空气阻力的伴有负载升降运动的桥式吊车系统动态模型可描述如下[140, 155]：

$$\left(M_t+m_p\right)\ddot{x}+m_pl\ddot{\theta}\cos\theta+m_p\ddot{l}\sin\theta+2m_p\dot{l}\dot{\theta}\cos\theta-m_pl\dot{\theta}^2\sin\theta=F_x+f_{d1} \tag{5-1}$$

$$m_p\ddot{l}+m_p\ddot{x}\sin\theta-m_pl\dot{\theta}^2-m_pg\cos\theta=F_l+f_{d2} \tag{5-2}$$

$$m_pl^2\ddot{\theta}+m_pl\ddot{x}\cos\theta+2m_pl\dot{l}\dot{\theta}+m_pgl\sin\theta-f_{d3}=0 \tag{5-3}$$

其中，M_t，g，x 的定义参见第 2.2.1 节；F_x 的定义参见第 3.2.1 节；m_p，l 及 θ 的定义参见第 3.3.1 节；f_{d1}，f_{d2} 和 f_{d3} 为空气阻力；F_l 为竖直方向上的驱动力。

为方便接下来的分析，将式（5-1）～式（5-3）写成如下紧凑的形式：

$$M_p\left(q_p\right)\ddot{q}_p+C_p\left(q_p,\ \dot{q}_p\right)\dot{q}_p+G\left(q_p\right)=F+f_p \tag{5-4}$$

其中，状态向量 q_p 的表达式为

$$q_p=\begin{bmatrix} x(t) & l(t) & \theta(t) \end{bmatrix}^{\mathrm{T}} \tag{5-5}$$

其他矩阵 / 向量的表达式如下：

$$\left\{ \begin{aligned} M_p\left(q_p\right)&=\begin{bmatrix} M_t+m_p & m_p\sin\theta & m_pl\cos\theta \\ m_p\sin\theta & m_p & 0 \\ m_pl\cos\theta & 0 & m_pl^2 \end{bmatrix} \\ C_p\left(q_p,\ \dot{q}_p\right)&=\begin{bmatrix} 0 & m_p\dot{\theta}\cos\theta & m_p\dot{l}\cos\theta-m_pl\dot{\theta}\sin\theta \\ 0 & 0 & -m_pl\dot{\theta} \\ 0 & m_pl\dot{\theta} & m_pl\dot{l} \end{bmatrix} \\ G_p\left(q_p\right)&=\begin{bmatrix} 0 \\ -m_pg\cos\theta \\ m_pgl\sin\theta \end{bmatrix}, \quad F=\begin{bmatrix} F_x \\ F_l \\ 0 \end{bmatrix}, \quad f_d=\begin{bmatrix} f_{d1} \\ f_{d2} \\ f_{d3} \end{bmatrix}=\begin{bmatrix} -d_x\dot{x}-F_{rx} \\ -d_l\dot{l} \\ c_\theta\dot{\theta} \end{bmatrix} \end{aligned} \right. \tag{5-6}$$

其中，d_x，d_l 及 $c_\theta\in\mathbf{R}^+$ 为空气阻力系数，F_{rx} 的定义及表达式参见第 3.2.1 节。

5.2.2　局部饱和自适应学习控制器设计

伴有负载升降运动的桥式吊车系统的能量 $E(t)$ 可写为

$$E(t) = \frac{1}{2}\dot{q}_p^T M_p(q_p)\dot{q}_p + m_p gl(1-\cos\theta) \qquad (5\text{-}7)$$

求得其关于时间的一阶导数:

$$\dot{E}(t) = \dot{x}(F_x - d_x\dot{x} - F_{rx}) + \dot{l}(F_l - d_l\dot{l} + m_p g) - c_\theta\dot{\theta}^2 \qquad (5\text{-}8)$$

其中, 在推导过程中使用了 $\Lambda^T\left[M_p(q_p)/2 - C_p(q_p,\ \dot{q}_p)\right]\Lambda = 0,\ \forall\Lambda \in \mathbf{R}^3$ 的性质[43, 138-139]。

为方便接下来的分析, 引入如下四个辅助向量 ϕ_x, ϕ_l, w_x 及 w_l:

$$\phi_x = \left[\dot{x}\ \tanh\left(\frac{\dot{x}}{\varepsilon_x}\right)\ -|\dot{x}|\dot{x}\right]^T,\quad \phi_l = \left[-g\ \dot{l}\right]^T \qquad (5\text{-}9)$$

$$w_x = \left[d_x\ f_{r0x}\ k_{rx}\right]^T,\quad w_l = \left[m_p\ d_l\right]^T \qquad (5\text{-}10)$$

其中, f_{r0x}, k_{rx} 及 ε_x 的定义参见第 3.2.1 节。

将式 (5-9) 及式 (5-10) 的结论代入式 (5-8) 中, 式 (5-8) 可进一步简化为

$$\dot{E}(t) = \dot{x}(F_x - \phi_x^T w_x) + \dot{l}(F_l - \phi_l^T w_l) - c_\theta\dot{\theta}^2 \qquad (5\text{-}11)$$

基于式 (5-11) 的结构, 设计局部饱和自适应控制器的表达式如下:

$$F_x = -k_{px}\tanh(e_x) - k_{dx}\tanh(\dot{x}) + \phi_x^T\hat{w}_x \qquad (5\text{-}12)$$

$$F_l = -k_{pl}\tanh(e_l) - k_{dl}\tanh(\dot{l}) + \phi_l^T\hat{w}_l \qquad (5\text{-}13)$$

其中, k_{px}, k_{dx}, k_{pl}, $k_{dl} \in \mathbf{R}^+$ 为正的控制增益, e_x 与 e_l 为误差信号, 其具体表达式如下:

$$e_x = x - p_{dx} \qquad (5\text{-}14)$$

$$e_l = l - p_{dl} \qquad (5\text{-}15)$$

其中，p_{dx} 与 p_{dl} 分别为台车期望的位置与吊绳期望的长度，式（5-12）及式（5-13）中的 $\hat{w}_x$ 和 $\hat{w}_l$ 分别为不确定参数向量 w_x 和 w_l 的在线估计，其更新率如下：

$$\dot{\hat{w}}_x = -\alpha \phi_x \dot{x} \tag{5-16}$$

$$\dot{\hat{w}}_l = -\beta \phi_l \dot{l} \tag{5-17}$$

其中，$\alpha \triangleq \mathrm{diag}\{\alpha_1,\ \alpha_2,\ \alpha_3\} \in \mathbf{R}^{3\times3}$ 及 $\beta \triangleq \mathrm{diag}\{\beta_1,\ \beta_2\} \in \mathbf{R}^{2\times2}$ 为正定对角矩阵。

进一步，定义不确定参数向量 w_x 与 w_l 的在线估计误差为

$$\tilde{w}_x = w_x - \hat{w}_x \tag{5-18}$$

$$\tilde{w}_l = w_l - \hat{w}_l \tag{5-19}$$

其中，$\tilde{w}_x$ 与 $\tilde{w}_l$ 为不确定系统参数在线估计误差向量。

求解式（5-18）及式（5-19）的时间导数，可得如下结论：

$$\dot{\tilde{w}}_x = -\dot{\hat{w}}_x \tag{5-20}$$

$$\dot{\tilde{w}}_l = -\dot{\hat{w}}_l \tag{5-21}$$

5.2.3　稳定性分析

定理 5-1　所提局部饱和自适应控制方法［式（5-12）和式（5-13）］在更新率［式（5-16）和式（5-17）］的作用下，能使台车准确地运行到目标位置，绳长准确地收敛至期望长度，即：

$$\lim_{t\to\infty} e_x(t) = 0,\ \lim_{t\to\infty} e_l(t) = 0 \tag{5-22}$$

与此同时，有效地抑制并消除负载摆动：

$$\lim_{t\to\infty} \theta(t) = 0 \tag{5-23}$$

备注 5-1　所提局部饱和自适应控制方法［式（5-12）和式（5-13）］可大大减小初始驱动力，因此可保证台车的平滑启动。为不失一般性，将台车的初始位置 $x(0)$ 设置为 0，$\hat{w}_x$ 与 $\hat{w}_l$ 的初始向量分别设为 $[0\ \ 0\ \ 0]^{\mathrm{T}}$ 与 $[0\ \ 0]^{\mathrm{T}}$。由式（5-12）和式（5-13）可求得水平方向及竖直方向上初始驱动力为

$$
\begin{aligned}
\left|F_x(0)\right| &\leqslant \left|k_{px}\tanh\left(-p_{dx}\right)\right| + \left|k_{dx}\tanh\left(\dot{x}(0)\right)\right| \\
&\leqslant k_{px}\min\{p_{dx},\ 1\} + k_{dx}\min\{|\dot{x}(0)|,\ 1\}
\end{aligned}
\tag{5-24}
$$

$$
\begin{aligned}
\left|F_l(0)\right| &\leqslant \left|k_{pl}\tanh\left(l(0)-p_{dl}\right)\right| + \left|k_{dl}\tanh\left(\dot{l}(0)\right)\right| \\
&\leqslant k_{pl}\min\{|l(0)-p_{dl}|,\ 1\} + k_{dl}\min\{|\dot{l}(0)|,\ 1\}
\end{aligned}
\tag{5-25}
$$

那么，若台车的目标位置 p_{dx} 十分遥远或吊绳期望的长度 p_{dl} 远远长于其初始值 $l(0)$ 时，即

$$
p_{dx}\gg 1,\quad |l(0)-p_{dl}|\gg 1
\tag{5-26}
$$

或台车、吊绳的初始速度很大时，即

$$
\dot{x}(0)\gg 1,\quad \dot{l}(0)\gg 1
\tag{5-27}
$$

所提局部饱和自适应控制方法［式（5-12）和式（5-13）］可大大减少水平和竖直方向上的初始驱动力 $F_x(0)$ 及 $F_l(0)$，因此，可保证台车的平滑启动，从而避免了负载的大幅度摆动。

推论 5-1 为提供 $\boldsymbol{w}_x$ 与 $\boldsymbol{w}_l$ 的正确权重值，在局部饱和自适应控制器［式（5-12）和式（5-13）］前方加入一个内部模型，即记忆模块。要做到这一点，需要对系统动态进行学习，将在线估计值 $\hat{\boldsymbol{w}}_x$ 与 $\hat{\boldsymbol{w}}_l$ 储存在一个神经网络中。神经网络输入的是一系列的系统参数，输出的是相应系统的正确递归向量。所得权重值输入式（5-12）和式（5-13）中可产生最终的驱动力，大大提升了收敛速度。如果由式（5-16）和式（5-17）得到的性能指标 $J(t)$：

$$
J(t) = \lambda_1 e_x(t) + \lambda_2 e_l(t) + \lambda_3 \theta(t)
\tag{5-28}
$$

大于由记忆模块得到的性能指标，则将记忆模块的输出向量输入局部饱和自适应控制器［式（5-12）和式（5-13）］中。相反地，将由式（5-16）式（5-17）得到的权重值输入式（5-12）和式（5-13）中，此时需要用新的数据对神经网络进行训练。如图 5-1 所示为局部饱和自适应学习控制器的示意图。

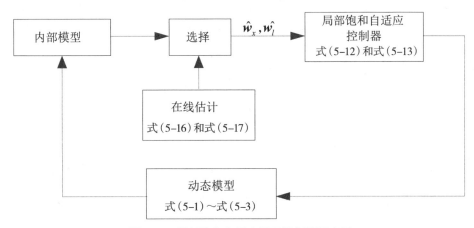

图 5-1　局部饱和自适应学习控制器示意图

证明　选择如下非负李雅普诺夫候选函数 $V(t)$ 为

$$V(t) = E(t) + k_{px} \ln\left[\cosh(e_x)\right] + k_{pl} \ln\left[\cosh(e_l)\right]$$
$$+ \frac{1}{2}\tilde{\pmb{w}}_x^{\mathrm{T}}\pmb{\alpha}^{-1}\tilde{\pmb{w}}_x + \frac{1}{2}\tilde{\pmb{w}}_l^{\mathrm{T}}\pmb{\beta}^{-1}\tilde{\pmb{w}}_l \quad\quad (5\text{-}29)$$

求式（5-29）的时间导数，并将式（5-11）、式（5-13）、式（5-16）和式（5-17）的结论代入其中，可直接得出

$$\dot{V}(t) = -k_{dx}\dot{x}\tanh(\dot{x}) - k_{dl}\dot{l}\tanh(\dot{l}) - c_\theta\dot{\theta}^2 \leqslant 0 \quad\quad (5\text{-}30)$$

很明显地，李雅普诺夫候选函数 $V(t)$ 是非增的，即

$$V(t) \leqslant V(0) \Rightarrow V(t) \in L_\infty \quad\quad (5\text{-}31)$$

那么

$$\dot{x},\ \dot{\theta},\ e_x,\ e_l,\ \tilde{\pmb{w}}_x,\ \tilde{\pmb{w}}_l \in L_\infty \quad\quad (5\text{-}32)$$

成立，并结合 $\pmb{w}_x$ 与 $\pmb{w}_l$ 有界的事实，可推知如下结论：

$$\hat{\pmb{w}}_x,\ \hat{\pmb{w}}_l \in L_\infty \quad\quad (5\text{-}33)$$

由式（5-32）及式（5-33）的结论，可求得

$$F_x,\ F_l \in L_\infty \quad\quad (5\text{-}34)$$

接下来，定义集合 S 为

$$S \triangleq \left\{ \left(e_x, \ \dot{x}, \ \theta, \ \dot{\theta} \right) \Big| \dot{V}(t) = 0 \right\} \qquad (5-35)$$

并定义 M 为集合 S 的最大不变集，那么在 M 中，恒有

$$\dot{x} = \dot{l} = \dot{\theta} = 0 \qquad (5-36)$$

由式（5-36）可直接推得

$$\ddot{x} = \ddot{l} = \ddot{\theta} = 0 \qquad (5-37)$$

将式（5-36）和式（5-37）的结论代入式（5-3）中，如下结论成立：

$$\sin\theta = 0 \Rightarrow \theta = 0 \qquad (5-38)$$

将式（5-36）和式（5-38）及式（5-12）和式（5-13）的结论均代入式（5-1）和式（5-2）中，可直接求得

$$\tanh\left(e_x\right) = \tanh\left(e_l\right) = 0 \Rightarrow e_x = e_l = 0 \qquad (5-39)$$

那么，由式（5-39）易知

$$x = p_{dx}, \quad l = p_{dl} \qquad (5-40)$$

综合式（5-36）、式（5-38）及式（5-40）的结论可得，最大不变集 M 仅包含平衡点 $\begin{bmatrix} x & \dot{x} & l & \dot{l} & \theta & \dot{\theta} \end{bmatrix}^{\mathrm{T}} = \begin{bmatrix} p_{dx} & p_{dl} & 0 & 0 & 0 & 0 \end{bmatrix}^{\mathrm{T}}$。因此，利用拉塞尔不变性原理[83, 142]可推知，定理 5-1 得证。

5.2.4　仿真结果及分析

5.2.4.1　自适应性测试

本小节将在 MATLAB/Simulink 仿真环境中，通过仿真结果测试所提局部饱和自适应控制方法及自适应学习控制方法的自适应性，并和局部反馈线性化控制方法[69]及非线性跟踪控制方法[140]的控制性能进行比较。接下来，将给出局部反馈线性化控制方法与非线性跟踪控制方法的详细表达式。

①局部反馈线性化控制方法[69]：

$$F_x = \left\{ \begin{array}{l} \left[d_x - K_{d11} \left(M_t + m_p \sin^2 \theta \right) \right] \dot{x} + K_{d12} m_p \dot{l} \sin \theta + \\ K_{p11} \left(M_t + m_p \sin^2 \theta \right) e_x - \\ K_{p12} m_p \sin \theta e_l + m_p l \dot{\theta}^2 \sin \theta - \\ \alpha_1 K_{d2} \left(M_t + m_p \sin^2 \theta \right) \dot{\theta} + \\ m_p g \sin \theta \cos \theta - \left(M_t + m_p \sin^2 \theta \right) \alpha_1 K_{p2} \theta \end{array} \right\} \quad (5\text{-}41)$$

$$F_l = \left\{ \begin{array}{l} K_{d11} m_p \sin \theta \dot{x} + \left(d_l - K_{d12} m_p \right) \dot{l} - K_{p11} m_p \sin \theta e_x - m_p l \dot{\theta}^2 + \\ K_{p12} m_p e_l + \alpha_1 K_{d2} m_p \dot{\theta} \sin \theta + \alpha_1 K_{p2} m_p \theta \sin \theta - m_p g \cos \theta \end{array} \right\} \quad (5\text{-}42)$$

其中，K_{d11}，K_{d12}，K_{p11}，K_{p12}，K_{p2}，K_{d2}，$\alpha_1 \in \mathbf{R}^+$ 为正的控制增益。

②非线性跟踪控制方法[140]的详细表达式：

$$F_x = -k_{px} e_x + \left(m_p + M_t \right) \ddot{x}_d + m_p \ddot{l}_d \sin \theta + m_p \dot{l}_d \dot{\theta} \cos \theta + \\ d_x \dot{x} - \frac{2 \lambda_{\omega x} \varsigma_x^2}{\left(\varsigma_x^2 - e_x^2 \right)^2} e_x - k_{dx} \dot{e}_x \quad (5\text{-}43)$$

$$F_l = -k_{pl} e_l + m_p \ddot{x}_d \sin \theta + m_p \ddot{l}_d - m_p g + d_l \dot{l} - \frac{2 \lambda_{\omega l} \varsigma_l^2}{\left(\varsigma_l^2 - e_l^2 \right)^2} e_l - k_{dl} \dot{e}_l \quad (5\text{-}44)$$

其中，k_{px}，k_{dx}，k_{pl}，k_{dl}，$\lambda_{\omega x}$，$\lambda_{\omega l} \in \mathbf{R}^+$ 为正的控制增益，ς_x 和 $\varsigma_l \in \mathbf{R}^+$ 分别为 x 与 l 方向上跟踪误差的限值。接下来，给出 x_d 及 l_d 详细表达式：

$$x_d(t) = \frac{p_{dx}}{2} + \frac{k_{vx}^2}{4 k_{ax}} \ln \left[\frac{\cosh \left(2 k_{ax} t / k_{vx} - b_x \right)}{\cosh \left(2 k_{ax} t / k_{vx} - b_x - 2 p_{dx} k_{ax} / k_{vx}^2 \right)} \right] \quad (5\text{-}45)$$

$$l_d(t) = \frac{p_{dl}}{2} + \frac{k_{vl}^2}{4 k_{al}} \ln \left[\frac{\cosh \left(2 k_{al} t / k_{vl} - b_l \right)}{\cosh \left(2 k_{al} t / k_{vl} - b_l - 2 p_{dl} k_{al} / k_{vl}^2 \right)} \right] \quad (5\text{-}46)$$

其中，k_{ax}，k_{vx}，k_{al}，$k_{vl} \in \mathbf{R}^+$ 分别为 x、l 方向上最大允许加速度和速度，b_x 与 $b_l \in \mathbf{R}^+$ 分别为 x、l 方向上调节初始加速度的参数。

台车期望位置及吊绳期望长度设定如下：

$$p_{dx} = 2\,\mathrm{m}, \ p_{dl} = 2\,\mathrm{m}$$

桥式吊车系统的参数实际值为

$$M_t = 6.5 \, \text{kg}, \ m_p = 1 \, \text{kg}, \ g = 9.8 \, \text{m/s}^2, \ d_x = 0.3$$
$$d_l = 0.65, \ c_\theta = 0.3, \ f_{rOx} = 4.4, \ \varepsilon_x = 0.01, \ k_{rx} = -0.5$$

而其名义值为

$$M_t = 8 \, \text{kg}, \ m_p = 2 \, \text{kg}, \ g = 9.8 \, \text{m/s}^2, \ d_x = 0.4$$
$$d_l = 0.7, \ c_\theta = 0.38, \ f_{rOx} = 6, \ \varepsilon_x = 0.01, \ k_{rx} = -0.9$$

初始条件设置为

$$x(0) = 0, \ \dot{x}(0) = 1 \, \text{m/s}, \ l(0) = 0.5 \, \text{m}, \ \dot{l}(0) = 1 \, \text{m/s}, \ \theta(0) = \dot{\theta}(0) = 0$$

x、l 方向上最大允许加速度、速度设定为

$$k_{ax} = 0.8 \, \text{m/s}^2, \ k_{vx} = 1 \, \text{m/s}, \ k_{al} = 0.8 \, \text{m/s}^2, \ k_{vl} = 1 \, \text{m/s}$$

x、l 方向上最大允许跟踪误差设置为

$$\varsigma_x = 0.02 \, \text{m}, \ \varsigma_l = 0.015 \, \text{m}$$

w_x 与 w_l 的初始在线估计设定如下：

$$\hat{w}_x = [0 \ 0 \ 0]^T, \ \hat{w}_l = [0 \ 0]^T$$

所提局部饱和自适应控制方法及自适应学习控制方法、局部反馈线性化控制方法和非线性跟踪控制方法的控制增益见表 5-1。

表 5-1　控制增益

控制方法	控制增益
所提局部饱和自适应控制方法及自适应学习控制方法	$\alpha = \text{diag}\{0.1, \ 0.1, \ 0.1\}$, $\beta = \text{diag}\{0.07, \ 0.1\}$, $k_{px} = 15$, $k_{dx} = 7.8$, $k_{pl} = 13$, $k_{dl} = 8$, $\lambda_1 = 1$, $\lambda_2 = 1$, $\lambda_3 = 360/2\pi$
局部反馈线性化控制方法	$K_{p11} = 2.5$, $K_{p12} = 8$, $K_{d11} = 3$, $Kd_{12} = 10$, $K_{p2} = 1.8$, $K_{d2} = 1.8$, $\alpha_1 = 1$
非线性跟踪控制方法	$k_{px} = 10$, $k_{dx} = 10$, $k_{pl} = 10$, $k_{dl} = 10$, $\lambda_{\omega x} = 0.1$, $\lambda_{\omega l} = 0.1$, $b_x = 3.5$, $b_l = 3.5$

仿真曲线如图 5-2 ～图 5-5 所示。

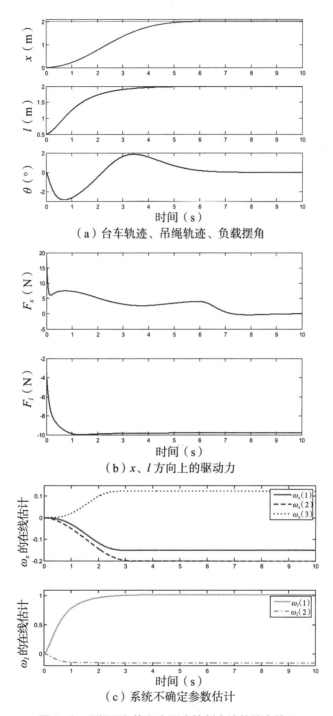

（a）台车轨迹、吊绳轨迹、负载摆角

（b）x、l 方向上的驱动力

（c）系统不确定参数估计

图 5-2　所提局部饱和自适应控制方法的仿真结果

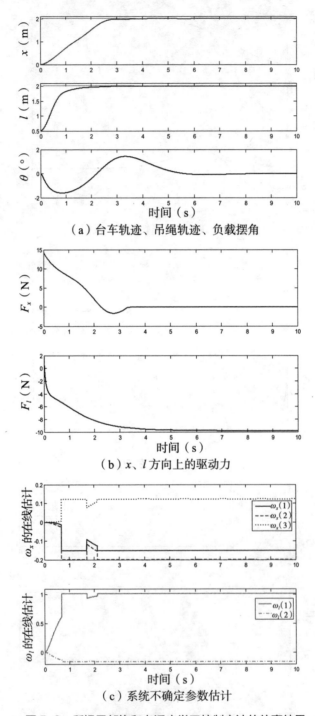

（a）台车轨迹、吊绳轨迹、负载摆角

（b）x、l 方向上的驱动力

（c）系统不确定参数估计

图 5-3　所提局部饱和自适应学习控制方法的仿真结果

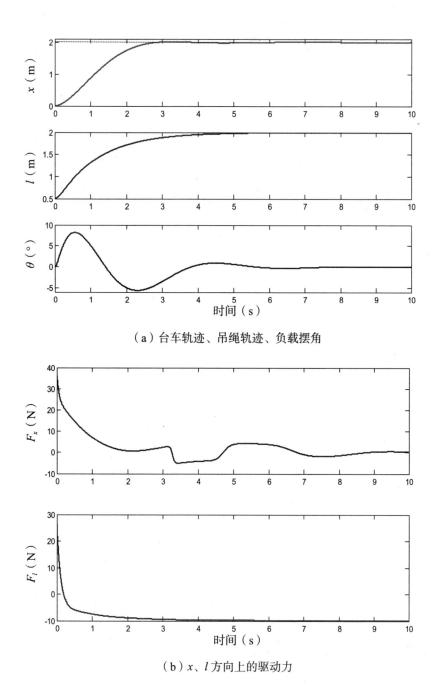

（a）台车轨迹、吊绳轨迹、负载摆角

（b）x、l 方向上的驱动力

图 5-4　局部反馈线性化控制方法的仿真结果

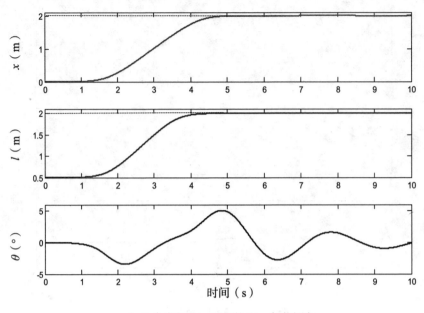

（a）台车轨迹、吊绳轨迹、负载摆角

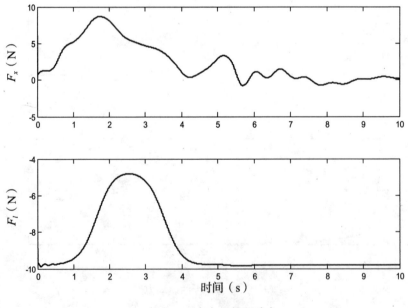

（b）x、l 方向上的驱动力

图 5-5 非线性跟踪控制方法的仿真结果

表 5-2 给出了这四种控制方法详细的量化结果，主要包括如下九个性能指标：

①台车的最终位置 p_{fx}；

②吊绳的最终长度 p_{fl}；

③在整个运输过程中负载的最大摆角 $\theta_{\max}$；

④台车停止运行后负载的最大摆角，即残余摆角 θ_{res}；

⑤运输时间 t_s；

⑥x 方向上最大驱动力 $F_{x\max}$；

⑦l 方向上最大驱动力 $F_{l\max}$；

⑧x 方向上初始驱动力 $F_x(0)$；

⑨l 方向上初始驱动力 $F_l(0)$。

表 5-2　四种控制方法的量化结果

控制方法	p_{fx} (m)	p_{fl} (m)	$\theta_{\max}$ (°)	θ_{res} (°)	t_s (s)	$F_{x\max}$ (N)	$F_{l\max}$ (N)	$F_{x(0)}$ (N)	$F_{l(0)}$ (N)
所提局部饱和自适应控制方法	2.001	2.000	2.84	0.8	4.5	14.46	11.8	14.46	11.8
所提局部饱和自适应学习控制方法	2.000	2.000	2.1	0.54	3.2	14.45	9.8	14.45	11.78
局部反馈线性化方法	1.998	2.000	8.18	1	5.2	36.1	26.2	32.5	26.2
非线性跟踪控制方法	2.001	2.000	5.1	4.9	4.9	8.7	9.8	6.05	8.9

由图 5-2～图 5-5 及表 5-2 可知，所提局部饱和自适应控制方法、局部饱和自适应学习控制方法、局部反馈线性化控制方法及非线性跟踪控制方法的运输时间分别为 5 s、3.8 s、5.2 s 及 4.9 s，并且这四种控制方法的定位误差均小于 2 mm。虽然吊车系统参数的实际值与名义值有很大的差别，但所提局部饱和自适应控制方法和局部饱和自适应学习控制方法的负载摆动抑制与消除能力均优于另外两种控制方法。具体来说，所提局部饱和自适应控制方法的最大负载摆角、残余摆角分别为 2.84°、0.8°，所提自适应学习控制方法的最大负载摆角、残余

摆角分别为 1.8°、0.62°，局部反馈线性化控制方法的最大负载摆角、残余摆角分别为 8.18°、1° 及非线性跟踪控制方法的最大负载摆角、残余摆角分别为 5.1°、4.9°。所提局部饱和自适应控制方法、局部饱和自适应学习控制方法及非线性跟踪控制方法的最大、初始驱动力均小于局部反馈线性化方法，这表明 tanh（·）函数的引用可大大减小驱动力，尤其是初始驱动力。

所提局部饱和自适应控制方法及局部饱和自适应学习控制方法的系统参数在线估计如图 5-2（c）和图 5-3（c）所示，其收敛速度分别为 3 s 和 1 s，并且所提局部饱和自适应学习控制方法的最大负载摆角及残余摆角均小于所提局部饱和自适应控制方法。这些结果表明记忆模块的引入可提升吊车系统的控制性能。

5.2.4.2　鲁棒性测试

在本小节中，将进一步验证所提局部饱和自适应控制方法及局部饱和自适应学习控制方法针对外部扰动的鲁棒性。为模拟如风力等外部扰动，对负载摆动施加了两种类型的干扰。具体而言，在 3～4 s 引入了幅值为 1.5° 的脉冲扰动，在 6～7 s 加入了幅值为 2° 的正弦扰动。

相应的仿真结果见图 5-6 和图 5-7。不难发现，当出现外部扰动时，所提局部饱和自适应控制方法和局部饱和自适应学习控制方法仍具有良好的控制性能，并均可快速地消除这部分扰动，表明这两种控制方法具有强鲁棒性。由于在工业场地中存在着各式各样的外部扰动，这两种控制方法的强鲁棒性为其实际应用带来了诸多便利。

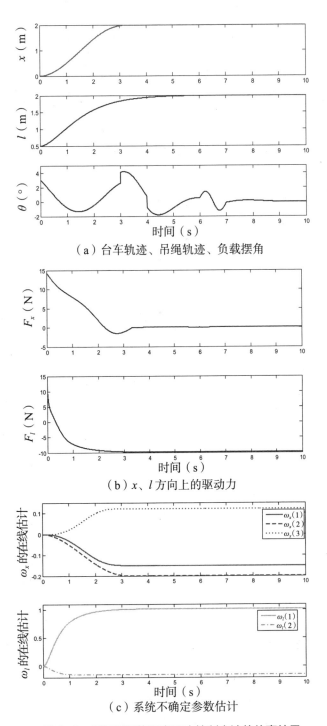

（a）台车轨迹、吊绳轨迹、负载摆角

（b）x、l 方向上的驱动力

（c）系统不确定参数估计

图 5-6　所提局部饱和自适应控制方法的仿真结果

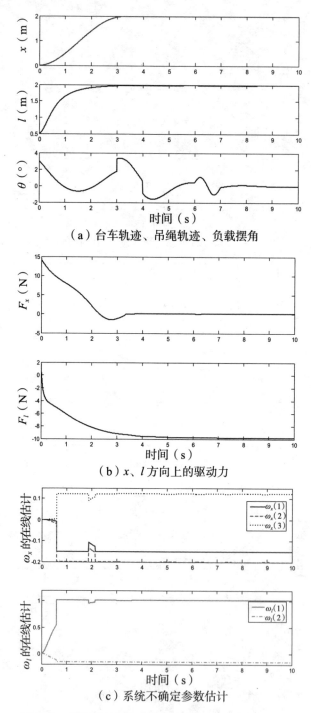

（a）台车轨迹、吊绳轨迹、负载摆角

（b）x、l 方向上的驱动力

（c）系统不确定参数估计

图 5-7　所提局部饱和自适应学习控制方法的仿真结果

5.3　基于能量分析的模糊控制方法

5.3.1　伴有负载升降运动及持续外部扰动的桥式吊车系统动态模型分析

在桥式吊车系统中，已有大多数数学模型均是基于大地坐标系为参考坐标系提出的，但是当存在持续外部扰动时，很难证明系统的稳定性。为此，本小节建立了带有持续扰动的可升降桥式吊车系统的数学模型。由图 5-8 可知，当负载受到外部持续扰动 d 的作用时，负载最终不会垂直稳定，而会与垂直方向形成 θ_0 的夹角。为促进控制器的设计，选择 $x'-y'$ 坐标系作为参考坐标系。在图 5-8 中，d 为施加于负载上的外部持续扰动，x' 以及 θ' 分别为 $x'-y'$ 坐标系下台车位移和负载摆角。台车及负载在 $x'-y'$ 坐标系下的位置坐标可写为

$$\begin{cases} x_M' = \dfrac{x'}{\cos\theta_0} \\[2mm] y_M' = 0 \\[2mm] x_m' = x' + l\sin\theta' \\[2mm] y_m' = -l\cos\theta' \end{cases} \qquad (5\text{-}47)$$

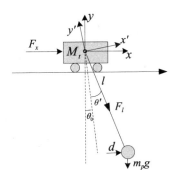

图 5-8　带有持续扰动的桥式吊车系统示意图

通过求式（5-47）的时间导数，可直接推得台车及负载的速度分量为

$$\begin{cases} \dot{x}'_M = \dfrac{\dot{x}'}{\cos\theta_0} \\[2mm] \dot{y}'_M = 0 \\[2mm] \dot{x}'_m = \dot{x}' + \dot{l}\sin\theta' + l\dot{\theta}'\cos\theta' \\[2mm] \dot{y}'_m = -\dot{l}\cos\theta' + l\dot{\theta}'\sin\theta' \end{cases} \tag{5-48}$$

那么，系统动能 T 的表达式可写为

$$\begin{aligned} T &= \frac{1}{2}M_t\left(\dot{x}_M^2 + \dot{y}_M^2\right) + \frac{1}{2}m_p\left[\left(\dot{x}'_m\right)^2 + \left(\dot{y}'_m\right)^2\right] \\ &= \frac{1}{2}M_t\left(\frac{\dot{x}'}{\cos\theta_0}\right)^2 + \frac{1}{2}m_p\left[\left(\dot{x}' + \dot{l}\sin\theta' + l\dot{\theta}'\cos\theta'\right)^2 + \left(-\dot{l}\cos\theta' + l\dot{\theta}'\sin\theta'\right)^2\right] \\ &= \frac{1}{2}\frac{M_t + m_p\cos^2\theta_0}{\cos^2\theta_0}\left(\dot{x}'\right)^2 + \frac{1}{2}m_p\left[\dot{l}^2 + l^2\left(\dot{\theta}'\right)^2 + 2\dot{x}'\dot{l}\sin\theta' + 2\dot{x}'l\dot{\theta}'\cos\theta'\right] \end{aligned} \tag{5-49}$$

接下来，利用拉格朗日方程，对带有持续外部扰动的吊车系统进行建模。由式（5-49）可直接得到

$$\begin{cases} \dfrac{\partial T}{\partial x'} = 0 \\[3mm] \dfrac{\partial T}{\partial \dot{x}'} = \dfrac{M_t + m_p\cos^2\theta_0}{\cos^2\theta_0}\dot{x}' + m_p\dot{l}\sin\theta' + m_p l\dot{\theta}'\cos\theta' \\[3mm] \dfrac{\mathrm{d}}{\mathrm{d}t}\left(\dfrac{\partial T}{\partial \dot{x}'}\right) = \dfrac{M_t + m_p\cos^2\theta_0}{\cos^2\theta_0}\ddot{x}' + m_p\ddot{l}\sin\theta' + 2m_p\dot{l}\dot{\theta}'\cos\theta' + \\[3mm] \qquad\qquad\qquad m_p l\ddot{\theta}'\cos\theta' - m_p l\left(\dot{\theta}'\right)^2\sin\theta' \end{cases} \tag{5-50}$$

$$\begin{cases} \dfrac{\partial T}{\partial l} = m_p l\left(\dot{\theta}'\right)^2 + m_p\dot{x}'\dot{\theta}'\cos\theta' \\[3mm] \dfrac{\partial T}{\partial \dot{l}} = m_p\dot{l} + m_p\dot{x}'\sin\theta' \\[3mm] \dfrac{\mathrm{d}}{\mathrm{d}t}\left(\dfrac{\partial T}{\partial \dot{l}}\right) = m_p\ddot{l} + m_p\ddot{x}'\sin\theta' + m_p\dot{x}'\dot{\theta}'\cos\theta' \end{cases} \tag{5-51}$$

$$
\begin{cases}
\dfrac{\partial T}{\partial \theta'} = m_p \dot{x}' l \cos\theta' - m_p \dot{x}' l \dot{\theta}' \sin\theta' \\[2mm]
\dfrac{\partial T}{\partial \dot{\theta}'} = m_p l^2 \dot{\theta}' + m_p \dot{x}' l \cos\theta' \\[2mm]
\dfrac{\mathrm{d}}{\mathrm{d}t}\left(\dfrac{\partial T}{\partial \dot{\theta}'}\right) = 2m_p l \dot{l} \dot{\theta}' + m_p l^2 \ddot{\theta}' + m_p \ddot{x}' l \cos\theta' + m_p \dot{x}' \dot{l} \cos\theta' - m_p \dot{x}' l \dot{\theta}' \sin\theta'
\end{cases}
\tag{5-52}
$$

伴有负载升降运动的桥式吊车系统的拉格朗日方程组可写为

$$
\frac{\mathrm{d}}{\mathrm{d}t}\left(\frac{\partial T}{\partial \dot{x}'}\right) - \frac{\partial T}{\partial x'} = Q_x
\tag{5-53}
$$

$$
\frac{\mathrm{d}}{\mathrm{d}t}\left(\frac{\partial T}{\partial \dot{l}}\right) - \frac{\partial T}{\partial l} = Q_l
\tag{5-54}
$$

$$
\frac{\mathrm{d}}{\mathrm{d}t}\left(\frac{\partial T}{\partial \dot{\theta}'}\right) - \frac{\partial T}{\partial \theta'} = Q_\theta
\tag{5-55}
$$

其中，Q_x，Q_l 及 $Q_\theta \in \mathbf{R}^1$ 为广义力，它们的具体表达式可写为

$$
Q_x = \left(F_x - D_x \dot{x} - d\right)\cos\theta_0 + M_t g \sin\theta_0
\tag{5-56}
$$

$$
Q_l = F_l - D_l \dot{l} + \left(m_p g \cos\theta_0 + d \sin\theta_0\right)\cos\theta'
\tag{5-57}
$$

$$
Q_\theta = -\left(m_p g \cos\theta_0 + d \sin\theta_0\right) l \sin\theta'
\tag{5-58}
$$

其中，D_x，$D_l \in \mathbf{R}^+$ 为与摩擦力相关的系数。

接下来，将式（5-50）、式（5-56）的结论代入式（5-53），不难得到

$$
\frac{M_t + m_p \cos^2\theta_0}{\cos^2\theta_0}\ddot{x}' + m_p \ddot{l} \sin\theta' + 2m_p \dot{l}\dot{\theta}' \cos\theta' + m_p l \ddot{\theta}' \cos\theta' - m_p l \left(\dot{\theta}'\right)^2 \sin\theta'
$$
$$
= \left(F_x - D_x \dot{x} - d\right)\cos\theta_0 + M_t g \sin\theta_0
\tag{5-59}
$$

将式（5-51）及式（5-57）的结论代入式（5-54）中，则有

$$
m_p \ddot{l} + m_p \ddot{x}' \sin\theta' - m_p l \left(\dot{\theta}'\right)^2 = F_l - D_l \dot{l} + \left(m_p g \cos\theta_0 + d \sin\theta_0\right)\cos\theta'
\tag{5-60}
$$

将式（5-52）和式（5-58）代入式（5-55），可得如下结论：

$$
2m_p l \dot{l} \dot{\theta}' + m_p l^2 \ddot{\theta}' + m_p \ddot{x}' l \cos\theta' = -\left(m_p g \cos\theta_0 + d \sin\theta_0\right) l \sin\theta'
\tag{5-61}
$$

将式（5-59）～（5-61）写成如下矩阵形式：

$$M_f(q')\ddot{q}' + C_f(q', \dot{q}')\dot{q}' + G_f(q') = U_f \tag{5-62}$$

其中，$q' \in \mathbf{R}^3$ 为系统状态向量，$M_f(q') \in \mathbf{R}^{3\times3}$，$C_f(q', \dot{q}') \in \mathbf{R}^{3\times3}$，$G_f(q')$ $\in \mathbf{R}^3$ 及 $U \in \mathbf{R}^3$ 分别为惯量矩阵、向心 - 柯氏力矩阵、重力向量及控制向量，这些矩阵 / 向量的表达式如下：

$$
\begin{cases}
M_f(q') = \begin{bmatrix} \dfrac{M_t + m_p \cos^2\theta_0}{\cos^2\theta_0} & m_p \sin\theta' & m_p l \cos\theta' \\ m_p \sin\theta' & m_p & 0 \\ m_p l \cos\theta' & 0 & m_p l^2 \end{bmatrix} \\[2em]
C_f(q', \dot{q}') = \begin{bmatrix} 0 & m_p \dot{\theta}' \cos\theta' & m_p \dot{l} \cos\theta' - m_p l \dot{\theta}' \sin\theta' \\ 0 & 0 & -m_p l \dot{\theta}' \\ 0 & m_p l \dot{\theta}' & m_p l \dot{l} \end{bmatrix} \\[2em]
G_f(q') = \begin{bmatrix} (d + D_x \dot{x})\cos\theta_0 - M_t g \sin\theta_0 \\ D_l \dot{l} - (m_p g \cos\theta_0 + d \sin\theta_0)\cos\theta' \\ (m_p g \cos\theta_0 + d \sin\theta_0) l \sin\theta' \end{bmatrix} \\[2em]
U_f = \begin{bmatrix} F_x \cos\theta_0 \\ F_l \\ 0 \end{bmatrix} \\[2em]
q' = \begin{bmatrix} x' \\ l \\ \theta' \end{bmatrix}
\end{cases} \tag{5-63}
$$

考虑吊车实际运行情况，进行如下合理的假设。

假设 5-1　由持续扰动引起的摆动 θ_0 及负载摆动 θ' 始终限定在如下范围内：

$$-\frac{\pi}{2} < \theta_0 < \frac{\pi}{2},\ -\pi < \theta' < \pi \qquad (5\text{-}64)$$

5.3.2　主要结果

5.3.2.1　模糊扰动观测器

接下来，将设计一个模糊扰动观测器，用来估计持续外部扰动，并根据

$$\theta_0 = \arctan\left(\frac{d}{m_p g}\right) \qquad (5\text{-}65)$$

求出由持续外部扰动引起的摆动 θ_0。由文献 [156] 可知，扰动观测器是基于模糊系统的全局逼近特性提出的。在设计模糊扰动观测器之前，需回顾模糊系统的全局逼近特性。

1. 模糊系统的全局逼近特性

一个基本的模糊系统由模糊生成器、模糊规则库、模糊消除器及模糊推理机制组成。根据模糊 IF-THEN 规则及合成推理方法，模糊推理机制可实现从输入向量 $\boldsymbol{x} = (x_1,\ x_2,\ \cdots,\ x_n)^{\mathrm{T}} \in \boldsymbol{U} \subset \mathbf{R}^n$ 到输出向量 $y \in \mathbf{R}$ 的映射。给定第 i 个模糊 IF-THEN 规则为

$$规则^i : 若 x_1 = A_1^i,\ \cdots,\ x_n = A_n^i,\ 那么 y = y^i \qquad (5\text{-}66)$$

其中，A_j^i 为输入变量 x_j 的第 i 个模糊集的标记，y^i 为一个数，$i = 1,\ \cdots,\ r$，$j = 1,\ \cdots,\ n$。若模糊逻辑系统采用中心平均解模糊器、乘积推理机、单值模糊器，可得模糊控制器的输出为

$$y(\boldsymbol{x}) = \frac{\sum_{i=1}^{r} y^i \left(\prod_{j=1}^{n} \mu_{A_j^i}(x_j) \right)}{\sum_{i=1}^{r} \left(\prod_{j=1}^{n} \mu_{A_j^i}(x_j) \right)} = \hat{\phi}^{\mathrm{T}} \xi(\boldsymbol{x}) \qquad (5\text{-}67)$$

其中，$\mu_{A_j^i}(x_j)$ 为模糊集 A_j^i 的隶属函数，$\hat{\phi}^{\mathrm{T}} = (y^1,\ \cdots,\ y^r)$ 为可调参数向量，

$\xi^{\mathrm{T}} = (\ \xi^1, \ \xi^2, \ \cdots, \ \xi^r\ )^{\mathrm{T}}$，其中 ξ^i 为模糊基函数，其表达式如下：

$$\xi^i = \frac{\prod_{j=1}^{n} \mu_{A_j^i}\left(x_j\right)}{\sum_{i=1}^{r}\left(\prod_{j=1}^{n} \mu_{A_j^i}\left(x_j\right)\right)} \qquad (5\text{-}68)$$

若非线性函数 $z(\boldsymbol{x})$ 在紧集 $\boldsymbol{U}$ 上是连续的，并调节式（5-67）中的 $\hat{\phi}$ 使得 $|z-y|$ 最小，那么通过模糊系统［式（5-67）］可以任意精度逼近非线性函数 $z(\boldsymbol{x})$，这就是模糊系统的全局逼近特性。

2. 模糊扰动观测器设计

可利用模糊系统［式（5-67）］近似估计负载的持续扰动 d，其估计值可写为

$$\hat{d}\left(\boldsymbol{x}|\hat{\phi}\right) = \hat{\phi}^{\mathrm{T}} \xi(\boldsymbol{x}) \qquad (5\text{-}69)$$

其中，$\boldsymbol{x} = \begin{bmatrix} x' & \dot{x}' \end{bmatrix}^{\mathrm{T}}$。

定义如下的观测动态方程为

$$\dot{\mu} = -\sigma\mu + g\sin\theta_0\cos^2\theta_0 + \frac{\cos^2\theta_0}{M_t}\left[\left(F_x - D_x\dot{x}\right)\cos\theta_0 - \left(F_l - D_l l\right)\sin\theta'\right]$$

$$-\frac{\cos^3\theta_0}{M_t}\hat{d} + \sigma\dot{x}' \qquad (5\text{-}70)$$

其中，$\sigma \in \mathbf{R}^+$ 为正的观测参数。为完成接下来观测器的设计，定义观测误差 ζ 为：

$$\zeta = \dot{x}' - \mu \qquad (5\text{-}71)$$

整理式（5-60）～式（5-62），可推得如下结果：

$$\ddot{x}' = g\sin\theta_0\cos^2\theta_0 + \frac{\cos^2\theta_0}{M_t}\left[\left(F_x - D_x\dot{x}\right)\cos\theta_0 - \left(F_l - D_l l\right)\sin\theta'\right] - \frac{\cos^3\theta_0}{M_t}d \qquad (5\text{-}72)$$

由式（5-70）～式（5-72）的结果可知

$$\dot{\zeta} + \sigma\zeta = -\frac{\cos^3\theta_0}{M_t}\left(d - \hat{d}\left(\boldsymbol{x}|\hat{\phi}\right)\right) \qquad (5\text{-}73)$$

令 x 属于紧集 M_x，且假设最优参数向量 ϕ^*：

$$\phi^* = \arg \min_{\hat{\phi} \in M_\phi} \left(\sup_{x \in M_x} \left| d - \hat{d}\left(x|\hat{\phi}\right) \right| \right) \tag{5-74}$$

位于凸域 M_ϕ 中：

$$M_\phi = \left\{ \phi \mid \|\phi\| \leqslant m_\phi \right\} \tag{5-75}$$

其中，m_ϕ 为设计的参数。那么，持续扰动 d 可写为：

$$d = \hat{d}\left(x|\phi^*\right) + \varepsilon(x) \tag{5-76}$$

其中，$\varepsilon(x)$ 为重构误差，满足 $|\varepsilon(x)| \leqslant \bar{\varepsilon}$，$\bar{\varepsilon}$ 为大于 0 的常数。接下来，定义参数误差为

$$\tilde{\phi} = \phi^* - \hat{\phi} \tag{5-77}$$

由式（5-74）、式（5-76）和式（5-77）的结果可得观测误差动态方程为

$$\dot{\zeta} + \sigma\zeta = -\frac{\cos^3 \theta_0}{M_t} \tilde{\phi}^{\mathrm{T}} \xi(x) - \frac{\cos^3 \theta_0}{M_t} \varepsilon(x) \tag{5-78}$$

定义李雅普诺夫候选函数 $V(t)$ 为

$$V(t) = \frac{1}{2}\zeta^2 + \frac{1}{2\gamma}\frac{\cos^3 \theta_0}{M_t} \tilde{\phi}^{\mathrm{T}} \tilde{\phi} \tag{5-79}$$

其中，$\gamma \in \mathbf{R}^+$ 为正的控制增益。

求解式（5-79）的时间导数，并将式（5-78）的结果代入，则有

$$\begin{aligned}
\dot{V}(t) &= \zeta\left[-\frac{\cos^3 \theta_0}{M_t} \tilde{\phi}^{\mathrm{T}} \xi(x) - \frac{\cos^3 \theta_0}{M_t} \varepsilon(x) - \sigma\zeta \right] + \frac{1}{\gamma}\frac{\cos^3 \theta_0}{M_t} \tilde{\phi}^{\mathrm{T}} \dot{\tilde{\phi}} \\
&= -\sigma\zeta^2 - \frac{\cos^3 \theta_0}{M_t} \tilde{\phi}^{\mathrm{T}} \zeta\xi(x) - \frac{\cos^3 \theta_0}{M_t} \zeta\varepsilon(x) + \frac{1}{\gamma}\frac{\cos^3 \theta_0}{M_t} \tilde{\phi}^{\mathrm{T}} \dot{\tilde{\phi}} \\
&= -\sigma\zeta^2 + \frac{\cos^3 \theta_0}{M_t} \tilde{\phi}^{\mathrm{T}} \left[-\zeta\xi(x) + \frac{1}{\gamma}\dot{\tilde{\phi}} \right] - \frac{\cos^3 \theta_0}{M_t} \zeta\varepsilon(x)
\end{aligned} \tag{5-80}$$

为使 $V(t) < 0$，选择如下的调整方法：

$$\dot{\tilde{\phi}} = \gamma\zeta\xi(\boldsymbol{x}) \qquad (5\text{-}81)$$

即参数向量更新率为

$$\dot{\hat{\phi}} = -\gamma\zeta\xi(\boldsymbol{x}) \qquad (5\text{-}82)$$

此时，式（5-80）可写为

$$
\begin{aligned}
\dot{V}(t) &= -\sigma\zeta^2 - \frac{\cos^3\theta_0}{M_t}\zeta\varepsilon(\boldsymbol{x}) \\
&= -\sigma\zeta^2 - \frac{\cos^3\theta_0}{M_t}\zeta\varepsilon(\boldsymbol{x}) + \left[\frac{\sigma}{2}\zeta^2 + \frac{\cos^6\theta_0}{2\sigma M_t^2}\varepsilon^2(\boldsymbol{x})\right] - \\
&\quad \left[\frac{\sigma}{2}\zeta^2 + \frac{\cos^6\theta_0}{2\sigma M_t^2}\varepsilon^2(\boldsymbol{x})\right] \\
&= -\frac{\sigma}{2}\zeta^2 + \frac{\cos^6\theta_0}{2\sigma M_t^2}\varepsilon^2(\boldsymbol{x}) - \left[\sqrt{\frac{\sigma}{2}}\zeta + \frac{\cos^3\theta_0}{M_t}\sqrt{\frac{1}{2\sigma}}\varepsilon(\boldsymbol{x})\right]^2 \\
&\leqslant -\frac{\sigma}{2}\zeta^2 + \frac{\cos^6\theta_0}{2\sigma M_t^2}\varepsilon^2(\boldsymbol{x}) \qquad (5\text{-}83)
\end{aligned}
$$

那么当

$$|\zeta| > \frac{\bar{\varepsilon}\cos^3\theta_0}{\sigma M_t} \qquad (5\text{-}84)$$

时，$\dot{V} < 0$。在 $\hat{\phi}$ 是有界的条件下，可得扰动观测误差是一致完全有界的，即 $\zeta \in L_\infty$。由于利用持续扰动的估计值 $\hat{d}$ 可以很快观测到外部扰动 d，因此本小节令 $d = \hat{d}$。

5.3.2.2　基于能量分析的模糊控制器设计

包含动能和势能的可升降桥式吊车系统能量 $E(t)$ 表达式可写为

$$E(t) = \frac{1}{2}\dot{\boldsymbol{q}}'^{\mathrm{T}}\boldsymbol{M}_f(\boldsymbol{q}')\dot{\boldsymbol{q}}' + (m_p g\cos\theta_0 + d\sin\theta_0)l(1-\cos\theta') \qquad (5\text{-}85)$$

其时间导数计算如下：

$$\dot{E}(t)$$

$$= \dot{\boldsymbol{q}}'^{\mathrm{T}} \left[\frac{1}{2} \dot{\boldsymbol{M}}_f(\boldsymbol{q}')\dot{\boldsymbol{q}}' + \boldsymbol{M}_f(\boldsymbol{q}')\ddot{\boldsymbol{q}}' \right] + \left(m_p g \cos\theta_0 + d\sin\theta_0 \right) l\dot{\theta}' \sin\theta' +$$

$$\left(m_p g \cos\theta_0 + d\sin\theta_0 \right) \dot{l}(1 - \cos\theta')$$

$$= \dot{\boldsymbol{q}}'^{\mathrm{T}} \left[\boldsymbol{M}_f(\boldsymbol{q}')\ddot{\boldsymbol{q}}' + \boldsymbol{C}_f(\boldsymbol{q}',\dot{\boldsymbol{q}}')\dot{\boldsymbol{q}}' \right] + \left(m_p g \cos\theta_0 + d\sin\theta_0 \right) l\dot{\theta}' \sin\theta'$$

$$+ \left(m_p g \cos\theta_0 + d\sin\theta_0 \right) \dot{l}(1 - \cos\theta')$$

$$= \dot{\boldsymbol{q}}'^{\mathrm{T}} \left[\boldsymbol{U}_f - \boldsymbol{G}_f(\boldsymbol{q}') \right] + \left(m_p g \cos\theta_0 + d\sin\theta_0 \right) l\dot{\theta}' \sin\theta'$$

$$= \dot{x}' \left[(F_x - D_x \dot{x})\cos\theta_0 - (d\cos\theta_0 - M_t g \sin\theta_0) \right] +$$

$$\dot{l} \left[F_l - D_l \dot{l} + \left(m_p g \cos\theta_0 + d\sin\theta_0 \right) \right] \quad\quad (5\text{-}86)$$

这表明以 F_x 和 F_l 为输入，$\dot{x}'$ 和 $\dot{l}$ 为输出，$E(t)$ 为储能函数的可升降桥式吊车系统是无源的、耗散的[142]。该无源性表明仅能通过有驱的 $\dot{x}'$ 和 $\dot{l}$ 消耗系统能量 $E(t)$。因此，为增强状态之间的耦合性，提升系统的控制性能，引入一个可涵盖台车位移以及负载摆动的广义信号：

$$\chi = \dot{x}' + \alpha f(\theta') \quad\quad (5\text{-}87)$$

其中，$f(\theta')$ 为与 θ' 相关的待定函数，$\alpha \in \mathbf{R}^+$ 为正的控制增益。

为不失一般性，将台车的初始位置、初始速度、负载的初始摆角及初始角速度设置为 0，即 $x'(0) = \dot{x}'(0) = \theta'(0) = \dot{\theta}'(0) = 0$。接下来，对式（5-87）求解其关于时间的导数和积分，可得如下公式：

$$\dot{\chi} = \ddot{x}' + \alpha\dot{\theta}'f'(\theta') \qu\quad (5\text{-}88)$$

$$\int_0^t \chi\mathrm{d}t - p_{dx'} = x' - p_{dx'} + \alpha\int_0^t f(\theta')\mathrm{d}t$$

$$= e_{x'} + \alpha\int_0^t f(\theta')\mathrm{d}t \qu\quad (5\text{-}89)$$

其中，$e_{x'} = x' - p_{dx'}$ 为台车定位误差信号，$p_{dx'}$ 为 $x' - y'$ 坐标系下台车的目标位置。那么，新构造的状态向量 $\boldsymbol{K}$ 可写为

$$\boldsymbol{K} = \begin{bmatrix} \chi & \dot{l} & \dot{\theta}' \end{bmatrix}^{\mathrm{T}} = \begin{bmatrix} \dot{x}' + \alpha f(\theta') & \dot{l} & \dot{\theta}' \end{bmatrix}^{\mathrm{T}} \qu\quad (5\text{-}90)$$

将式（5-90）的结论代入式（5-62），不难得出

$$M_f(q')\dot{K}+C_f(q',\ \dot{q}')K$$

$$=U_f-G_f(q')+\begin{bmatrix}\alpha\dfrac{M_t+m_p\cos^2\theta_0}{\cos^2\theta_0}\dot\theta'f'(\theta')\\[2em]\alpha m_p\dot\theta'\sin\theta'f'(\theta')\\\alpha m_p l\dot\theta'\cos\theta'f'(\theta')\end{bmatrix}\tag{5-91}$$

基于系统能量 $E(t)$ 的形式，新的类能量函数 $E_t(t)$ 构造如下：

$$E_t(t)=K^T\big[M_f(q')K\big]+\big(m_pg\cos\theta_0+d\sin\theta_0\big)l(1-\cos\theta')\tag{5-92}$$

对式（5-92）关于时间求导，并代入式（5-91）的结果进行整理，可得如下结论：

$$\dot{E}_t(t)$$
$$=K^T\big[M_f(q')\dot{K}'+C_f(q',\ \dot{q}')K\big]+\big(m_pg\cos\theta_0+d\sin\theta_0\big)\dot{l}(1-\cos\theta')+$$
$$\big(m_pg\cos\theta_0+d\sin\theta_0\big)l\dot\theta'\sin\theta'$$
$$=\chi\bigg[\big(F_x-D_x\dot{x}-d\big)\cos\theta_0+M_tg\sin\theta_0+\alpha\dfrac{M_t+m_p\cos^2\theta_0}{\cos^2\theta_0}\dot\theta'f'(\theta')\bigg]+$$
$$\dot{l}\big[F_l-D_l\dot{l}+\big(m_pg\cos\theta_0+d\sin\theta_0\big)+\alpha m_p\dot\theta'\sin\theta'f'(\theta')\big]+$$
$$\alpha m_p l\big(\dot\theta'\big)^2\cos\theta'f'(\theta')\tag{5-93}$$

为保证式（5-93）最后一项 $\alpha m_p l\big(\dot\theta'\big)^2\cos\theta'f'(\theta')$ 非正，需满足

$$\cos\theta'f'(\theta')\leqslant0\tag{5-94}$$

为此，$f'(\theta')$ 选取如下：

$$f'(\theta')=-\cos\theta'\Rightarrow f(\theta')=-\sin\theta'\tag{5-95}$$

根据式（5-93）的形式，非线性控制器设计为

$$F_x = D_x \dot{x} + \hat{d} - M_t g \tan\theta_0 + \alpha \frac{M_t + m_p \cos^2\theta_0}{\cos^3\theta_0} \dot{\theta}' \cos\theta'$$

$$- k_{dx}\chi - k_{px}\left(\int_0^t \chi \mathrm{d}t - p_{dx}\right) \tag{5-96}$$

$$F_l = D_l \dot{l} - \left(m_p g \cos\theta_0 + d\sin\theta_0\right) + \alpha m_p \dot{\theta}' \sin\theta' \cos\theta' - k_{dl}\dot{l} - k_{pl}e_l \tag{5-97}$$

其中，k_{px}，k_{dx}，k_{pl}，$k_{dl} \in \mathbf{R}^+$ 为正的控制增益，$e_l = l - p_{dl}$ 为吊绳长度的误差信号，p_{dl} 为吊绳目标长度。

5.3.2.3　稳定性分析

定理 5-2　所提基于能量分析的模糊控制方法［式（5-96）和式（5-97）］可保证台车准确地到达目标位置、吊绳快速地到达目标长度，同时有效地抑制并消除负载摆动，即

$$\lim_{t\to\infty}\begin{bmatrix} x' & l & \theta' & \dot{x}' & \dot{l} & \dot{\theta}' \end{bmatrix}^{\mathrm{T}} = \begin{bmatrix} p_{dx'} & p_{dl} & 0 & 0 & 0 & 0 \end{bmatrix}^{\mathrm{T}} \tag{5-98}$$

或等价于

$$\lim_{t\to\infty}\begin{bmatrix} x & l & \theta' & \dot{x} & \dot{l} & \dot{\theta}' \end{bmatrix}^{\mathrm{T}} = \begin{bmatrix} p_{dx} & p_{dl} & 0 & 0 & 0 & 0 \end{bmatrix}^{\mathrm{T}} \tag{5-99}$$

其中，p_{dx} 为 $x-y$ 坐标系下台车的目标位置。

或进一步等价于

$$\lim_{t\to\infty}\begin{bmatrix} x_m & l & \theta' & \dot{x}_m & \dot{l} & \dot{\theta}' \end{bmatrix}^{\mathrm{T}} = \begin{bmatrix} p_{dx_m} & p_{dl} & 0 & 0 & 0 & 0 \end{bmatrix}^{\mathrm{T}} \tag{5-100}$$

其中，x_m，p_{dx_m} 分别为 $x-y$ 坐标系下负载的位移及目标位置。

由图 5-8 可知，$p_{dx'}$，p_{dx} 及 p_{dx_m} 之间的关系可写为

$$p_{dx'} = p_{dx}\cos\theta_0 \tag{5-101}$$

$$p_{dx_m} = p_{dx} + l\sin\theta_0 \tag{5-102}$$

证明　选择如下形式的李雅普诺夫候选函数 $V_t(t)$ 为

$$V_t(t) = E_t(t) + \frac{1}{2}\cos\theta_0\left(\int_0^t \chi\mathrm{d}t - p_{dx}\right)^2 + \frac{1}{2}e_l^2 \tag{5-103}$$

对式（5-103）关于时间求导，并将式（5-93）、式（5-96）和式（5-97）所得结果代入其中，则有

$$\dot{V}_t(t) = -k_{dx}\cos\theta_0\chi^2 - k_{dl}\dot{l}^2 - \alpha m_p l\left(\dot{\theta}'\right)^2\cos^2\theta' \leqslant 0 \tag{5-104}$$

这表明此闭环系统的平衡点是李雅普诺夫稳定的[83, 142]，且下式成立：

$$V_t(t) \in L_\infty \Rightarrow \chi, \int_0^t \chi \mathrm{d}t, \ e_l, \ l, \ \dot{l}, \ \dot{\theta}', \ \dot{x}', \ F_x, \ F_y \in L_\infty \tag{5-105}$$

为证明闭环系统信号的收敛性，定义以下集合 S：

$$S \triangleq \left\{\left(x', \ l, \ \theta', \ \dot{x}', \ \dot{l}, \ \dot{\theta}'\right)\Big|\dot{V}_t(t) = 0\right\} \tag{5-106}$$

并定义 Π 为集合 S 的最大不变集，那么根据式（5-104）的表达式，可知在集合 Π 中始终有

$$\chi = 0, \ \dot{l} = 0, \ \dot{\theta}' = 0 \tag{5-107}$$

由式（5-107）可直接得出

$$\dot{\chi} = 0, \ \ddot{l} = 0, \ \ddot{\theta}' = 0 \tag{5-108}$$

接下来，将式（5-107）和式（5-108）的结果均代入式（5-59）～式（5-61）中，可得如下结论：

$$F_x = D_x\dot{x} + d - M_t g\tan\theta_0 \tag{5-109}$$

$$F_l = -\left(m_p g\cos\theta_0 + d\sin\theta_0\right)\cos\theta' \tag{5-110}$$

$$\sin\theta' = 0 \tag{5-111}$$

并结合假设 5-1，可推得

$$\theta' = 0 \tag{5-112}$$

联立式（5-96）及式（5-109）的结论，不难得出

$$\int_0^t \chi \mathrm{d}t - p_{dx} = 0 \Rightarrow e_{x'} = 0 \Rightarrow x' = p_{dx} \tag{5-113}$$

由式（5-97）、式（5-107）、式（5-110）及式（5-112）的结果可知

$$e_l = 0 \Rightarrow l = p_{dl} \tag{5-114}$$

由式（5-108）和式（5-112）的结论，可得如下结果：

$$\dot{x}' = 0 \tag{5-115}$$

总结式（5-107）及式（5-112）～式（5-115）的结论可知，最大不变集 Π 仅

包含平衡点 $\begin{bmatrix} x' & l & \theta' & \dot{x}' & \dot{l} & \dot{\theta}' \end{bmatrix}^{\mathrm{T}} = \begin{bmatrix} p_{dx} & p_{dl} & 0 & 0 & 0 & 0 \end{bmatrix}^{\mathrm{T}}$，或等价于 $\begin{bmatrix} x & l & \theta' & \dot{x} & \dot{l} & \dot{\theta}' \end{bmatrix}^{\mathrm{T}} =$

$\begin{bmatrix} p_{dx} & p_{dl} & 0 & 0 & 0 & 0 \end{bmatrix}^{\mathrm{T}}$，或等价于 $\begin{bmatrix} x_m & l & \theta' & \dot{x}_m & \dot{l} & \dot{\theta}' \end{bmatrix}^{\mathrm{T}} = \begin{bmatrix} p_{dx_m} & p_{dl} & 0 & 0 & 0 & 0 \end{bmatrix}^{\mathrm{T}}$。利用

拉塞尔不变性原理[83, 142]可知，定理 5-2 得证。

5.3.3　仿真结果及分析

在本小节中，为验证所设计模糊扰动观测器及基于能量的控制方法的控制性能，进行了一系列的仿真实验。具体来说，在第一组仿真中，将测试该方法针对不同持续外部扰动的鲁棒性能。在第二组仿真中，将验证该方法针对不同负载质量、台车目标位置、吊绳期望长度的控制性能。最后，在第三组仿真中，将通过对比该方法与局部反馈线性化控制方法[69]及非线性跟踪控制方法[140]的控制性能，验证本方法的控制效果。

在仿真中，桥式吊车系统的参数设定为

$$M_t = 6.157 \text{ kg}, \ m_p = 1 \text{ kg}, \ g = 9.8 \text{ m/s}^2$$

台车的初始位置、速度、吊绳的初始长度、速度、初始负载摆角及角速度设置如下：

$$x'(0) = \dot{x}'(0) = \dot{l}(0) = \theta'(0) = \dot{\theta}'(0) = 0, \ l(0) = 0.3 \text{ m}$$

负载的目标位置及吊绳的目标长度设定为

$$p_{dx_m} = 0.6 \text{ m}, \ p_{dl} = 0.8 \text{ m}$$

利用试凑法，该方法的观测系数以及控制增益调整如下：

$$\sigma = 10, \ \gamma = 50, \ k_{px} = 2, \ k_{dx} = 6.5, \ k_{pl} = 1.2, \ k_{dl} = 2$$

隶属函数选择为

$$\mu_{A_j^1}(x_j) = \frac{1}{1 + \exp\left(5\left(x_j + 0.6\right)\right)}$$

$$\mu_{A_j^2}(x_j) = \exp\left(-\left(x_j + 0.4\right)^2\right)$$

$$\mu_{A_j^3}(x_j) = \exp\left[-\left(x_j + 0.2\right)^2\right]$$

$$\mu_{A_j^4}(x_j) = \exp\left(-x_j^2\right)$$

$$\mu_{A_j^5}(x_j) = \exp\left[-(x_j - 0.2)^2\right]$$

$$\mu_{A_j^6}(x_j) = \exp\left[-(x_j - 0.4)^2\right]$$

$$\mu_{A_j^7}(x_j) = \frac{1}{1 + \exp\left[-5(x_j - 0.6)\right]}$$

其中，$j = 1,\ 2$，$x_1 = x'$，$x_2 = \dot{x}'$。

第一组仿真 外部扰动鲁棒性测试：在本组仿真中，将验证基于能量分析的模糊控制方法针对不同外部扰动的控制性能。为此，对系统施加了不同的持续外部扰动（图5-9），其表达式如下：

$$d = \begin{cases} 2 & 0 \leqslant t \leqslant 5 \\ 0.2t & 5 < t \leqslant 9 \\ 0.5\sin\left(\dfrac{\pi}{2}t\right) & 9 < t \leqslant 15 \\ 1 & 15 < t \leqslant 20 \end{cases}$$

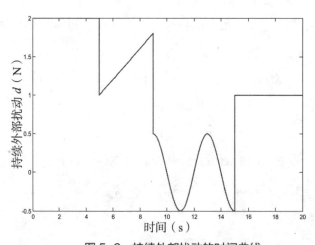

图5-9 持续外部扰动的时间曲线

相应的仿真结果如图5-10所示。由图5-10（a）可知，持续外部扰动的观测值 $\hat{d}$ 很快就跟踪上了其实际值。这表明所设计模糊扰动观测器和预期的一样，可以精确地观测持续外部扰动。很明显地，即使在多种持续外部扰动的作用下，所提基于能量分析的模糊控制方法仍然具有良好的控制性能，表明了该方法具有强鲁棒性。

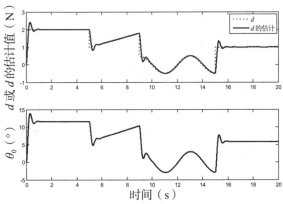

（a）持续外部扰动 / 持续外部扰动的观测曲线、由持续外部扰动引入的负载摆动
（绿色点线：持续外部扰动；红色实线：持续外部扰动的观测曲线）

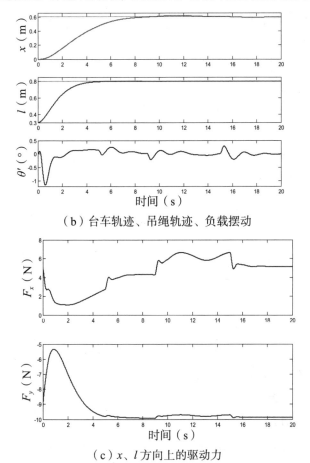

（b）台车轨迹、吊绳轨迹、负载摆动

（c）x、l 方向上的驱动力

图 5-10　第一组仿真结果

第二组仿真 内部扰动鲁棒性测试：为进一步验证所提基于能量分析的模糊控制方法针对不同负载质量、负载目标位置、吊绳期望长度的鲁棒性，考虑如下三种极端情况：

情形 1 外部持续扰动 d 为 1 N，负载在 $t = 5$ s 时由 1 kg 突然变化至 5 kg。

情形 2 外部持续扰动 d 为 1 N，负载目标位置在 $t = 8$ s 时由 0.6 m 突然变化至 1 m。

情形 3 外部持续扰动 d 为 1 N，吊绳期望长度在 $t = 6$ s 时由 0.8 m 突然变化至 1.5 m。

针对这三种情况，得到的仿真曲线见图 5-11～图 5-13。很明显地，针对不同情况，台车、吊绳仍然可以快速、准确地到达目标位置及目标绳长，同时在整个运行过程中，负载摆动始终小于 1.1°，且迅速收敛至 0，并且当台车停止运行后，几乎无残余摆角。由图 5-11～图 5-13 可知，所设计控制器的控制性能几乎不受负载质量、负载的目标位置、吊绳的目标长度突然变化的影响，表明所提基于能量分析的模糊控制方法针对不同负载质量、负载的目标位置、吊绳的目标长度具有强鲁棒性。

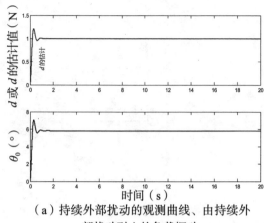

（a）持续外部扰动的观测曲线、由持续外部扰动引入的负载摆动

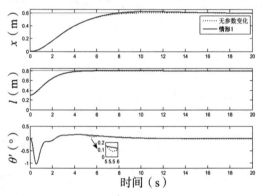

（b）台车轨迹、吊绳轨迹、负载摆动

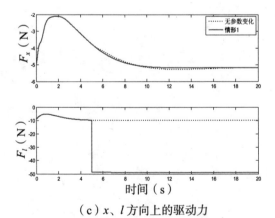

（c）x、l 方向上的驱动力

图 5-11 第二组仿真结果（蓝色点划线：无参数变化；红色实线：情形 1）

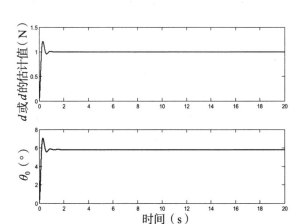

（a）持续外部扰动的观测曲线、由持续外部扰动引入的负载摆动

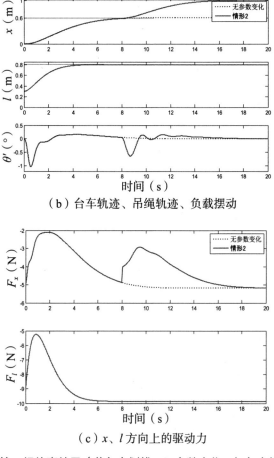

（b）台车轨迹、吊绳轨迹、负载摆动

（c）x、l 方向上的驱动力

图 5-12　第二组仿真结果（蓝色点划线：无参数变化；红色实线：情形 2）

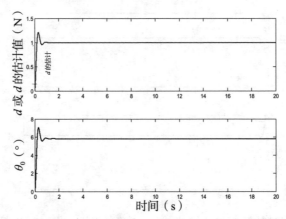

（a）持续外部扰动的观测曲线、由持续外部扰动引入的负载摆动

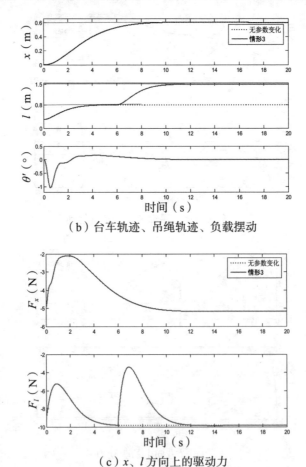

（b）台车轨迹、吊绳轨迹、负载摆动

（c）x、l方向上的驱动力

图5-13　第二组仿真结果（蓝色点划线：无参数变化；红色实线：情形3）

第三组仿真　对比测试：在本组仿真中，通过将本方法与局部反馈线性化控制方法、非线性跟踪控制方法做对比，进一步验证本方法优异的控制性能。应该指出的是，局部反馈线性化控制方法及非线性跟踪控制方法并未考虑持续外部扰动的影响，故为公平起见，在本组仿真中，将持续外部扰动设定为 0，即 $d = 0$。局部反馈线性化控制方法及非线性跟踪控制方法的详细表达式参见第 5.2.4 节。对于局部反馈线性化控制方法，其控制增益调节如下：

$$K_{d11} = 10, \ K_{d12} = 10, \ K_{p11} = 5, \ K_{p12} = 5, \ K_{p2} = 1.8, \ K_{d2} = 2, \ \alpha_1 = 1$$

对于非线性跟踪控制方法，其控制增益调整为：

$$k_{px} = 20, \ k_{dx} = 10, \ k_{pl} = 45, \ k_{dl} = 10, \ \lambda_{\omega x} = 0.1, \ \lambda_{\omega l} = 0.1, \ b_x = 3.5, \ b_l = 3.5$$

相应的量化结果见表 5-3，其仿真结果见图 5-14 ～图 5-16，主要包括如下 7 个性能指标：

①台车的最终位置 p_f；

②吊绳的最终长度 l_f；

③最大负载摆角 $\theta'_{\max}$；

④负载的残余摆角 θ'_{res}；

⑤运输时间 t_s；

⑥x 方向上最大驱动力 $F_{x\max}$；

⑦l 方向上最大驱动力 $F_{l\max}$。

表 5-3　第三组仿真的量化结果

控制方法	p_f （m）	l_f （m）	$\theta'_{\max}$ （°）	θ'_{res} （°）	t_s （m）	$F_{x\max}$ （N）	$F_{l\max}$ （N）
所提基于能量分析的模糊控制方法	0.6	0.8	0.99	0.03	7.8	3.1	9.8
局部反馈线性化控制方法	0.597	0.798	5.7	0.8	8	18.46	9.8
非线性跟踪控制方法	0.601	0.8	3.6	1.7	6	3.6	9.8

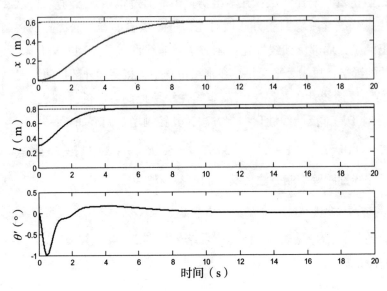

（a）台车轨迹、吊绳轨迹、负载摆动

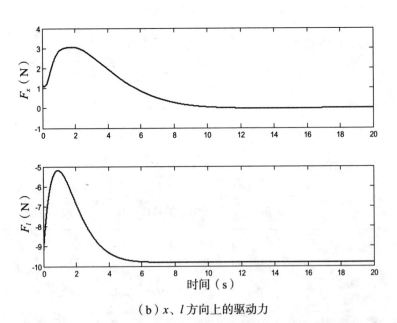

（b）x、l 方向上的驱动力

图 5-14　第三组仿真结果：所提基于能量分析的模糊控制方法

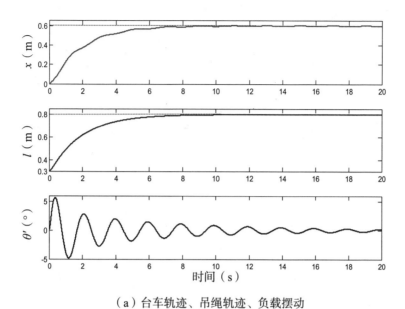

（a）台车轨迹、吊绳轨迹、负载摆动

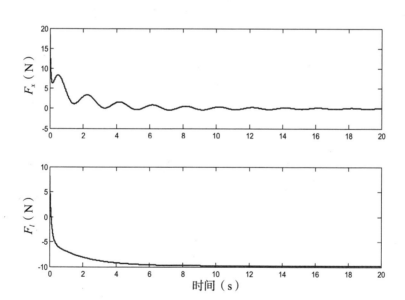

（b）x、l 方向上的驱动力

图 5-15 第三组仿真结果：局部反馈线性化方法

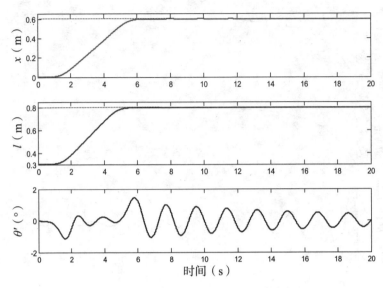

（a）台车轨迹、吊绳轨迹、负载摆动

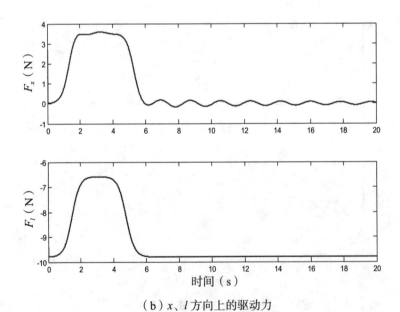

（b）x、l 方向上的驱动力

图 5-16　第三组仿真结果：非线性跟踪控制方法

通过对比图 5-14 ～图 5-16 及表 5-3 不难发现，在最终定位误差均小于

3 mm 的情况下，所提基于能量分析的模糊控制方法的运输时间是 7.8 s，局部反馈线性化控制方法的运输时间为 8 s，而非线性跟踪控制方法的运输时间是 6 s。不过所提基于能量分析的模糊控制方法可将负载摆动抑制在一个更小的范围内：所提基于能量分析的模糊控制方法的最大负载摆角是 0.99°、残余摆角是 0.03°；局部反馈线性化方法的最大负载摆角是 5.7°、残余摆角是 0.8°；非线性跟踪控制方法的最大负载摆角是 3.6°、残余摆角是 1.7°。虽然所提基于能量分析的模糊控制方法需要的运输时间比非线性跟踪控制方法的多 1.8 s，不过所提基于能量分析的模糊控制方法抑制并消除负载摆动的性能远远优于非线性跟踪控制方法。

5.4　本章小结

在一些特殊情况下，为提高系统的工作效率，会将负载的升 / 落吊与水平方向的运送同步进行。在这种情况下，吊绳长度从常数转变为状态变量，极易激发负载的大幅度摆动，给吊车系统的控制带来极大的挑战。本章针对伴随负载升降运动的桥式吊车系统，考虑到系统受摩擦力与空气阻力等干扰的影响，设计了一种局部饱和自适应控制方法。为减少收敛时间，在局部饱和自适应控制方法中加入了学习模块，进一步提出了一种局部饱和自适应学习控制方法，通过在控制器中引入双曲正切函数，大大减少了初始驱动力，可保证台车的平滑启动。然后利用李雅普诺夫方法及拉塞尔不变性原理对闭环系统的稳定性与收敛性进行了详细的分析。仿真结果表明所提控制方法的自适应性与鲁棒性。

随后考虑到大多数针对变绳长吊车系统的控制方法需要对吊车模型做线性化处理或者忽略闭环系统中的一些非线性项，一旦系统状态偏离平衡点，这些控制方法的控制性能将会大打折扣，并且，这些方法均未考虑负载受外部持续扰动的情况，为了解决这些问题，本章提出了一种基于能量分析的模糊控制方法。最后利用李雅普诺夫方法和拉塞尔不变性原理对其性能进行了严格的数学分析，并通过数值仿真对其有效性与正确性加以验证。

第 6 章　考虑未建模动态及外部扰动的
滑模控制方法

6.1　引言

桥式吊车系统的控制目标是高精度定位、快速的负载消摆及控制性能的稳定性。为实现这些目标，桥式吊车系统的控制方法应充分考虑模型不确定性、系统参数变化及外部扰动等因素的影响。这些因素的存在给桥式吊车系统控制方法的设计带来了极大的挑战。滑模控制方法可有效地处理以上问题[157-158]。因此，文献 [119] 利用滑模技术，设计了可保证台车精确定位与吊钩、负载摆动有效消除的 CSMC 控制器和 HSMC 控制器。不过这两个滑模控制方法有以下几个主要的缺点：控制器结构复杂，不利于工程实现；存在抖振现象；等效部分与系统参数有关，需要了解系统参数的先验知识等。

为解决以上问题，针对二级摆型桥式吊车系统提出了一种增强耦合非线性 PD 滑模控制方法（ECPD-SMC）。所设计方法用 PD 控制器替代传统滑模控制方法中的等效部分。因此，二级摆型桥式吊车系统的控制输入与系统模型、参数无关。所提 PD 滑模控制方法具有滑模控制方法的强鲁棒性及 PD 控制方法的结构简单、易于工程实现的优点，并且通过引入一个广义信号，增强了台车运动、吊钩摆动及负载摆动之间的耦合关系，提升了系统的暂态控制性能。然后利用李雅普诺夫方法及 Schur 补证明了闭环系统的稳定性。仿真结果表明所提 PD 滑模控制方法的正确性与有效性。

紧接着，考虑到现有针对桥式吊车系统的控制方法仅能保证系统的渐近稳定性，这在高精度要求的运输任务中是远远不够的。同时，已有控制方法需要负载摆角的反馈。为了解决上述问题，基于两个终端滑模观测器提出了一种带有不确定动态及无负载摆角反馈的有限时间轨迹跟踪控制方法。具体来说，其中一个观测器用来估计负载摆角，另一个观测器用来估计不确定动态。然后，通过这些估计的信息，提出了有限时间轨迹跟踪控制方法，并利用李雅普诺夫方法以及拉塞尔不变性原理证明了闭环系统的稳定性与收敛性。仿真结果表明所提控制方法的正确性与有效性。所提有限时间轨迹跟踪控制方法的优点或贡献主要包括：①该方法针对不确定系统参数及外部扰动具有很强的鲁棒性；②所设计控制器可实现有限时间的收敛性；③该方法不需要负载摆角的反馈，更具实际应用价值。

随后，针对三维桥式吊车系统存在外部扰动、未建模动态、系统参数不确定的问题，本章提出了一种与模型无关的 PD–SMC 控制方法。该方法可同时实现台车精确定位及负载快速消摆的双重目标。所设计控制方法与模型无关，因此无须精确了解系统参数的先验知识，并且它具有 PD 控制方法结构简单及 SMC 控制方法强鲁棒性的特点。在所提控制方法中引入了一个额外项，可进一步提高负载摆动抑制与消除的性能。同时，采用李雅普诺夫方法及 Schur 补证明了闭环系统的稳定性。实验结果验证了所提控制方法的有效性以及强鲁棒性。

6.2　二级摆型桥式吊车系统增强耦合非线性 PD 滑模控制方法

6.2.1　二级摆型桥式吊车系统动态模型分析

受扰动影响的二级摆型桥式吊车系统动态模型可描述如下：

$$
\begin{aligned}
&\left(M_t + m_1 + m_2\right)\ddot{x} + \left(m_1 + m_2\right)l_1\left(C_1\ddot{\theta}_1 - \dot{\theta}_1^2 S_1\right) + m_2 l_2 \ddot{\theta}_2 C_2 - m_2 l_2 \dot{\theta}_2^2 S_2 \\
&= F_x - F_{rx} - d
\end{aligned}
\tag{6-1}
$$

$$
\begin{aligned}
&\left(m_1 + m_2\right)l_1 C_1\ddot{x} + \left(m_1 + m_2\right)l_1^2\ddot{\theta}_1 + m_2 l_1 l_2 C_{1-2}\ddot{\theta}_2 + m_2 l_1 l_2 S_{1-2}\dot{\theta}_2^2 \\
&+ \left(m_1 + m_2\right)gl_1 S_1 = 0
\end{aligned}
\tag{6-2}
$$

$$
m_2 l_2 C_2\ddot{x} + m_2 l_1 l_2 C_{1-2}\ddot{\theta}_1 + m_2 l_2^2\ddot{\theta}_2 - m_2 l_1 l_2 S_{1-2}\dot{\theta}_1^2 + m_2 gl_2 S_2 = 0
\tag{6-3}
$$

其中，M_t，m_1，m_2，x，θ_1，θ_2，l_1，l_2 及 g 的定义参见第 2.2.1 节；F_x 和

F_{rx} 的定义参见第 3.2.1 节；d 表示包含内部扰动、外部扰动及未建模动态等的干扰；C_1，S_1，C_2，S_2，C_{1-2} 及 S_{1-2} 分别是 $\cos\theta_1$，$\sin\theta_1$，$\cos\theta_2$，$\sin\theta_2$，$\cos(\theta_1 - \theta_2)$ 以及 $\sin(\theta_1 - \theta_2)$ 的缩写。

整理式（6-2）和式（6-3），可直接得出

$$\ddot{\theta}_1 = \frac{-\left(m_1 C_1 - m_2 S_2 S_{1-2}\right)\ddot{x} - m_2 l_2 S_{1-2}\dot{\theta}_2^2 - m_2 l_1 S_{1-2}C_{1-2}\dot{\theta}_1^2 - g\left(m_1 S_1 + m_2 C_2 S_{1-2}\right)}{m_1 l_1 + m_2 l_1 S_{1-2}^2}$$

（6-4）

$$\ddot{\theta}_2 = \frac{-\left(m_1 + m_2\right)S_1 S_{1-2}\ddot{x} + \left(m_1 + m_2\right)l_1 S_{1-2}\dot{\theta}_1^2 + m_2 l_2 S_{1-2}C_{1-2}\dot{\theta}_2^2 + \left(m_1 + m_2\right)gC_1 S_{1-2}}{m_1 l_2 + m_2 l_2 S_{1-2}^2}$$

（6-5）

将式（6-4）和式（6-5）代入式（6-1），则有

$$\left[M_t + \frac{m_1\left(m_1 + m_2\right)S_1^2}{m_1 + m_2 S_{1-2}^2}\right]\ddot{x} - \frac{m_1\left(m_1 + m_2\right)l_1 S_1}{m_1 + m_2 S_{1-2}^2}\dot{\theta}_1^2 - \frac{m_1 m_2 l_2\left(S_2 + C_1 S_{1-2}\right)}{m_1 + m_2 S_{1-2}^2}\dot{\theta}_2^2 -$$

$$\frac{m_1\left(m_1 + m_2\right)S_1 C_1}{m_1 + m_2 S_{1-2}^2}g = F_x - F_{rx} - d$$

（6-6）

由于桥式吊车系统固有的欠驱动特性，吊钩及负载摆动的抑制与消除仅能通过控制台车的运动实现。因此，需要增强台车运动 x 与吊钩摆角 θ_1、负载摆角 θ_2 之间的耦合关系。故引入如下形式的广义信号 ζ：

$$\zeta = x + l_1 \theta_1 + l_2 \theta_2$$

（6-7）

为了实现台车定位及吊钩摆角、负载摆角的抑制与消除，定义如下形式的误差信号：

$$e = \zeta - p_d = x - p_d + l_1 \theta_1 + l_2 \theta_2$$

（6-8）

其中，p_d 为目标位置，$\zeta = x - p_d$ 为台车定位误差。

求解式（6-8）两端的一阶、二阶导数，可得如下结果：

$$\dot{e} = \dot{x} + l_1 \dot{\theta}_1 + l_2 \dot{\theta}_2$$

（6-9）

$$\ddot{e} = \ddot{x} + l_1 \ddot{\theta}_1 + l_2 \ddot{\theta}_2$$

（6-10）

联立式（6-6）及式（6-10），得

$$\left[M_t + \frac{m_1(m_1+m_2)S_1^2}{m_1+m_2 S_{1-2}^2}\right]\ddot{e} - \left[M_t + \frac{m_1(m_1+m_2)S_1^2}{m_1+m_2 S_{1-2}^2}\right]l_1\ddot{\theta}_1$$

$$- \left[M_t + \frac{m_1(m_1+m_2)S_1^2}{m_1+m_2 S_{1-2}^2}\right]l_2\ddot{\theta}_2 - \frac{m_1(m_1+m_2)l_1 S_1}{m_1+m_2 S_{1-2}^2}\dot{\theta}_1^2$$

$$- \frac{m_1 m_2 l_2(S_2+C_1 S_{1-2})}{m_1+m_2 S_{1-2}^2}\dot{\theta}_2^2 - \frac{m_1(m_1+m_2)S_1 C_1}{m_1+m_2 S_{1-2}^2}g$$

$$= F_x - F_{rx} - d \tag{6-11}$$

接下来，通过引入一个正的常数 $\bar{m}$，将式（6-11）写成如下形式：

$$\bar{m}\ddot{e} + \left[M_t + \frac{m_1(m_1+m_2)S_1^2}{m_1+m_2 S_{1-2}^2} - \bar{m}\right]\ddot{e} - \left[M_t + \frac{m_1(m_1+m_2)S_1^2}{m_1+m_2 S_{1-2}^2}\right]l_1\ddot{\theta}_1$$

$$- \left[M_t + \frac{m_1(m_1+m_2)S_1^2}{m_1+m_2 S_{1-2}^2}\right]l_2\ddot{\theta}_2 - \frac{m_1(m_1+m_2)l_1 S_1}{m_1+m_2 S_{1-2}^2}\dot{\theta}_1^2$$

$$- \frac{m_1 m_2 l_2(S_2+C_1 S_{1-2})}{m_1+m_2 S_{1-2}^2}\dot{\theta}_2^2 - \frac{m_1(m_1+m_2)S_1 C_1}{m_1+m_2 S_{1-2}^2}g + F_{rx} + d = F_x \tag{6-12}$$

为简单起见，定义 F_d 为

$$F_d = \left[M_t + \frac{m_1(m_1+m_2)S_1^2}{m_1+m_2 S_{1-2}^2} - \bar{m}\right]\ddot{e} - \left[M_t + \frac{m_1(m_1+m_2)S_1^2}{m_1+m_2 S_{1-2}^2}\right]l_1\ddot{\theta}_1$$

$$- \left[M_t + \frac{m_1(m_1+m_2)S_1^2}{m_1+m_2 S_{1-2}^2}\right]l_2\ddot{\theta}_2 - \frac{m_1(m_1+m_2)l_1 S_1}{m_1+m_2 S_{1-2}^2}\dot{\theta}_1^2$$

$$- \frac{m_1 m_2 l_2(S_2+C_1 S_{1-2})}{m_1+m_2 S_{1-2}^2}\dot{\theta}_2^2 - \frac{m_1(m_1+m_2)S_1 C_1}{m_1+m_2 S_{1-2}^2}g + F_{rx} + d \tag{6-13}$$

那么，式（6-12）可简写为

$$F_x = \bar{m}\ddot{e} + F_d \tag{6-14}$$

其中，$\bar{m} \in \mathbf{R}^+$ 为正的常数。

接下来，定义滑模面 s 为

$$s = e + \alpha\dot{e} \tag{6-15}$$

其中，$\alpha \in \mathbf{R}^+$ 为正的常数。

针对式（6-14）和式（6-15）的形式，设计具有如下形式的控制器：

$$F_x = -k_p e - k_d\dot{e} - k_s\mathrm{sign}(s) \tag{6-16}$$

其中，k_p，$k_d \in \mathbf{R}^+$ 为正的控制增益，$k_s \in \mathbf{R}^+$ 为正的滑模增益。

为促进接下来的稳定性分析，做以下合理的关键性假设。

假设 6-1 有界性：存在一个正的常数 $\varepsilon \in \mathbf{R}^+$，使得下式成立：

$$\|F_d\| \leqslant \varepsilon \tag{6-17}$$

6.2.2 PD 滑模控制器设计

在本小节中，将针对二级摆型桥式吊车系统提出一种增强耦合非线性 PD 滑模控制方法。

定理 6-1 所提增强耦合非线性 PD 滑模控制方法 [式（6-16）] 可驱动台车至目标位置 p_d 处，与此同时抑制并消除吊钩摆角 θ_1 及负载摆角 θ_2，即

$$\lim_{t \to \infty} \begin{bmatrix} x & \dot{x} & \theta_1 & \dot{\theta}_1 & \theta_2 & \dot{\theta}_2 \end{bmatrix}^{\mathrm{T}} = \begin{bmatrix} p_d & 0 & 0 & 0 & 0 & 0 \end{bmatrix}^{\mathrm{T}} \tag{6-18}$$

若满足以下条件：

$$\begin{cases} k_d > \dfrac{\bar{m}}{\alpha} \\ k_s > \varepsilon \end{cases} \tag{6-19}$$

在进行稳定性分析之前，需了解如下引理：

引理 6-1 矩阵 $\boldsymbol{Q}$ 为对称阵，其表达式为

$$\boldsymbol{Q} = \begin{pmatrix} \boldsymbol{A} & \boldsymbol{B} \\ \boldsymbol{B}^{\mathrm{T}} & \boldsymbol{C} \end{pmatrix} \tag{6-20}$$

定义 $\boldsymbol{S}$ 为矩阵 $\boldsymbol{Q}$ 中 $\boldsymbol{A}$ 的 Schur 补，那么 $\boldsymbol{S}$ 的表达式可写为

$$\boldsymbol{S} = \boldsymbol{C} - \boldsymbol{B}^{\mathrm{T}} \boldsymbol{A}^{-1} \boldsymbol{B} \tag{6-21}$$

当且仅当 $\boldsymbol{A}$ 与 $\boldsymbol{S}$ 均正定时，矩阵 $\boldsymbol{Q}$ 是正定的[159]，即

$$\text{若 } \boldsymbol{A} > 0 \text{ 及 } \boldsymbol{S} > 0, \text{ 那么 } \boldsymbol{Q} > 0 \tag{6-22}$$

6.2.3 稳定性分析

为证明所提 PD 滑模控制方法的稳定性，需首先证明以下矩阵 $\boldsymbol{L}$ 是正定的：

$$\boldsymbol{L} = \begin{pmatrix} k_d & \bar{m} \\ \bar{m} & \alpha\bar{m} \end{pmatrix} \tag{6-23}$$

由式（6-19）可直接得出

$$\begin{cases} k_d > 0 \\ S = \alpha \bar{m} - k_d^{-1} \bar{m}^2 > 0 \end{cases} \Rightarrow \boldsymbol{L} > 0 \qquad (6\text{-}24)$$

接下来，定义如下形式的李雅普诺夫候选函数 $V_{all}(t)$ 为

$$V_{all}(t) = \begin{bmatrix} e & \dot{e} \end{bmatrix} \boldsymbol{L} \begin{bmatrix} e \\ \dot{e} \end{bmatrix} + \frac{1}{2}\alpha k_p e^2 \qquad (6\text{-}25)$$

对式（6-25）关于时间求导，则有

$$\begin{aligned} \dot{V}_{all}(t) &= \begin{bmatrix} e & \dot{e} \end{bmatrix} \begin{bmatrix} k_d & \bar{m} \\ \bar{m} & \alpha\bar{m} \end{bmatrix} \begin{bmatrix} \dot{e} \\ \ddot{e} \end{bmatrix} + \alpha k_p e\dot{e} \\ &= \begin{bmatrix} e & \dot{e} \end{bmatrix} \begin{bmatrix} k_d\dot{e} + \bar{m}\ddot{e} \\ \bar{m}\dot{e} + \alpha\bar{m}\ddot{e} \end{bmatrix} + \alpha k_p e\dot{e} \\ &= \begin{bmatrix} e & \dot{e} \end{bmatrix} \begin{bmatrix} k_d\dot{e} - k_p e - k_d\dot{e} - k_s s + F_d \\ \bar{m}\dot{e} + \alpha\left(-k_p e - k_d\dot{e} - k_s s + F_d\right) \end{bmatrix} + \alpha k_p e\dot{e} \\ &= s\left[F_d - k_s \operatorname{sign}(s)\right] - k_p e^2 - (\alpha k_d - \bar{m})\dot{e}^2 \qquad (6\text{-}26) \end{aligned}$$

由式（6-19）可知，以下不等式成立：

$$sk_s\operatorname{sign}(s) = |s|k_s \geqslant |s|\varepsilon \geqslant |s|F_d \Rightarrow s\left[F_d - k_s\operatorname{sign}(s)\right] \leqslant 0 \qquad (6\text{-}27)$$

那么，式（6-26）可进一步写为

$$\dot{V}_{all}(t) \leqslant -k_p e^2 - (\alpha k_d - \bar{m})\dot{e}^2 \leqslant 0 \qquad (6\text{-}28)$$

由于李雅普诺夫候选函数 $V_{all}(t)$ 是非负的，其关于时间的导数 $V_{all}(t)$ 是负定的，因此由所提 PD 滑模方法控制的二级摆型桥式吊车系统是渐近稳定的[83, 142]，并且跟踪误差及其关于时间的导数均收敛于 0，即

$$e = 0, \ \dot{e} = 0 \qquad (6\text{-}29)$$

$$s = 0, \ \ddot{e} = 0 \qquad (6\text{-}30)$$

由式（6-10）及式（6-30）的结论，不难得出

$$\ddot{x} + l_1\ddot{\theta}_1 + l_2\ddot{\theta}_2 = 0 \qquad (6\text{-}31)$$

对桥式吊车系统而言，吊钩和负载的摆动足够小，可做近似 $\sin\theta_1 \approx \theta_1$，$\cos\theta_1 \approx 1$，$\sin\theta_2 \approx \theta_2$，$\cos\theta_2 \approx 1$[48, 140]。那么，式（6-2）和式（6-3）可进一步简写为

$$(m_1 + m_2)l_1\ddot{x} + (m_1 + m_2)l_1^2\ddot{\theta}_1 + m_2l_1l_2\ddot{\theta}_2 + (m_1 + m_2)gl_1\theta_1 = 0 \quad （6\text{-}32）$$

$$m_2l_2\ddot{x} + m_2l_1l_2\ddot{\theta}_1 + m_2l_2^2\ddot{\theta}_2 + m_2gl_2\theta_2 = 0 \quad （6\text{-}33）$$

由式（6-31）及式（6-33）可知

$$\theta_2 = 0 \Rightarrow \dot{\theta}_2 = 0, \quad \ddot{\theta}_2 = 0 \quad （6\text{-}34）$$

由式（6-31）、式（6-32）及式（6-34）可直接推知

$$\theta_1 = 0 \Rightarrow \dot{\theta}_1 = 0 \quad （6\text{-}35）$$

由式（6-29）、式（6-34）和式（6-35）的结论，可得

$$x = p_d, \quad \dot{x} = 0 \quad （6\text{-}36）$$

因此，综合式（3-34）～式（3-36）的结论可知系统状态渐近收敛至期望值。

值得指出的是，由于符号函数的不连续性，所提 PD 滑模控制方法将导致系统在误差零点附近出现抖振现象[119]。为避免抖振现象的出现，用双曲正切函数替代符号函数。此时，所提控制方法的表达式更改为

$$F_x = -k_p e - k_d \dot{e} - k_s \tanh(s) \quad （6\text{-}37）$$

6.2.4 仿真结果及分析

为验证所提 PD 滑模控制方法的控制性能，进行了一系列仿真实验。具体来说，首先，将所提 PD 滑模控制方法与现有控制方法（基于无源性的控制方法[136]及 CSMC 控制方法[119]）做对比，验证所提 PD 滑模控制方法优异的控制性能。接下来，将验证所提 PD 滑模控制方法针对初始摆角、不同 / 不确定负载质量、吊绳长度、摩擦力相关的系数及不同外部扰动情况时的鲁棒性。

6.2.4.1 对比测试

在本小节中，将所提 PD 滑模控制方法与基于无源性的控制方法及 CSMC 控制方法进行对比，验证该方法的控制性能。基于无源性的控制方法及 CSMC 控制方法的具体表达式参见第 2.2.3 节。表 6-1 给出了系统参数及这三种控制方法的控制增益。

表 6-1　系统参数及控制增益

系统参数	所提 PD 滑模控制方法
$M_t = 8\,\text{kg}$，$m_1 = 0.5\,\text{kg}$，$m_2 = 1\,\text{kg}$，$l_1 = 1\,\text{m}$，$l_2 = 0.5\,\text{m}$，$p_d = 2\,\text{m}$，$f_{r0x} = 4.6$，$\varepsilon_x = 0.01$，$k_{rx} = -0.5$	$k_p = 200$，$k_d = 10$，$k_s = 30$，$\bar{m} = 3$，$\alpha = 2$
基于无源性的控制方法	CSMC 控制方法
$k_p = 10$，$k_d = 20$，$k_E = 1$，$k_D = 0$	$\lambda = 0.5$，$\alpha = 17$，$\beta = -11$，$K = 90$

所提 PD 滑模控制方法、基于无源性的控制方法及 CSMC 控制方法的仿真结果见图 6-1 ～ 图 6-3。在相近的运输时间内，所提 PD 滑模控制方法得到的吊钩摆角、负载摆角（最大吊钩摆角为 1.96°，最大负载摆角为 1.99°，吊钩残余摆角近似为 0°，负载残余摆角近似为 0°）远远小于基于无源性的控制方法（最大吊钩摆角为 8.8°，最大负载摆角为 10°，吊钩残余摆角为 3.2°，负载残余摆角为 4.1°）及 CSMC 控制方法（最大吊钩摆角为 6.4°，最大负载摆角为 8°，吊钩残余摆角近似为 0°，负载残余摆角近似为 0°）。同时，通过对比图 6-1、图 6-2 和图 6-3 不难发现，所提 PD 滑模控制方法的最大控制输入是最小的。这些结果均表明所提 PD 滑模控制方法的正确性与有效性。

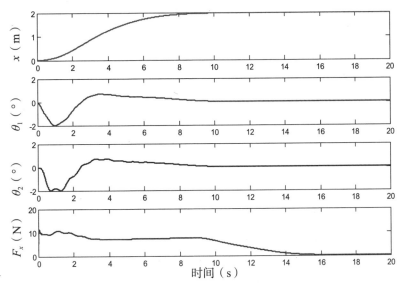

图 6-1　所提 PD 滑模控制方法的仿真结果：
台车轨迹、吊钩摆角、负载摆角、台车驱动力

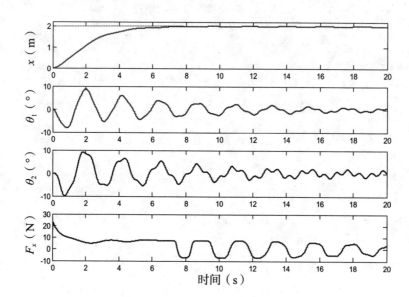

图6-2　基于无源性控制方法的仿真结果：
台车轨迹、吊钩摆角、负载摆角、台车驱动力

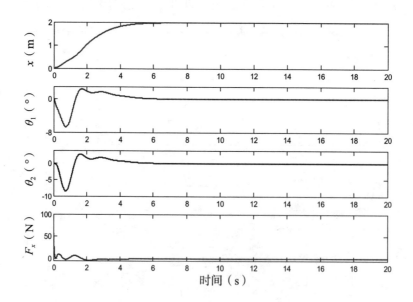

图6-3　CSMC控制方法的仿真结果：
台车轨迹、吊钩摆角、负载摆角、台车驱动力

6.2.4.2　鲁棒性测试

接下来，将验证所提PD滑模控制方法针对初始摆角、不同/不确定负载质量、吊绳长度、摩擦力系数及不同外部扰动的鲁棒性。为此，考虑如下五种情形：

情形1　引入初始摆角扰动，其中初始吊钩摆角为3°，初始负载摆角为5°。

情形2　在 $t = 5\,\mathrm{s}$ 时，负载质量由 $0.5\,\mathrm{kg}$ 突然变化至 $5\,\mathrm{kg}$，而它的名义值仍然是 $1\,\mathrm{kg}$。

情形3　在 $t = 5\,\mathrm{s}$ 时，吊绳长度由 $0.8\,\mathrm{m}$ 突然增加至 $2\,\mathrm{m}$，而让它的名义值仍然是 $1\,\mathrm{m}$。

情形4　与摩擦力相关的系数取值为：$f_{r0x} = 8$，$\varepsilon_x = 0.01$，$k_{rx} = -1.2$，而其实际值见表 6-1。

情形5　为模拟外部扰动，在吊钩摆动中加入两种不同类型的扰动。具体来说，在 $8 \sim 9\,\mathrm{s}$ 加入脉冲扰动，在 $15 \sim 16\,\mathrm{s}$ 引入正弦扰动，这些扰动的幅值均为 2°。

在以上五种情形中，控制增益的选取与表 6-1 保持一致，相应的仿真结果见图 6-4 ～图 6-8。由图 6-4 可知，所提 PD 滑模控制方法可迅速消除初始吊钩摆角以及初始负载摆角的干扰。同时通过对比图 6-4 和图 6-1 不难发现，所提 PD 滑模控制方法的控制性能并未受到初始摆角的影响。

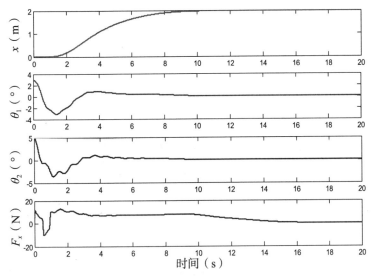

图 6-4　所提 PD 滑模控制方法针对情形 1 的仿真结果：
台车轨迹、吊钩摆角、负载摆角、台车驱动力

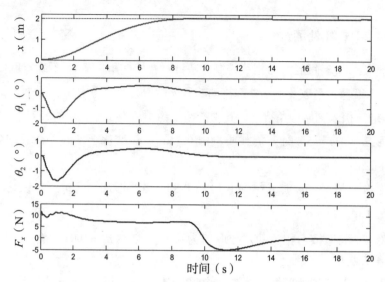

图 6-5　所提 PD 滑模控制方法针对情形 2 的仿真结果：
台车轨迹、吊钩摆角、负载摆角、台车驱动力

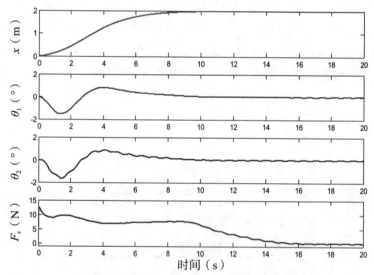

图 6-6　所提 PD 滑模控制方法针对情形 3 的仿真结果：
台车轨迹、吊钩摆角、负载摆角、台车驱动力

　　所提 PD 滑模控制方法针对不确定及突然变化的负载质量、吊绳长度的仿真结果见图 6-5 和图 6-6。尽管负载质量及吊绳长度不确定并且发生变化，但所提 PD 滑模控制方法仍然表现出良好的鲁棒性。

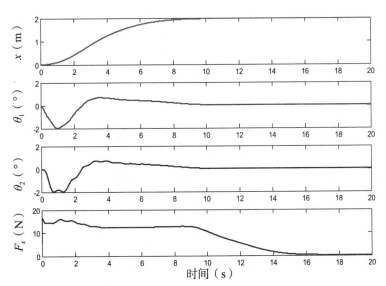

图 6-7　所提 PD 滑模控制方法针对情形 4 的仿真结果：
台车轨迹、吊钩摆角、负载摆角、台车驱动力

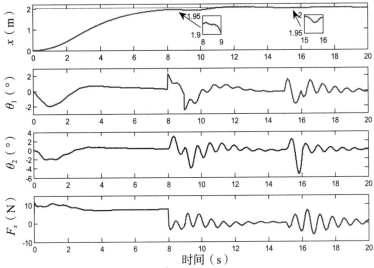

图 6-8　所提 PD 滑模控制方法针对情形 5 的仿真结果：
台车轨迹、吊钩摆角、负载摆角、台车驱动力

通过对比图 6-1 与图 6-7 可知，所提 PD 滑模控制方法的控制效果并未受摩擦力相关参数不确定性的影响。由图 6-8 可知所提 PD 滑模控制方法可很快地消除外界干扰。以上结果表明所提 PD 滑模控制方法具有很强的鲁棒性。

6.3　带有不确定动态及无负载摆角反馈的有限时间轨迹跟踪控制方法

6.3.1　二维桥式吊车系统动态模型分析

带有不确定动态的二维桥式吊车系统的动态模型可写为

$$\left(M_t + m_p\right)\ddot{x} + m_p l\ddot{\theta}\cos\theta - m_p l\dot{\theta}^2\sin\theta + F_{rx} + h = F_x \qquad (6-38)$$

$$m_p l\ddot{x}\cos\theta + m_p l^2\ddot{\theta} + m_p gl\sin\theta + f = 0 \qquad (6-39)$$

其中，h 和 f 为不确定动态。

接下来，为不失一般性，进行以下三个合理的假设。

假设 6-2　不确定动态 f 关于时间的导数 $\dot{f}$ 是有界的，其界限为 lb_1，即

$$\left|\dot{f}\right| \leqslant m_p lb_1 \qquad (6-40)$$

其中，$b_1 \in \mathbf{R}^+$ 为已知的正常数。

假设 6-3　为便于接下来的分析，假设 θ 及 $\dot{\theta}$ 的初始估计与实际值相同，即 $\theta(0) = \hat{\theta}(0)$，$\dot{\theta}(0) = \hat{\dot{\theta}}(0)$。

假设 6-4　不确定动态 h 关于时间的导数表示为 u。虽然 u 未知，但其幅值为有界的，即

$$|u| \leqslant \phi \qquad (6-41)$$

其中，$\phi \in \mathbf{R}^+$ 为已知的正常数。

6.3.2　主要结果

6.3.2.1　负载摆角估计

在本小节中，设计了一个终端滑模观测器，用来估计不方便测量的负载摆角。针对吊车系统，$\sin\theta \approx \theta$，$\cos\theta \approx 1$ [48, 140] 是合理的。在此基础上，式（6-39）可进一步简写为

$$\ddot{\theta}+\frac{g}{l}\theta=-\frac{\ddot{x}}{l}-\frac{f}{m_p l} \tag{6-42}$$

定义辅助函数 p 以及 $\hat{p}$ 分别为 $p=\ddot{\theta}+\dfrac{g}{l}\theta$，$\hat{p}=\dot{\hat{\theta}}+\dfrac{g}{l}\hat{\theta}$，其中，$\hat{p}$ 为 p 的估计值，$\hat{\theta}$ 为 θ 的估计值。那么，p 的观测误差可写为

$$p_e=\hat{p}-p \tag{6-43}$$

其中，p_e 为 p 的观测误差。

为估计 p，针对带有不确定动态 f 的系统［式（6-42）］，设计如下形式的终端滑模观测器：

$$\dot{\hat{p}}=-\frac{\ddot{x}}{l}-k_{01}|p_e|^{\frac{p_1}{q_1}}\mathrm{sign}(p_e)-b_1\mathrm{sign}(p_e) \tag{6-44}$$

其中，$k_{01}\in\mathbf{R}^+$ 为正的观测增益，p_1，$q_1\in\mathbf{R}^+$ 为正奇数，且有 $p_1<q_1$。

定理 6-2　针对含有不确定动态 f 的动态方程［式（6-42）］，滑模观测器［式（6-44）］可保证 $\hat{p}$ 在有限时间 T_0 内准确收敛至 p，且 $\hat{\theta}$ 在有限时间 T_0 内准确收敛至 θ，其中：

$$T_0=\frac{q_1\left|p_e(0)\right|^{\frac{q_1-p_1}{q_1}}}{k_{01}(q_1-p_1)} \tag{6-45}$$

那么，当 $t\geq T_0$ 时，$p_e\equiv 0$，$\hat{\theta}=\theta$。

证明　选取李雅普诺夫候选函数 $V_{O1}(t)$ 为

$$V_{O1}(t)=\frac{1}{2}p_e^2 \tag{6-46}$$

对式（6-46）两端关于时间求导，并将式（6-43）和式（6-44）的结果代入其中，可得

$$
\begin{aligned}
\dot{V}_{O1}(t) &= p_e\dot{p}_e \\
&= p_e\left[-k_{01}|p_e|^{\frac{p_1}{q_1}}\mathrm{sign}(p_e)-b_1\mathrm{sign}(p_e)+\frac{\dot{f}}{m_p l}\right] \\
&\leqslant -k_{01}|p_e|^{\frac{p_1+q_1}{q_1}}-b_1|p_e|+\left|\frac{\dot{f}}{m_p l}\right||p_e|
\end{aligned} \tag{6-47}
$$

将式（6-40）代入式（6-47），则有

$$\dot{V}_{O1}(t) \leqslant -k_{01}|p_e|^{\frac{p_1+q_1}{q_1}}$$

$$= -k_{01}2^{\frac{p_1+q_1}{2q_1}}V_{O1}^{\frac{p_1+q_1}{2q_1}}(t) \qquad (6\text{-}48)$$

由于 p_1 及 q_1 为正的奇数，那么 p_1+q_1 为偶数，则 $V_{O1}^{\frac{p_1+q_1}{2q_1}}(t) \geqslant 0$。与此同时，求解式（6-48），不难得到

$$\int_0^t V_{O1}^{-\frac{p_1+q_1}{2q_1}}(\tau)\mathrm{d}V_{O1}(\tau) \leqslant \int_0^t -k_{01}2^{\frac{p_1+q_1}{2q_1}}\mathrm{d}\tau$$

$$\Downarrow$$

$$\frac{2q_1}{q_1-p_1}V_{O1}^{\frac{q_1-p_1}{2q_1}}(t) \leqslant \frac{2q_1}{q_1-p_1}V_{O1}^{\frac{q_1-p_1}{2q_1}}(0) - k_{01}2^{\frac{p_1+q_1}{2q_1}}t \qquad (6\text{-}49)$$

由式（6-49）可知，当 $t \geqslant T_0$ 时，$V_{O1}(t) \equiv 0$，其中，T_0 的表达式为

$$T_0 = \frac{\dfrac{2q_1}{q_1-p_1}V_{O1}^{\frac{q_1-p_1}{2q_1}}(0)}{k_{01}2^{\frac{p_1+q_1}{2q_1}}} = \frac{q_1\left|p_e^{\frac{q_1-p_1}{q_1}}(0)\right|}{k_{01}(q_1-p_1)} \qquad (6\text{-}50)$$

根据 $V_{O1}(t) = 0$，可求知

$$p_e \equiv 0, \ \dot{p}_e = \ddot{p}_e = 0, \ p = \hat{p}, \ t \geqslant T_0 \qquad (6\text{-}51)$$

由式（6-51）及 p、$\hat{p}$ 的定义可得如下结论：

$$\ddot{\theta} - \ddot{\hat{\theta}} - \frac{g}{l}(\theta - \hat{\theta}) = 0 \qquad (6\text{-}52)$$

定义 $\alpha = \theta - \hat{\theta}$，并结合假设 6-3，式（6-52）可改写成如下形式：

$$\ddot{\alpha} - \frac{g}{l}\alpha = 0, \ \alpha(0) = 0, \ \dot{\alpha}(0) = 0 \qquad (6\text{-}53)$$

求解式（6-53），不难得到

$$\alpha = 0 \qquad (6\text{-}54)$$

由式（6-54）可得

$$\theta = \hat{\theta}, \ t \geqslant T_0 \qquad (6\text{-}55)$$

结合式（6-51）及式（6-55）的结论可知，定理 6-2 得证。

6.3.2.2　不确定动态估计

为保证控制器的高性能，应估计出吊车系统中未确定动态 h，并进行有效的补偿。为此，受文献 [160] 的启发，在本小节中将设计一个滑模观测器用来估计不确定动态 h。

定义一个辅助函数 $Q = (M_t + m_p)\dot{x}$，并对 Q 关于时间求导，可得

$$\dot{Q} = F_x - F_{rx} + m_p l \dot{\theta}^2 \sin\theta - m_p l \ddot{\theta} \cos\theta - h \tag{6-56}$$

由式（6-55）可知，当 $t \geq T_0$ 时，有：$F_{rx} + m_p l \ddot{\theta} \cos\theta - m_p l \dot{\theta}^2 \sin\theta = F_{rx} + m l \ddot{\hat{\theta}} \cos\hat{\theta} - m_p l \dot{\hat{\theta}}^2 \sin\hat{\theta}$。接下来，引入一个辅助函数 $E = F_{rx} - m_p l \dot{\hat{\theta}}^2 \sin\hat{\theta} + m_p l \ddot{\hat{\theta}} \cos\hat{\theta}$，此时，式（6-56）可简写为

$$\dot{Q} = F_x - E - h \tag{6-57}$$

为促进接下来滑模观测器的设计，引入一个新的状态 $\Phi(t)$，其表达式为

$$\Phi(t) = k_{02} \int_{T_0}^{t} \left[F_x - E - \Phi(\tau) \right] \mathrm{d}\tau - k_{02}Q \tag{6-58}$$

其中，$k_{02} \in \mathbf{R}^+$ 为正的观测增益。

求解式（6-58）的时间导数，则有

$$\Phi(t) = -k_{02}\Phi(t) + k_{02}h \tag{6-59}$$

那么，对不确定动态 h 的估计问题就转换为对线性增广系统 [式（6-59）] 的状态估计问题。其中式（6-59）中的 $\Phi(t)$ 可直接测量/可求出。假设不确定动态 h 关于时间的导数为 u，并引入两个新的变量 γ_1 及 γ_2，其表达式为：$\gamma_1 = \Phi(t)$，$\gamma_2 = h$。此时，式（6-59）可写为

$$\dot{\gamma}_1 = -k_{02}\gamma_1 + k_{02}\gamma_2 \tag{6-60}$$

$$\dot{\gamma}_2 = u \tag{6-61}$$

为估计不确定动态 h / γ_2，定义如下形式的终端滑模观测器：

$$\dot{\hat{\gamma}}_1 = -k_{02}\hat{\gamma}_1 + k_{02}\hat{\gamma}_2 - \gamma_v - z_2 e_1 \tag{6-62}$$

$$\dot{\hat{\gamma}}_2 = -z_3 e_1 - z_4 \lfloor \gamma_v \rfloor^{\frac{p_2}{q_2}} - z_5 \mathrm{sign}(\gamma_v) \tag{6-63}$$

其中，$\hat{\gamma}_1$ 以及 $\hat{\gamma}_2$ 分别表示 γ_1 和 γ_2 的估计，$\gamma_v = l_1 \mathrm{sign}(e_1)$，$e_1 = \hat{\gamma}_1 - \gamma_1$，$e_2 = \hat{\gamma}_2 - \gamma_2$，$z_1, z_2, z_3, z_4, z_5 \in \mathbf{R}^+$ 为正的观测增益，$\lfloor \gamma_v \rceil^{\frac{p_2}{q_2}} = |\gamma_v|^{\frac{p_2}{q_2}} \mathrm{sign}(\gamma_v)$，$q_2$ 及 p_2 为正的奇数，且满足 $q_2 > p_2$。

定义观测误差向量 e 为：$e = [e_1 \ e_2]^{\mathrm{T}}$。那么，由式（6-60）～式（6-63）可得观测误差向量 e 的动态方程为

$$\dot{e}_1 = -k_{02}e_1 + k_{02}e_2 - \gamma_v - z_2 e_1 \tag{6-64}$$

$$\dot{e}_2 = -z_3 e_1 - z_4 \lfloor \gamma_v \rceil^{\frac{p_2}{q_2}} - z_5 \mathrm{sign}(\gamma_v) - u \tag{6-65}$$

引理 6-2 当 $t \geq T_0$ 时，在终端滑模观测器［式（6-62）和式（6-63）］的作用下，观测误差系统［式（6-64）和式（6-65）］中的观测误差向量 e 是一致最终有界的。在此过程中，假设 γ_1 及 γ_2 在 $t = T_0$ 时的估计值与实际值相等，即 $\hat{\gamma}_1(T_0) = \gamma_1(T_0)$，$\hat{\gamma}_2(T_0) = \gamma_2(T_0)$。

证明 考虑如下形式的李雅普诺夫函数 $V_{O2}(t)$ 为

$$V_{O2}(t) = \frac{1}{2}e_1^2 + \frac{1}{2}e_2^2 \tag{6-66}$$

对式（6-66）两端关于时间求导，并将式（6-64）和式（6-65）的结论代入其中，可得如下结果：

$$\begin{aligned}
\dot{V}_{O2}(t) &= e_1 \dot{e}_1 + e_2 \dot{e}_2 \\
&= -k_{02}e_1^2 + k_{02}e_1 e_2 - z_2 e_1^2 - z_3 e_1 e_2 - e_1 \gamma_v - z_4 e_2 \lfloor \gamma_v \rceil^{\frac{p_2}{q_2}} \\
&\quad - z_5 e_2 \mathrm{sign}(\gamma_v) - e_2 u \leqslant -e^{\mathrm{T}} \boldsymbol{\beta} e - l_1 |e_1| + \left(l_4 l_1^{\frac{p_2}{q_2}} + l_5 + \pi \right) \|e\|
\end{aligned} \tag{6-67}$$

其中，$\boldsymbol{\beta}$ 的表达式为

$$\boldsymbol{\beta} = \begin{bmatrix} k_{02} + z_2 & -k_{02} \\ z_3 & 0 \end{bmatrix} \tag{6-68}$$

由于 k_{02}，z_2 及 z_3 为正数，那么 $\boldsymbol{\beta}$ 是正定的。因此，$\boldsymbol{\beta}$ 的最小特征值 $\lambda_{\min}$ 是正的。那么，式（6-67）可写为

$$\dot{V}_{O2}(t) \leqslant -\lambda_{\min}\|e\|^2 + \left(z_4 z_1^{\frac{p_2}{q_2}} + z_5 + \pi\right)\|e\|$$

$$= -\|e\|\left[\lambda_{\min}\|e\| - \left(z_4 z_1^{\frac{p_2}{q_2}} + z_5 + \pi\right)\right] \qquad (6-69)$$

当 $\|e\| \neq 0$ 时，为保证 $\dot{V}_{O2} < 0$，应满足以下条件：

$$\|e\| > \frac{z_4 z_1^{\frac{p_2}{q_2}} + z_5 + \pi}{\lambda_{\min}} \triangleq \Phi \qquad (6-70)$$

换句话说，当 e 不在集合 $D \triangleq \{e : \|e\| \leqslant \Phi\}$ 中时，$\dot{V}_{O2}$ 为负。此时，V_{O2} 单调递减。明显地，V_{O2} 的递减最终将驱动 e 进入集合 D 内，然后将限制在集合 D 内。由于 $\hat{\gamma}_1(T_0) = \gamma_1(T_0)$，$\hat{\gamma}_2(T_0) = \gamma_2(T_0)$，即 $\|e(T_0)\| = 0$，由李雅普诺夫定理及拉塞尔不变性原理[83, 142]可知，当 $t \geqslant T_0$ 时，观测误差均限制在集合 D 内。这表明 e 是一致最终有界的。

定理 6-3　考虑由线性系统［式（6-60）和式（6-61）］及终端滑模观测器［式（6-62）和式（6-63）］得到的误差观测系统［式（6-64）和式（6-65）］，选择观测增益 z_1，z_2，z_3，z_4，z_5，使得

$$z_1 \geqslant \max\left\{\left(k_{02}z_5 + k_{02}\phi + \lambda_{\min}\varepsilon_0\right)^{\frac{p_2}{q_2}}, \left(\frac{1 + k_{02}z_4}{\lambda_{\min}}\right)^{\frac{q_2}{q_2 - p_2}}\right\} \qquad (6-71)$$

$$z_5 - \phi > 0 \qquad (6-72)$$

在有限的时间内可精确地估计出不确定动态 h。

证明　此过程包括两方面的证明：e_1 的有限时间收敛性和 e_2 的有限时间收敛性。

1. e_1 的有限时间收敛性

考虑如下形式的李雅普诺夫函数 $V_{O3}(t)$ 为

$$V_{O3}(t) = \frac{1}{2}e_1^2 \qquad (6-73)$$

求式（6-73）的时间导数，并将式（6-64）的结论代入其中，则有

$$\begin{aligned}
\dot{V}_{O3}(t) &= e_1\left(-k_{02}e_1 + k_{02}e_2 - \gamma_v - z_2e_1\right) \\
&\leqslant -\left(k_{02} + z_2\right)e_1^2 - \left(z_1 - k_{02}\|e_2\|\right)|e_1| \\
&\leqslant -\left(z_1 - k_{02}\|e\|\right)|e_1|
\end{aligned} \tag{6-74}$$

针对 $\|e_1\| \neq 0$ 的情况，为保证 $\dot{V}_{O3}(t) < -\varepsilon_0\|e_1\| < 0$，选择

$$\left(z_1 - k_{02}\|e\|\right) > \varepsilon_0$$

$$\Rightarrow \lambda_{\min}z_1 > k_{02}z_4z_1^{\frac{p_2}{q_2}} + k_{02}z_5 + k_{02}\phi + \lambda_{\min}\varepsilon_0$$

$$\Rightarrow z_1^{\frac{p_2}{q_2}}\left(\lambda_{\min}z_1^{\frac{q_2-p_2}{q_2}} - kz_4\right) > k_{02}z_5 + k_{02}\phi + \lambda_{\min}\varepsilon_0 \tag{6-75}$$

为保证式（6-75）成立，选择

$$\begin{cases}
z_1^{\frac{p_2}{q_2}} > k_{02}z_5 + k_{02}\phi + \lambda_{\min}\varepsilon_0 \\
\lambda_{\min}z_1^{\frac{q_2-p_2}{q_2}} - k_{02}z_4 > 1
\end{cases} \tag{6-76}$$

求解式（6-76），不难得到

$$z_1 \geqslant \max\left\{\left(k_{02}z_5 + k_{02}\phi + \lambda_{\min}\varepsilon_0\right)^{\frac{q_2}{p_2}}, \left(\frac{1 + k_{02}z_4}{\lambda_{\min}}\right)^{\frac{q_2}{q_2-p_2}}\right\} \tag{6-77}$$

则有

$$\dot{V}_{O3}(t) < -\varepsilon_0|e_1| = -\varepsilon_0 2^{\frac{1}{2}}V_{O3}^{\frac{1}{2}}(t) < 0 \tag{6-78}$$

成立。

求式（6-78）关于时间的积分，可直接得到

$$\int_{T_0}^{t} V_{O3}^{-\frac{1}{2}}(t)\dot{V}_{O3}(t)\mathrm{d}t < -2^{\frac{1}{2}}\varepsilon_0\left[t - T_0\right]$$

$$\Downarrow$$

$$2V_{O3}^{\frac{1}{2}}(t) < 2V_{O3}^{\frac{1}{2}}(T_0) - 2^{\frac{1}{2}}\varepsilon_0\left[t - T_0\right] \tag{6-79}$$

那么，由式（6-79）不难得到，当 $t = T_1$ 时：

$$T_1 = \frac{|e_1(T_0)|}{\varepsilon_0} + T_o \tag{6-80}$$

$e_1 \equiv 0 \Rightarrow \dot{e}_1 = 0$。由式（6-64）可得：$(\gamma_v)_{t \geq T_1} = k_{02}e_2$。

2. e_2 的有限时间收敛性

当 $t \geq T_1$ 时，$\dot{e}_1 = 0$，且下式成立：

$$\dot{e}_2 = -z_4 k_{02}^{\frac{p_2}{q_2}} e_2^{\frac{p_2}{q_2}} \mathrm{sign}(k_{02}e_2) - z_5 \mathrm{sign}(k_{02}e_2) - u \tag{6-81}$$

为完成定理 6-3 的证明，考虑如下形式的正定标量函数 $V_{O4}(t)$：

$$V_{O4}(t) = \frac{1}{2}e_2^2 \tag{6-82}$$

对式（6-82）两端关于时间求导，并将式（6-72）及式（6-81）的结论代入，可得如下结果：

$$\dot{V}_{O4}(t) = e_2 \dot{e}_2 = e_2 \left[-z_4 k_{02}^{\frac{p_2}{q_2}} e_2^{\frac{p_2}{q_2}} \mathrm{sign}(k_{02}e_2) - z_5 \mathrm{sign}(k_{02}e_2) - u \right]$$

$$\leq -z_4 k_{02}^{\frac{p_2}{q_2}} |e_2|^{\frac{p_2+q_2}{q_2}} - (z_5 - \phi)|e_2|$$

$$\leq -z_4 k_{02}^{\frac{p_2}{q_2}} 2^{\frac{p_2+q_2}{2q_2}} V_{O4}^{\frac{p_2+q_2}{2q_2}} \tag{6-83}$$

对式（6-83）求取其关于时间的积分，可知

$$\int_{T_1}^{t} V_{O4}^{-\frac{p_2+q_2}{2q_2}} \dot{V}_{O4}(t)\mathrm{d}t \leq -z_4 k_{02}^{\frac{p_2}{q_2}} 2^{\frac{p_2+q_2}{2q_2}} (t-T_1)$$

$$\Downarrow$$

$$\frac{2q_2}{q_2-p_2} V_{O4}^{\frac{q_2-p_2}{2q_2}}(t) \leq \frac{2q_2}{q_2-p_2} V_{O4}^{\frac{q_2-p_2}{2q_2}}(T_1) - z_4 k_{02}^{\frac{p_2}{q_2}} 2^{\frac{p_2+q_2}{2q_2}} (t-T_1) \tag{6-84}$$

由式（6-84）不难发现，当 $t = T_2$ 时：

$$T_2 = T_1 + \frac{2q_2 V_{O4}^{\frac{q_2-p_2}{2q_2}}(T_1)}{z_4 k_{02}^{\frac{p_2}{q_2}} 2^{\frac{p_2+q_2}{2q_2}} (q_2-p_2)} \tag{6-85}$$

$\|e_2\| = 0$。换句话说，可在有限时间 T_2 内，由 $\hat{\gamma}_2(t)$ 精确估计出不确定动态 h。

6.3.2.3 无负载摆角反馈的有限时间轨迹跟踪控制器设计

为完成轨迹跟踪控制器的设计，定义如下形式的台车速度估计表达式：

$$\hat{\dot{x}} = k_{03} \lfloor e_3 \rceil^{\frac{p_3}{q_3}} + \dot{x}_d + \delta_0 e_3 \qquad (6\text{-}86)$$

其中，k_{03}，$\delta_0 \in \mathbf{R}^+$ 为正的控制增益；p_3，$q_3 \in \mathbf{R}^+$ 为正的奇数，且有 $p_3 < q_3$；$e_3 = x_d - x$ 为台车的跟踪误差；x_d 为台车的目标轨迹；$\lfloor e_3 \rceil^{\frac{p_3}{q_3}} = |e_3|^{\frac{p_3}{q_3}} \operatorname{sign}(e_3)$。

因此，无负载摆角反馈的有限时间轨迹跟踪控制器设计为

$$F_x = -k_{04} \lfloor e_4 \rceil^{\frac{p_3}{q_3}} + \hat{\gamma}_2 + e_3 + (m_p + M_t)\hat{\dot{x}} + E \qquad (6\text{-}87)$$

其中，$e_4 = \dot{x} - \hat{\dot{x}}$ 为台车速度的估计误差，$k_{04} \in \mathbf{R}^+$ 为正的控制增益。

定理 6-4 所提有限时间轨迹跟踪控制方法［式（6-87）］以及终端滑模观测器［式（6-44）、式（6-62）和式（6-63）］可保证台车轨迹在有限时间内收敛至期望轨迹。

证明 由 e_3 及 e_4 的定义可得

$$\dot{e}_3 = \dot{x}_d - \dot{x} = \dot{x}_d - \hat{\dot{x}} - e_4 \qquad (6\text{-}88)$$

联立式（6-86）及式（6-88）的结果，可知

$$\dot{e}_3 = -k_{03} \lfloor e_3 \rceil^{\frac{p_3}{q_3}} - e_4 - \delta_0 e_3 \qquad (6\text{-}89)$$

另外，由式（6-38）可得如下结论：

$$\begin{aligned} \dot{e}_4 &= \ddot{x} - \hat{\ddot{x}} \\ &= \frac{1}{(m_p + M_t)} \left(F_x - F_{rx} + m_p l \dot{\theta}^2 \sin\theta - m_p l \ddot{\theta} \cos\theta - h \right) - \hat{\ddot{x}} \end{aligned} \qquad (6\text{-}90)$$

为证明定理 6-4，选择如下形式的李雅普诺夫候选函数 $V(t)$ 为

$$V(t) = \frac{e_3^2}{2} + \frac{(m_p + M_t)e_4^2}{2} \qquad (6\text{-}91)$$

对式（6-91）关于时间求导，并将式（6-87）、式（6-88）及式（6-90）的结论代入其中，不难得到

$$\dot{V}(t) = e_3 \dot{e}_3 + e_4 \left(m_p + M_t\right) \dot{e}_4$$

$$= e_3 \left\{ -k_{03} \lfloor e_3 \rceil^{\frac{p_3}{q_3}} - e_4 - \delta_0 e_3 \right\} - e_4 \left(m_p + M_t\right) \hat{\ddot{x}}$$

$$+ e_4 \left(F_x - F_{rx} + m_p l \dot{\theta}^2 \sin\theta - m_p l \ddot{\theta} \cos\theta - h\right)$$

$$= -k_{03} |e_3|^{\frac{p_3+q_3}{q_3}} - k_{04} |e_4|^{\frac{p_3+q_3}{q_3}} - \delta_0 e_3^2 + e_4 (\hat{\gamma}_2 - h)$$

$$+ e_4 \left(E - F_{rx} + m_p l \dot{\theta}^2 \sin\theta - m_p l \ddot{\theta} \cos\theta\right) \quad (6\text{-}92)$$

由定理 6-2 可知，当 $t \geq T_0$ 时，$E = F_{rx} - m_p l \dot{\theta}^2 \sin\theta + m_p l \ddot{\theta} \cos\theta$。由定理 6-3 可知，当 $t \geq T_2$ 时，$h = \hat{\gamma}_2$，其中，$T_2 \geq T_0$。那么，式（6-92）可写为

$$\dot{V}(t) \leq -k_{03} |e_3|^{\frac{p_3+q_3}{q_3}} - k_{04} |e_4|^{\frac{p_3+q_3}{q_3}}, \quad t \geq T_2 \quad (6\text{-}93)$$

经过有限时间 T_2 后，式（6-86）可进一步写为

$$\dot{V} \leq -\bar{k} V^{\frac{p_3+q_3}{2q_3}}, \quad t \geq T_2 \quad (6\text{-}94)$$

其中

$$\bar{k} = \min \left\{ k_{03} 2^{\frac{p_3+q_3}{2q_3}}, \ k_{04} \left(\frac{2}{m_p + M_t}\right)^{\frac{p_3+q_3}{2q_3}} \right\} \quad (6\text{-}95)$$

求解式（6-94），可得如下结果：

$$\int_{T_2}^{t} V^{-\frac{p_3+q_3}{2q_3}} \dot{V} \mathrm{d}t \leq -\bar{k}(t - T_2)$$

$$\Downarrow$$

$$\frac{2q_3}{q_3 - p_3} V^{\frac{q_3-p_3}{2q_3}}(t) \leq \frac{2q_3}{q_3 - p_3} V^{\frac{q_3-p_3}{2q_3}}(T_2) - \bar{k}(t - T_2) \quad (6\text{-}96)$$

因此，由上式可知，当 $t \geq T_3$ 时，$e_3 \equiv 0$ 且 $e_4 \equiv 0$，其中

$$T_3 = T_2 + \frac{2q_3 V^{\frac{q_3-p_3}{2q_3}}(T_2)}{(q_3 - p_3)\bar{k}} \quad (6\text{-}97)$$

这表明，台车的跟踪误差 e_3 在有限时间 T_3 内收敛至 0。

备注 6-1 为抑制并消除负载摆角，期望的台车轨迹 x_d [41]：

$$x_d = \underbrace{\frac{p_d}{2} + \frac{k_v^2}{4k_a}\ln\left[\frac{\cosh(2k_a t/k_v - \varepsilon)}{\cosh(2k_a t/k_v - \varepsilon - 2p_d k_a/k_v^2)}\right]}_{x_{d1}} + \underbrace{\kappa \int_0^t \theta dt}_{x_{d2}} \quad (6\text{-}98)$$

其中，$p_d \in \mathbf{R}^+$ 为台车的目标位置；k_a，$k_v \in \mathbf{R}^+$ 为台车最大允许加速度及速度；$\varepsilon \in \mathbf{R}^+$ 为调节初始加速度的参数；$\kappa > 1.0754$ 为正的控制增益。台车期望的目标轨迹 [式（6-98）] 由两部分组成：①定位参考轨迹 x_{d1}：驱动台车至目标位置；②消摆部分 x_{d2}：快速消除负载摆动并不影响台车的定位性能 [41]。

6.3.3 仿真结果及分析

在本小节中，将验证所提有限时间轨迹跟踪控制方法的控制性能。为验证所提有限时间轨迹跟踪控制方法的正确性与有效性，进行如下两组仿真实验。具体来说，在第一组仿真实验中，通过将所提有限时间轨迹跟踪控制方法与 LQR 控制方法 [148]、增强耦合非线性控制方法 [138] 及 PD 控制方法 [56] 进行对比，验证该方法优异的控制性能。值得指出的是，在第一组仿真中，LQR 控制方法、增强耦合非线性控制方法及 PD 控制方法均是基于零动态不确定的情况下提出的，所以在这组仿真中，将 h 和 f 设定为 0。接下来，在第二组仿真中，将进一步验证所提有限时间轨迹跟踪控制方法针对不确定动态的鲁棒性，并与基于运动规划的自适应跟踪控制方法 [41] 进行对比。

LQR 控制方法、增强耦合非线性控制方法及 PD 控制方法的详细表达式参见第 3.3.3 节。接下来，将给出基于运动规划的自适应跟踪控制方法的表达式。

基于运动规划的自适应跟踪控制方法 [41]：

$$F_x = -\mathbf{Y}^{\mathrm{T}}\hat{\boldsymbol{\omega}} - k_p r - k_d \dot{r} \quad (6\text{-}99)$$

其中，k_p，$k_d \in \mathbf{R}^+$ 为正的控制增益；$r = x - x_d$ 为台车跟踪误差；$\hat{\boldsymbol{\omega}}$ 为系统不确定参数向量的在线估计，由以下更新率产生：

$$\dot{\hat{\boldsymbol{\omega}}} = \boldsymbol{\Gamma Y}\dot{r} \quad (6\text{-}100)$$

其中，$\boldsymbol{\Gamma}$ 为正定对称对角更新增益矩阵。

第一组仿真　精确模型参数下控制性能测试：在本组仿真中，桥式吊车系统参数的实际值与名义值是相同的，设定如下：

$$M_t = 7 \,\mathrm{kg}, \ m_p = 1 \,\mathrm{kg}, \ l = 0.6 \,\mathrm{m}, \ h = f = 0$$

摩擦力具有如下形式：

$$F_{rx} = 4.4 \tanh\left(\frac{\dot{x}}{0.01}\right) + 0.5|\dot{x}|\dot{x}$$

台车目标位置设置为

$$p_d = 1 \,\mathrm{m}$$

台车期望轨迹［式（6-98）］的各个参数设为

$$k_a = 0.5, \ k_v = 0.5, \ \varepsilon = 2, \ \kappa = 4$$

采用试凑法，所提有限时间轨迹跟踪控制方法、LQR 控制方法、增强耦合非线性控制方法及 PD 控制方法的控制增益见表 6-2。

表 6-2　第一组仿真中四种控制器的控制增益

控制方法	控制增益
所提有限时间轨迹跟踪控制方法	$k_{01} = 5$, $p_1 = 1$, $q_1 = 3$, $b_1 = 10$, $k_{03} = 50$, $k_{04} = 50$, $\delta_0 = 3$, $p_3 = 1$, $q_3 = 5$, $l_1 = l_2 = l_3 = l_4 = l_5 = 0.05$, $p_2 = 19$, $q_2 = 21$, $k_{02} = 2$
LQR 控制方法	$k_1 = 10$, $k_2 = 20$, $k_3 = -10$, $k_4 = -6$
增强耦合非线性控制方法	$k_p = 15$, $k_\xi = 15$, $\lambda = 12$
PD 控制方法	$k_p = 15$, $k_d = 20$

所提有限时间轨迹跟踪控制方法、LQR 控制方法、增强耦合非线性控制方法及 PD 控制方法的仿真结果如图 6-9 ～图 6-12 所示。通过对比这四个图不难发现，在相似的运输时间下（5 s 内），所提有限时间轨迹跟踪控制方法的最大负载摆角及驱动力是最小的。这些结果均表明了所提有限时间轨迹跟踪控制方法控制性能的优异性。

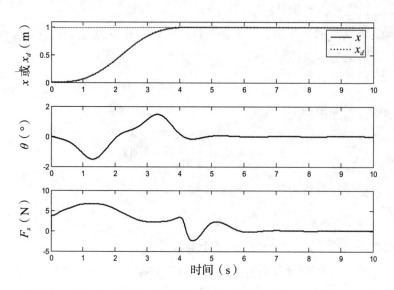

图6-9　第一组仿真　所提有限时间轨迹跟踪控制方法的仿真结果：
台车轨迹/目标轨迹、负载摆角、台车驱动力

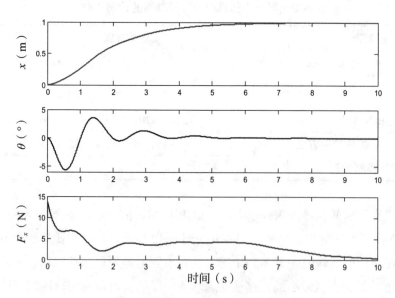

图6-10　第一组仿真　LQR控制方法的仿真结果：
台车轨迹、负载摆角、台车驱动力

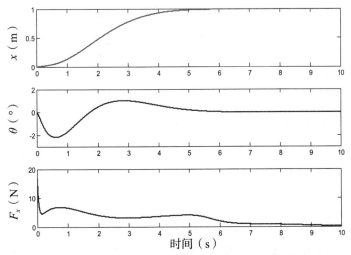

图6-11　第一组仿真　增强耦合非线性控制方法的仿真结果：
台车轨迹、负载摆角、台车驱动力

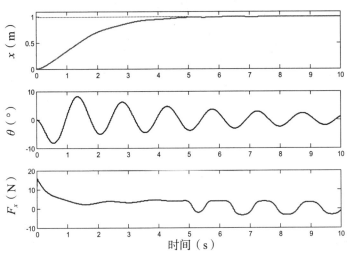

图6-12　第一组仿真　PD控制方法的仿真结果：
台车轨迹、负载摆角、台车驱动力

　　第二组仿真　不确定动态情况下控制性能测试：在本组仿真中，吊车系统参数的名义值设置为

$$M_t = 12 \text{ kg}, \ m_p = 9 \text{ kg}, \ l = 0.7 \text{ m}$$

台车质量、负载质量以及吊绳长度的实际值分别为

$$M_t = 14 \text{ kg}, \ m_p = 10 \text{ kg}, \ l = 1.0 \text{ m}$$

摩擦力的名义值和第 6.3.3.1 节相同，其实际值为

$$f_{rx} = 6.2\tanh\left(\frac{\dot{x}}{0.01}\right) + 0.8|\dot{x}|\dot{x}$$

台车的目标位置设置为

$$p_d = 1\,\text{m}$$

期望目标轨迹［式（6-98）］的参数和第 6.3.3.1 节的相同。

所提有限时间轨迹跟踪控制方法的控制增益与表 6-2 相同，基于运动规划的自适应控制方法的控制增益调节为

$$k_p = 300, \ k_d = 50, \ \varGamma = 50\boldsymbol{I}_5$$

如图 6-13 和图 6-14 所示为所提有限时间轨迹跟踪控制方法与基于运动规划的自适应控制方法在存在不确定动态的仿真结果。由图 6-13 ~图 6-14 可知，不确定动态对所提控制方法的跟踪控制性能影响不大。然而，当存在不确定动态时，基于运动规划的自适应控制方法的控制性能大打折扣。由图 6-13 可知，估计的负载摆角的曲线几乎与负载摆角的实际曲线相同，这表明针对负载摆角设计的终端滑模观测器的正确性。这些优点为本节所提有限时间轨迹跟踪控制方法的实际应用带来了诸多便利。

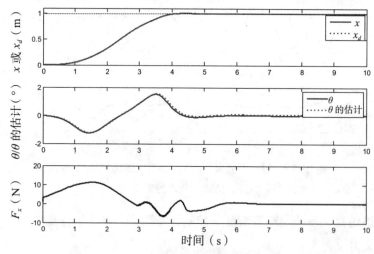

图 6-13　第二组仿真　所提有限时间轨迹跟踪控制方法的仿真结果：
台车轨迹／目标轨迹、负载摆角／负载摆角的估计、台车驱动力

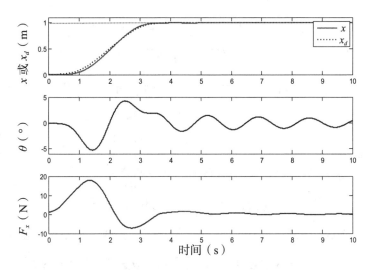

图6-14 第二组仿真 基于运动规划的自适应控制方法的仿真结果：
台车轨迹／目标轨迹、负载摆角、台车驱动力

6.4 带负载摆动抑制的三维桥式吊车系统 PD-SMC 控制方法

6.4.1 动态模型及带负载摆动抑制的 PD-SMC 方法设计

三维桥式吊车系统动态模型见式（4-1）～式（4-4），对式（4-3）～式（4-4）
进行整理，不难得到

$$\ddot{\theta}_x = -\frac{C_x}{lC_y}\ddot{x} + \frac{2S_y}{C_y}\dot{\theta}_x\dot{\theta}_y - \frac{gS_x}{lC_y} \qquad (6\text{-}101)$$

$$\ddot{\theta}_y = \frac{S_xS_y}{l}\ddot{x} + \frac{C_y}{l}\ddot{y} - C_yS_y\dot{\theta}_x^2 - \frac{g}{l}C_xS_y \qquad (6\text{-}102)$$

由式（4-1）、式（4-2）、式（6-101）和式（6-102）可得

$$\left(M_x + m_pS_x^2C_y^2\right)\ddot{x} - m_pS_xS_yC_y\ddot{y} - m_plS_xC_yC_y^2\dot{\theta}_x^2$$
$$- m_pl\dot{\theta}_y^2S_xC_y - m_pgC_xS_xC_y^2 + F_{rx} = F_x \qquad (6\text{-}103)$$

$$-m_p S_x S_y C_y \ddot{x} + \left(M_y + m_p S_y^2\right)\ddot{y} + m_p l S_y C_y^2 \dot{\theta}_x^2$$
$$+ m_p l \dot{\theta}_y^2 S_y + m_p g C_x S_y C_y + F_{ry} = F_y \qquad (6\text{-}104)$$

为促进接下来的分析，首先定义 X、Y 方向上的台车定位误差信号 e_x、e_y 如下：

$$e_x = x - p_{dx} \Rightarrow \dot{e}_x = \dot{x} \Rightarrow \ddot{e}_x = \ddot{x} \qquad (6\text{-}105)$$

$$e_y = y - p_{dy} \Rightarrow \dot{e}_y = \dot{y} \Rightarrow \ddot{e}_y = \ddot{y} \qquad (6\text{-}106)$$

其中，p_{dx} 及 p_{dy} 分别为 X、Y 方向上台车的目标位置。

由式（6-103）～式（6-106）可直接推出三维桥式吊车系统误差模型为

$$\left(M_x + m_p S_x^2 C_y^2\right)\ddot{e}_x - m_p S_x S_y C_y \ddot{e}_y - m_p l S_x C_y^3 \dot{\theta}_x^2 - m_p l \dot{\theta}_y^2 S_x C_y - m_p g C_x S_x C_y^2 + F_{rx} = F_x$$
$$(6\text{-}107)$$

$$-m_p S_x S_y C_y \ddot{e}_x + \left(M_y + m_p S_y^2\right)\ddot{e}_y + m_p l S_y C_y^2 \dot{\theta}_x^2 + m_p l \dot{\theta}_y^2 S_y + m_p g C_x S_y C_y + F_{ry} = F_y$$
$$(6\text{-}108)$$

为简洁起见，将上述误差模型写成如下更加紧凑的形式：

$$M(e)\ddot{e} + F_d = u \qquad (6\text{-}109)$$

式中，$e = \begin{bmatrix} e_x & e_y \end{bmatrix}^{\mathrm{T}} \in \mathbf{R}^2$ 为台车定位误差向量，$u = \begin{bmatrix} F_x & F_y \end{bmatrix}^{\mathrm{T}} \in \mathbf{R}^2$ 为控制输入向量，$M(e) \in \mathbf{R}^{2\times 2}$ 及 $F_d \in \mathbf{R}^2$ 为如下形式的辅助矩阵：

$$\begin{cases} M(e) = \begin{bmatrix} M_x + m_p S_x^2 C_y^2 & -m_p S_x S_y C_y \\ -m_p S_x S_y C_y & M_y + m_p S_y^2 \end{bmatrix} \\ F_d = \begin{bmatrix} -m_p l S_x C_y^3 \dot{\theta}_x^2 - m_p l \dot{\theta}_y^2 S_x C_y - m_p g C_x S_x C_y^2 + F_{rx} \\ m_p l S_y C_y^2 \dot{\theta}_x^2 + m_p l \dot{\theta}_y^2 S_y + m_p g C_x S_y C_y + F_{ry} \end{bmatrix} \end{cases} \qquad (6\text{-}110)$$

受静转矩法的启发，引入一个正定对角矩阵 $\Lambda \in \mathbf{R}^{2\times 2}$，将式（6-109）写为

$$u = \Lambda \ddot{e} + \left(M(e) - \Lambda\right)\ddot{e} + F_d$$
$$= \Lambda \ddot{e} + P_d \qquad (6\text{-}111)$$

其中，$\Lambda \in \mathbf{R}^{2\times 2}$ 和 $P_d \in \mathbf{R}^2$ 的表达式为

$$\begin{cases} \boldsymbol{\Lambda} = \begin{bmatrix} \Lambda_1 & 0 \\ 0 & \Lambda_2 \end{bmatrix} \\[4mm] \boldsymbol{P}_d = \big(\boldsymbol{M}(\boldsymbol{e}) - \boldsymbol{\Lambda}\big)\ddot{\boldsymbol{e}} + \boldsymbol{F}_d \\[2mm] = \begin{bmatrix} \left\{ \begin{array}{l} \big(M_x + m_p S_x^2 C_y^2 - \Lambda_1\big)\ddot{e}_x - m_p S_x S_y C_y \ddot{e}_y \\ -m_p l S_x C_y^3 \dot{\theta}_x^2 - m_p l \dot{\theta}_y^2 S_x C_y - m_p g C_x S_x C_y^2 + F_{rx} \end{array} \right\} \\[6mm] \left\{ \begin{array}{l} -m_p S_x S_y C_y \ddot{e}_x + \big(M_y + m_p S_y^2 - \Lambda_2\big)\ddot{e}_y \\ +m_p l S_y C_y^2 \dot{\theta}_x^2 + m_p l \dot{\theta}_y^2 S_y + m_p g C_x S_y C_y + F_{ry} \end{array} \right\} \end{bmatrix} \end{cases} \quad (6\text{-}112)$$

根据吊车实际工作情况，做如下合理的假设。

假设 6-5　有界性：存在正定矩阵 $\boldsymbol{\varepsilon}$ 及正常数 σ 使得

$$\boldsymbol{P}_d < \boldsymbol{\varepsilon}, \quad \left| \dot{\theta}_x \ddot{\theta}_x + \dot{\theta}_y \ddot{\theta}_y \right| < \sigma \quad (6\text{-}113)$$

假设 6-6　负载摆角始终满足：

$$-\pi/2 < \theta_x < \pi/2, \quad -\pi/2 < \theta_y < \pi/2 \quad (6\text{-}114)$$

紧接着，引入如下形式的滑模面：

$$\boldsymbol{s} = \boldsymbol{e} + \boldsymbol{\lambda}\dot{\boldsymbol{e}} \quad (6\text{-}115)$$

其中，$\boldsymbol{\lambda} \in \mathbf{R}^{2\times2}$ 为正定对角增益矩阵。

根据式（6-111）及式（6-115）的结构，设计 PD-SMC 控制方法的表达式如下：

$$\boldsymbol{u} = -\boldsymbol{K}_p \boldsymbol{e} - \boldsymbol{K}_d \dot{\boldsymbol{e}} - \boldsymbol{K}_s \text{sign}(\boldsymbol{s}) \quad (6\text{-}116)$$

其中，$\boldsymbol{K}_p \in \mathbf{R}^{2\times2}$、$\boldsymbol{K}_d \in \mathbf{R}^{2\times2}$ 为正定对角增益矩阵，$\boldsymbol{K}_s \in \mathbf{R}^{2\times2}$ 为正定对角滑模增益矩阵，$\text{sign}(\cdot)$ 代表符号函数。

虽然可以利用式（6-116）证明闭环系统平衡点处的渐近稳定性，但是并未直接用到负载摆角的信息。为解决上述缺点，将带有负载摆动抑制的 PD-SMC 控制方法的表达式更改为

$$\begin{aligned} \boldsymbol{u} &= -\boldsymbol{K}_p \boldsymbol{e} - \boldsymbol{K}_d \dot{\boldsymbol{e}} - \boldsymbol{K}_s \text{sign}(\boldsymbol{s}) - \boldsymbol{K}_\theta \big(\theta_x^2 + \theta_y^2\big)\dot{\boldsymbol{e}} \\ &= -\boldsymbol{K}_p \boldsymbol{e} - \big[\boldsymbol{K}_d + \boldsymbol{K}_\theta \big(\dot{\theta}_x^2 + \dot{\theta}_y^2\big)\big]\dot{\boldsymbol{e}} - \boldsymbol{K}_s \text{sign}(\boldsymbol{s}) \end{aligned} \quad (6\text{-}117)$$

其中，$\boldsymbol{K}_\theta \in \mathbf{R}^{2\times2}$ 为正定对角增益矩阵。

为避免 PD-SMC 控制方法固有的震颤现象，引入双曲正切函数替代符号函数，式（6-117）可进一步改写为

$$u = -K_p e - \left[K_d + K_\theta \left(\dot{\theta}_x^2 + \dot{\theta}_y^2 \right) \right] \dot{e} - K_s \tanh(s) \tag{6-118}$$

6.4.2 稳定性分析

定理 6-5 所提 PD-SMC 控制方法［式（6-118）］可驱动台车至目标位置，同时有效地抑制并消除负载摆动，即

$$\lim_{t \to \infty} \begin{bmatrix} x & y & \dot{x} & \dot{y} & \theta_x & \theta_y & \dot{\theta}_x & \dot{\theta}_y \end{bmatrix}^{\mathrm{T}} = \begin{bmatrix} p_{dx} & p_{dy} & 0 & 0 & 0 & 0 & 0 & 0 \end{bmatrix}^{\mathrm{T}} \tag{6-119}$$

若满足如下条件：

$$\begin{cases} K_p > \sigma K_\theta \\ K_d > \lambda^{-1} \Lambda \\ K_s > \varepsilon \end{cases} \tag{6-120}$$

在进行稳定性分析之前，给出如下命题。

命题 6-1：定义正定对称矩阵 Q 为

$$Q = \begin{bmatrix} A & B \\ B^{\mathrm{T}} & C \end{bmatrix} \tag{6-121}$$

并定义 S 为 Q 中矩阵 A 的 Schur 补，即

$$S = C - B^{\mathrm{T}} A^{-1} B \tag{6-122}$$

那么当且仅当矩阵 A 及 S 均为正定时，矩阵 Q 是正定的，可写为

$$若 A > 0 及 S > 0, 那么 Q > 0 \tag{6-123}$$

为证明所提 PD-SMC 控制方法的稳定性，需首先证明如下矩阵 L 是正定的：

$$L = \begin{bmatrix} K_d & \Lambda \\ \Lambda & \lambda \Lambda \end{bmatrix} \tag{6-124}$$

由式（6-120）可得

$$\begin{cases} K_d > 0 \\ S = \lambda \Lambda - K_d^{-1} \Lambda^{\mathrm{T}} \Lambda > 0 \end{cases} \Rightarrow L > 0 \tag{6-125}$$

选择如下形式的李雅普诺夫候选函数 $V_{all}(t)$ 为

$$V_{all}(t) = \begin{bmatrix} e & \dot{e} \end{bmatrix} L \begin{bmatrix} e \\ \dot{e} \end{bmatrix} + \frac{1}{2}\lambda K_p e^{\mathrm{T}}e + \frac{1}{2}K_\theta(\dot{\theta}_x^2 + \dot{\theta}_y^2)e^{\mathrm{T}}e \qquad (6\text{-}126)$$

对式（6-126）两端关于时间求导，可得

$$\begin{aligned}
\dot{V}_{all}(t) &= \begin{bmatrix} e & \dot{e} \end{bmatrix} \begin{bmatrix} K_d & \Lambda \\ \Lambda & \lambda\Lambda \end{bmatrix} \begin{bmatrix} \dot{e} \\ \ddot{e} \end{bmatrix} + \lambda K_p e^{\mathrm{T}}\dot{e} + K_\theta(\dot{\theta}_x^2 + \dot{\theta}_y^2)e^{\mathrm{T}}\dot{e} + \\
&\quad K_\theta(\dot{\theta}_x\ddot{\theta}_x + \dot{\theta}_y\ddot{\theta}_y)e^{\mathrm{T}}e \\
&= \begin{bmatrix} e & \dot{e} \end{bmatrix} \begin{bmatrix} K_d\dot{e} + \Lambda\ddot{e} \\ \Lambda\dot{e} + \lambda\Lambda\ddot{e} \end{bmatrix} + \lambda K_p e^{\mathrm{T}}\dot{e} \\
&= \begin{bmatrix} e & \dot{e} \end{bmatrix} \begin{bmatrix} K_d\dot{e} - K_p e - (K_d + K_\theta(\theta_x^2 + \theta_y^2))\dot{e} - K_s\mathrm{sign}(s) + P_d \\ \Lambda\dot{e} + \lambda\left(-K_p e - (K_d + K_\theta(\theta_x^2 + \theta_y^2))\dot{e} - K_s\mathrm{sign}(s) + P_d\right) \end{bmatrix} + \lambda K_p e^{\mathrm{T}}\dot{e} \\
&= s^{\mathrm{T}}\left[P_d - K_s\mathrm{sign}(s) \right] - \left[K_p - K_\theta(\dot{\theta}_x\ddot{\theta}_x + \dot{\theta}_y\ddot{\theta}_y) \right]e^{\mathrm{T}}e - (\lambda K_d - \Lambda)\dot{e}^{\mathrm{T}}\dot{e} - \\
&\quad \lambda K_\theta(\theta_x^2 + \theta_y^2)\dot{e}^{\mathrm{T}}\dot{e} \qquad\qquad (6\text{-}127)
\end{aligned}$$

由式（6-113）可知，以下不等式成立：

$$s^{\mathrm{T}}K_s\mathrm{sign}(s) = \|s\|K_s \geqslant \|s\|\varepsilon \geqslant \|s\|P_d \Rightarrow s\left[P_d - K_s\mathrm{sign}(s) \right] \leqslant 0 \quad (6\text{-}128)$$

那么，将式（6-120）、式（6-128）代入式（6-127）可得：

$$\dot{V}_{all}(t) \leqslant -(K_p - \sigma K_\theta)e^{\mathrm{T}}e - (\lambda K_d - \Lambda)\dot{e}^{\mathrm{T}}\dot{e} - \lambda K_\theta(\dot{\theta}_x^2 + \dot{\theta}_y^2)\dot{e}^{\mathrm{T}}\dot{e} \leqslant 0 \quad (6\text{-}129)$$

由式（6-129）可知 $\dot{V}_{all}(t) \leqslant 0$。当且仅当 $e = 0$ 及 $\dot{e} = 0$ 时，等式 $\dot{V}_{all}(t) = 0$ 成立。由于李雅普诺夫候选函数 $V_{all}(t)$ 是正定的，其导数 $\dot{V}_{all}(t)$ 是负定的，那么所提 PD-SMC 控制方法控制的三维桥式吊车系统是渐近稳定的[54]，且跟踪误差以及误差导数趋于 0，即

$$e = 0, \quad \dot{e} = 0 \qquad\qquad (6\text{-}130)$$

由式（6-130）易推出

$$\begin{aligned}
&s = 0, \ e_x = e_y = 0, \ \dot{e}_x = \dot{e}_y = 0, \ \ddot{e}_x = \ddot{e}_y = 0, \\
&F_x = F_y = 0, \ f_{rx} = f_{ry} = 0
\end{aligned} \qquad (6\text{-}131)$$

将式（6-131）结果分别代入式（6-107）和式（6-108），可得

$$-m_p l S_x C_y^3 \dot{\theta}_x^2 - m_p l \dot{\theta}_y^2 S_x C_y - m_p g C_x S_x C_y^2 = 0 \qquad (6\text{-}132)$$

对式（6-132）进行整理，可得

$$S_x \left(l C_y^2 \dot{\theta}_x^2 + l \dot{\theta}_y^2 + g C_x C_y \right) = 0 \qquad (6\text{-}133)$$

由假设 6-6 可知，$C_x > 0$ 及 $C_y > 0$。那么，要使式（6-133）成立，需满足：

$$S_x = 0 \Rightarrow \theta_x = 0, \ \dot{\theta}_x = 0 \qquad (6\text{-}134)$$

同理，将式（6-131）代入式（6-108），得

$$m_p l S_y C_y^2 \dot{\theta}_x^2 + m_p l \dot{\theta}_y^2 S_y + m_p g C_x S_y C_y = 0 \qquad (6\text{-}135)$$

对式（6-135）整理可得

$$S_y \left(l C_y^2 \dot{\theta}_x^2 + l \dot{\theta}_y^2 + g C_x C_y \right) = 0 \qquad (6\text{-}136)$$

再一次利用 $C_x > 0$，$C_y > 0$，有

$$S_y = 0 \Rightarrow \theta_y = 0, \ \dot{\theta}_y = 0 \qquad (6\text{-}137)$$

结合式（6-131）、式（6-134）及式（6-137）的结论，可知定理 6-5 得证。

6.4.3　实验结果分析

在本节中，为了测试所提 PD-SMC 控制方法的控制性能，在实验平台（图 6-15，来自曲阜师范大学工学院）上进行实验验证。实验由对比测试及鲁棒性测试两部分组成。具体而言，实验 1 通过将所提 PD-SMC 控制方法与已有的控制方法进行对比，来验证所提 PD-SMC 控制方法优异的控制性能。实验 2 验证了所提 PD-SMC 控制方法针对不同外部扰动及不确定性的鲁棒性。值得指出的是，在整个实验中，所提 PD-SMC 控制方法并未补偿台车与桥架之间的摩擦力。

图 6-15　桥式吊车实验平台

桥式吊车实验平台的物理参数设定为

$$M_x = 6.157 \text{ kg}, \ M_y = 15.594 \text{ kg}, \ l = 0.6 \text{ m}, \ m_p = 1 \text{ kg}, \ g = 9.8 \text{ m/s}^2$$

与摩擦力相关的系数设为

$$f_{r0x} = 23.652, \ \varepsilon_x = 0.01, \ k_{rx} = -0.8, \ f_{r0y} = 20.371, \ \varepsilon_y = 0.01, \ k_{ry} = -1.4$$

台车目标位置设定为

$$p_{dx} = 0.4 \text{ m}, \ p_{dy} = 0.3 \text{ m}$$

经过充分调试后，所提 PD-SMC 控制方法的控制增益矩阵调节如下：

$$\boldsymbol{K}_p = \begin{bmatrix} 15.6 & 0 \\ 0 & 13.8 \end{bmatrix}, \ \boldsymbol{K}_d = \begin{bmatrix} 6.3 & 0 \\ 0 & 3.8 \end{bmatrix}, \ \boldsymbol{K}_\theta = \begin{bmatrix} 1.3 & 0 \\ 0 & 1.8 \end{bmatrix}, \ \boldsymbol{K}_s = \begin{bmatrix} 2.5 & 0 \\ 0 & 3.5 \end{bmatrix}, \ \lambda = \begin{bmatrix} 1 & 0 \\ 0 & 1 \end{bmatrix}$$

第一组实验　在本组实验中，通过将所提 PD-SMC 控制方法与 LQR 控制方法、能量耦合输出反馈（ECOF）控制方法及 SMC 控制方法进行对比，来验证所提 PD-SMC 控制方法的控制性能。为便于理解，接下来将给出这三种对比方法的表达式。

LQR 控制方法的表达式：

$$\begin{cases} F_x = -k_{1x}\left(x - p_{dx}\right) - k_{2x}\dot{x} - k_{3x}\theta_x - k_{4x}\dot{\theta}_x \\ F_y = -k_{1y}\left(y - p_{dy}\right) - k_{2y}\dot{y} - k_{3y}\theta_y - k_{4y}\dot{\theta}_y \end{cases} \tag{6-138}$$

其中，$k_{1x} = 2.6$，$k_{2x} = 6.1$，$k_{3x} = -10.3$，$k_{4x} = -19.2$，$k_{1y} = 3.1$，$k_{2y} = 6.6$，$k_{3y} = -18.7$ 及 $k_{4y} = -19.3$ 表示控制增益。

ECOF 控制方法的表达式：

$$\begin{cases} F_x = -k_{px} \tanh(\phi_x) - k_{dx} \tanh(\xi_x) \\ F_y = -k_{py} \tanh(\phi_y) - k_{dy} \tanh(\xi_y) \end{cases} \quad (6\text{-}139)$$

其中，ϕ_x、ξ_x、ϕ_y 以及 ξ_y 定义如下：

$$\begin{cases} \phi_x = x - p_{dx} + \lambda_x S_x C_y \\ \phi_y = y - p_{dy} + \lambda_y S_y \end{cases} \quad (6\text{-}140)$$

$$\begin{cases} \xi_x = \mu_x + k_{dx}\phi_x, & \dot{\mu}_x = -k_{dx}(\mu_x + k_{dx}\phi_x) \\ \xi_y = \mu_y + k_{dy}\phi_y, & \dot{\mu}_y = -k_{dy}(\mu_y + k_{dy}\phi_y) \end{cases} \quad (6\text{-}141)$$

且 $k_{px} = 13$，$k_{dx} = 2.5$，$k_{py} = 18.3$，$k_{dy} = 5$，$\lambda_x = -5.3$ 及 $\lambda_y = -2.1$ 表示控制增益。

SMC 控制方法的表达式：

$$\boldsymbol{u} = \bar{\boldsymbol{G}}(\boldsymbol{q}) - \bar{\boldsymbol{M}}(\boldsymbol{q})\left(\boldsymbol{I}_2 - \alpha_2 \boldsymbol{M}_{22}^{-1}(\boldsymbol{q})\boldsymbol{M}_{21}(\boldsymbol{q})\right)^{-1}$$
$$\times \left\{\lambda_1 \dot{\boldsymbol{q}}_1 + \left[\lambda_2 - \alpha_2 \boldsymbol{M}_{22}^{-1}(\boldsymbol{q})\boldsymbol{C}_{22}(\boldsymbol{q},\ \dot{\boldsymbol{q}})\right]\dot{\boldsymbol{q}}_2 - \alpha_2 \boldsymbol{M}_{22}^{-1}(\boldsymbol{q})\boldsymbol{G}_2(\boldsymbol{q})\right\} - \boldsymbol{K}\cdot\tanh(\boldsymbol{s}) \quad (6\text{-}142)$$

其中，

$$\boldsymbol{q}_1 = \begin{bmatrix} x \\ y \end{bmatrix},\ \ \boldsymbol{q}_2 = \begin{bmatrix} \theta_x \\ \theta_y \end{bmatrix},\ \ \bar{\boldsymbol{G}}(\boldsymbol{q}) = \begin{bmatrix} -m_p g S_x C_x + m_p g S_x C_x S_y^2 \\ -m_p g C_x S_y C_y \end{bmatrix}$$

$$\bar{\boldsymbol{M}}(\boldsymbol{q}) = \begin{bmatrix} M_x + m_p S_x^2 C_y^2 & m_p S_x S_y C_y \\ m_p S_x S_y C_y & M_y + m_p S_y^2 \end{bmatrix},\ \ \boldsymbol{I}_2 = \begin{bmatrix} 1 & 0 \\ 0 & 1 \end{bmatrix}$$

$$\boldsymbol{M}_{22}(\boldsymbol{q}) = \begin{bmatrix} m_p l^2 C_y^2 & 0 \\ 0 & m_p l^2 \end{bmatrix},\ \ \boldsymbol{M}_{21}(\boldsymbol{q}) = \begin{bmatrix} m_p l C_x C_y & 0 \\ -m_p l S_x S_y & m_p l C_y \end{bmatrix}$$

$$\boldsymbol{C}_{22}(\boldsymbol{q},\ \dot{\boldsymbol{q}}) = \begin{bmatrix} -m_p l^2 S_y C_y \dot{\theta}_y & m_p l^2 S_y C_y \dot{\theta}_x \\ m_p l^2 S_y C_y \dot{\theta}_x & 0 \end{bmatrix},\ \ \boldsymbol{G}_2(\boldsymbol{q}) = \begin{bmatrix} m_p g l S_x C_y \\ m_p g l C_x S_y \end{bmatrix}$$

$$\boldsymbol{s} = \dot{\boldsymbol{e}}_1 + \lambda_1 \boldsymbol{e}_1 + \alpha_2 \dot{\boldsymbol{e}}_2 + \lambda_2 \boldsymbol{e}_2,\ \ \boldsymbol{e}_1 = \begin{bmatrix} x - p_{dx} \\ y - p_{dy} \end{bmatrix},\ \ \boldsymbol{e}_2 = \begin{bmatrix} \theta_x \\ \theta_y \end{bmatrix}$$

且 $\lambda_1 = \begin{bmatrix} 1.2 & 0 \\ 0 & 1.8 \end{bmatrix}$，$\lambda_2 = \begin{bmatrix} -2.2 & 0 \\ 0 & -2.6 \end{bmatrix}$，$\alpha_2 = \begin{bmatrix} 0.3 & 0 \\ 0 & 0.2 \end{bmatrix}$，$K = \begin{bmatrix} 1.3 & 0 \\ 0 & 1.6 \end{bmatrix}$ 代表控制增益矩阵。

为更好展现所提 PD-SMC 控制方法控制性能的优异性，引入如下三个控制性能指标：

① $\theta_{x\max}$、$\theta_{y\max}$：最大负载摆角的幅值；

② θ_{xres}、θ_{yres}：台车停止运行后最大负载摆角的幅值；

③ δ_x、δ_y：台车停止运行后台车的定位误差。

表 6-3 及图 6-16～图 6-19 给出 LQR 控制方法、ECOF 控制方法、SMC 控制方法及所提 PD-SMC 控制方法的实验结果。由表 1 及图 3-6 可知，这四种控制方法均可在 4 s 内驱动台车至目标位置处，且在 X 方向上的定位误差不大于 3 mm，在 Y 方向上的定位误差不大于 2 mm。不过与 LQR 控制方法（最大负载摆角为 3.6°、3.8°，残余负载摆角为 2.1°、1.1°）、ECOF 控制方法（最大负载摆角为 3.9°、1.8°，几乎无残余负载摆角）、SMC 控制方法（最大负载摆角为 4.7°、4.3°，几乎无残余负载摆角）相比，所提 PD-SMC 控制方法可将负载摆动抑制在一个更小的范围内（最大负载摆角为 1.9°、1.1°，几乎无残余负载摆角）。除此之外，在整个运输过程中，LQR 控制方法及 ECOF 控制方法控制的负载仍然前后不停地摆动，而所提 PD-SMC 控制方法及 SMC 控制方法控制的负载相对稳定。由此可知，本节所提 PD-SMC 控制方法在摆动抑制与消除方面的控制性能更优异。

表 6-3　实验 1 的性能指标

控制方法	$\theta_{x\max}$（°）	$\theta_{y\max}$（°）	θ_{xres}（°）	θ_{yres}（°）	δ_x（m）	δ_y（m）
LQR 控制方法	3.6	3.8	2.1	1.1	0.001	0.002
ECOF 控制方法	3.9	1.8	0.3	0.2	0.003	0.001
SMC 控制方法	4.7	4.3	0.1	0.3	0.001	0.001
所提 PD-SMC 控制方法	1.9	1.1	0.1	0.1	0.002	0.001

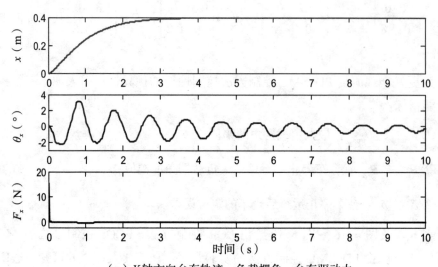

（a）X轴方向台车轨迹、负载摆角、台车驱动力

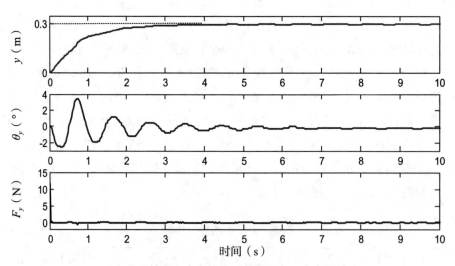

（b）Y轴方向台车轨迹、负载摆角、台车驱动力

图6-16　LQR控制方法的实验结果

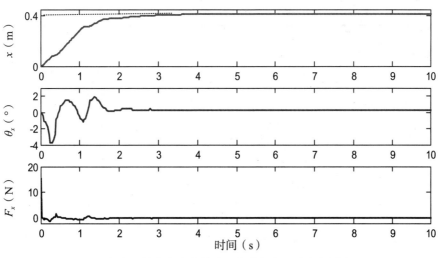

（a）X 轴方向台车轨迹、负载摆角、台车驱动力

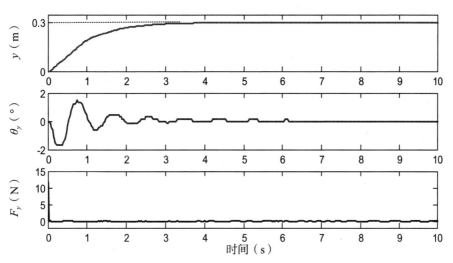

（b）Y 轴方向台车轨迹、负载摆角、台车驱动力

图 6-17　ECOF 控制方法的实验结果

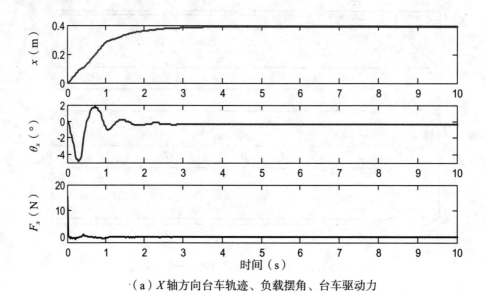

（a）X轴方向台车轨迹、负载摆角、台车驱动力

（b）Y轴方向台车轨迹、负载摆角、台车驱动力

图6-18　SMC控制方法的实验结果

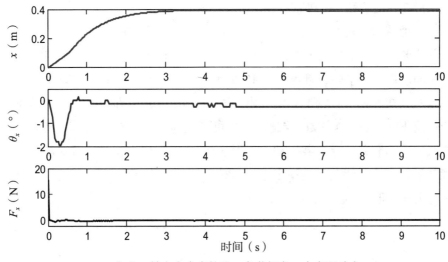

（a）X轴方向台车轨迹、负载摆角、台车驱动力

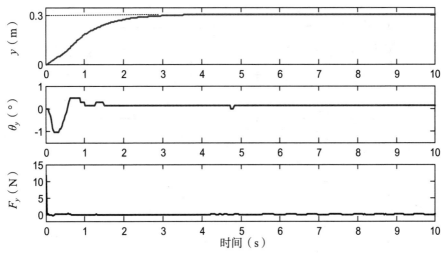

（b）Y轴方向台车轨迹、负载摆角、台车驱动力

图 6-19　所提 PD-SMC 控制方法的实验结果

第二组实验　为进一步验证所提 PD-SMC 控制方法的鲁棒性，考虑如下三种情形：

情形 1：引入初始负载摆角扰动桥式吊车系统；

情形 2：负载质量及吊绳长度分别变为 2 kg 及 0.8 m，而它们的名义值依旧与实验 1 保持一致；

情形3：对负载加入外部扰动。

这三种情形中的控制增益和实验 1 的相同。所提 PD-SMC 控制方法针对这三种情形的实验结果见图 6-20 ～图 6-22。由图 6-20 可知，初始负载摆动在很短时间内得到了消除，且与图 6-19 相比，所提 PD-SMC 控制方法的控制性能并未受到初始负载摆动的影响。由图 6-21 不难发现，即使在系统参数不确定的情况下，所提 PD-SMC 控制方法仍可精确地驱动台车至目标位置处，与此同时快速抑制并消除负载摆动。由图 6-22 可以看出，在对负载摆动加入外部扰动后，系统很快就重新稳定下来。这些结果均表明所提 PD-SMC 控制方法具有很强的鲁棒性。

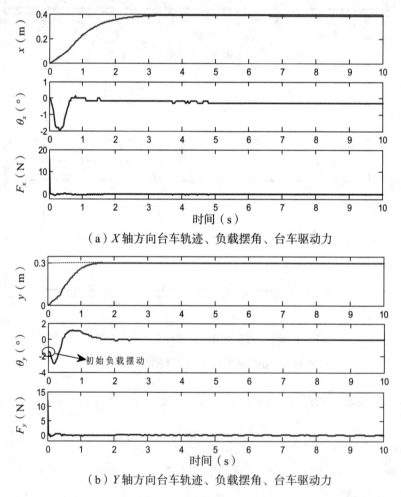

（a）X 轴方向台车轨迹、负载摆角、台车驱动力

（b）Y 轴方向台车轨迹、负载摆角、台车驱动力

图 6-20　所提 PD-SMC 控制方法针对情形 1 的实验结果

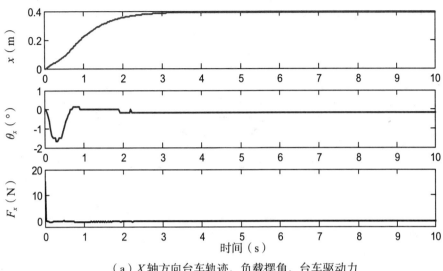

（a）X 轴方向台车轨迹、负载摆角、台车驱动力

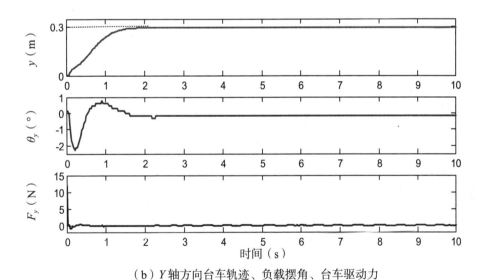

（b）Y 轴方向台车轨迹、负载摆角、台车驱动力

图 6-21　所提 PD-SMC 控制方法针对情形 2 的实验结果

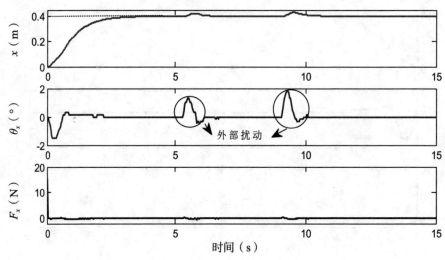

（a）X轴方向台车轨迹、负载摆角、台车驱动力

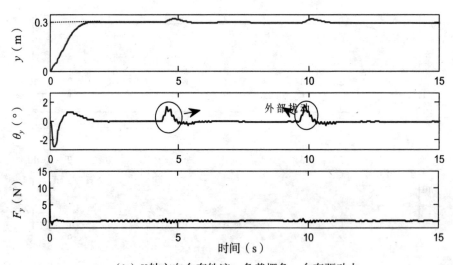

（b）Y轴方向台车轨迹、负载摆角、台车驱动力

图6-22　所提 PD-SMC 控制方法针对情形 3 的实验结果

6.5　本章小结

　　本章首先针对二级摆型桥式吊车系统提出了一种增强耦合非线性 PD 滑模控制方法。该方法用 PD 控制器替代传统滑模方法的等效部分，因此其不包含与系统参数相关的项。所设计控制器由两部分组成：滑模控制部分及 PD 控制部分。滑模控制部分用来构造控制器的框架，针对吊车系统存在模型不确定性、系统参数不同 / 不确定及外部扰动具有很强的鲁棒性。PD 控制部分用来稳定控制系统，并且，通过引入一个广义函数，增强了台车运动、吊钩摆动及负载摆动之间的耦合关系，大大提升了系统的暂态控制性能。然后利用李雅普诺夫定理以及 Schur 补证明了所提 PD 滑模控制方法即使在未建模动态、系统参数不确定及外部扰动存在的情况时仍然可以保证系统的渐近稳定性和收敛性。仿真结果表明所提 PD 滑模控制方法的正确性及优异的控制性能。

　　其次，针对带有不确定动态的桥式吊车系统提出了一种无负载摆角反馈的有限时间轨迹跟踪控制方法。与已有控制方法相比，所设计控制器不需要负载摆角的反馈，并解决系统存在不确定动态的问题。为估计不方便测量的负载摆角及不确定动态，设计了两个终端滑模观测器。紧接着，通过这些估计的信息，提出了一种有限时间轨迹跟踪控制方法。然后利用李雅普诺夫定理及拉塞尔不变性原理证明了闭环系统的稳定性与系统状态的收敛性。仿真结果表明所设计控制器的正确性与有效性。

　　最后，针对桥式吊车经常遭受外部扰动及系统参数不确定性的影响，且系统往往存在着一些很难用精确数学表达式描述的未建模动态的问题，本章针对三维桥式吊车系统提出了一种与模型无关的带有负载摆动抑制的 PD-SMC 控制方法。所设计控制器由三部分组成：PD 控制部分用以稳定控制系统；SMC 控制部分用以针对外部扰动、参数不确定性及未建模动态提供强鲁棒性；消摆部分用以快速抑制并消除负载摆动。然后利用李雅普诺夫方法及 Schur 补证明了闭环系统的稳定性及系统状态的收敛性。

第 7 章　总结与展望

7.1　本书总结

已有的大多数方法将负载摆动视为单级摆动进行处理，然而某些类型的负载及起重机构会导致负载绕着吊钩摆动，出现二级摆效应，使系统的摆动特性更为复杂，其控制器的设计更具挑战性，这也导致了已有基于单摆运动的控制方法无法直接应用于二级摆型桥式吊车系统中的问题出现。二级摆型桥式吊车系统的控制方法多为调节控制方法，轨迹规划的环节往往被忽略。现有欠驱动吊车系统及二级摆型桥式吊车系统的调节控制方法随着目标位置增大，初始定位误差就会很大，初始的驱动力会很大，相应的台车加速度也会很大，最终导致负载大幅度摆动。为了证明系统的稳定性与收敛性，已有针对欠驱动桥式吊车系统的控制方法需假设负载的初始摆角为零，也就是说，在初始负载摆角不为零的情况下，已有的控制方法并不适用，大大限制了这些控制方法的应用范围，并且，伴有负载升降运动的控制方法大多需要进行近似或者线性化处理，以及并未考虑到负载受持续扰动的情况。此外，吊车工作环境较为复杂，会经常遭受系统参数不确定性、未建模动态及外部扰动的影响，而已有针对这些因素的滑模控制方法存在着抖振、需了解系统参数先验知识及无法保证台车在有限时间内跟踪上其期望轨迹的问题。针对以上所有问题及现有方法的不足，本书展开了以下几方面的工作：

（1）二级摆型桥式吊车系统在线轨迹规划（第 2 章）。考虑到离线轨迹规划方法需要根据不同运输任务，重新调试轨迹参数的缺点，以及吊车使用人员更希望台车轨迹能够在线生成的事实，本书第 2 章提出了一种在线轨迹规划方法。为实现台车的精确定位与负载摆动的有效抑制与消除，将在线规划的轨迹分成两部分：①台车定位参考轨迹：驱动台车到达目标位置；②消摆环节：抑制并消除吊钩摆动及负载摆动。其中，引入的消摆环节并不会影响到台车的定位性能。

（2）桥式吊车系统跟踪控制（第 3 章）。桥式吊车系统通常会受到负载质量、台车质量、吊绳长度、摩擦力等系统参数不确定因素及空气阻力等外部扰动的影响。考虑到这个问题，针对二级摆型桥式吊车系统，本书第 3 章提出了一种带有跟踪误差约束的自适应跟踪控制方法。该方法即使在系统参数不确定的情况下及存在外部扰动时仍可保证系统的渐近跟踪特性。同时，在设计的控制器中加入了一个额外项可保证跟踪误差始终在允许的范围内。紧接着，针对二维桥式吊车系统，本书第 3 章又提出了一种考虑初始负载摆角的误差跟踪控制方法，旨在放宽常规控制方法的初始负载摆角为零的假设，允许负载的初始摆角取任意值。这种方法预先给定期望误差轨迹，可保证实际误差轨迹收敛于期望误差轨迹。同时，期望误差轨迹一旦设定，可用于吊车系统执行不同的运输任务，解决了已有轨迹规划方法需要重新离线计算轨迹参数的问题。

（3）桥式吊车系统调节控制（第 4 章）。首先，针对三维桥式吊车系统的欠驱动特性，本书第 4 章提出了一种增强耦合非线性控制方法。所提控制方法结构简单，便于实际吊车系统应用，通过引入两个新型复合信号加强台车运动与负载摆动之间的耦合关系，提升了控制方法在消摆、定位方面的暂态性能。紧接着，针对二级摆型桥式吊车系统，本书第 4 章又设计了一种考虑初始输入约束的能量耦合控制方法。对调节控制方法而言，当目标位置很远时，初始的驱动力会很大，相应的台车加速度也会很大，会导致负载大幅度摆动，并可能损坏电机。为解决调节控制方法固有的缺点，在这两个控制方法中引入了一个平滑的双曲正切函数，可大大减少台车的驱动力，尤其是初始驱动力，保证台车的平滑启动。

（4）伴有负载升降运动的桥式吊车控制（第 5 章）。首先，鉴于已有大多数针对伴有负载升降运动的桥式吊车控制方法需近似或者线性化处理的缺点，本书第 5 章提出了一种带有局部饱和的自适应控制器，解决了系统参数未知/不确定的控制问题。同时，在所设计的控制器中加入了一个记忆模块，减少了收敛时间并提供正确的权重值。紧接着，考虑到负载受持续扰动的情况，本书

第 5 章又提出了一种基于能量分析的模糊控制方法，可使台车位移及吊绳长度快速、准确地到达目标位置及目标长度，实现负载扰动的完全补偿，同时可有效地抑制并消除负载摆动。具体而言，通过引入坐标变换，建立了带有持续外部扰动的可升降桥式吊车系统的数学模型。然后，设计了模糊扰动观测器，实现了对外部扰动的准确估计。最后，本书第 5 章通过引入一个集合台车运动与负载摆动的广义信号，设计了基于能量的模糊控制器。

（5）考虑未建模动态及外部扰动的滑模控制（第 6 章）。鉴于桥式吊车工作在室外，经常遭受如风力等的外界扰动、系统参数不确定性及自身未建模动态的影响，本书第 6 章提出了两种滑模控制方法。首先，考虑到传统滑模控制方法固有的两个缺点（抖振现象及需了解系统参数先验知识），用 PD 控制器替代传统滑模控制方法的等效部分，并用平滑的双曲正切函数替代不连续的符号函数，针对二级摆型桥式吊车系统，提出了增强耦合非线性的 PD 型滑模控制方法。该方法具有 PD 控制方法结构简单及滑模控制方法强鲁棒性的优点，因此，有很好的实际工程应用价值。紧接着，考虑到负载摆角很难甚至无法测量的问题，以及已有大多数控制方法仅能够保证系统状态的渐近收敛性，而在很多场合，需要在有限 / 很短时间内完成台车的运输任务，本书第 6 章又提出了一种带有不确定动态及无负载摆角反馈的有限时间轨迹跟踪控制方法。在没有负载摆角反馈的情况下，该方法亦可在有限的时间内完成台车轨迹的跟踪，并最终实现负载的抑制和消除。通过将本方法与 LQR 控制方法、增强耦合非线性控制方法以及 PD 控制方法进行对比，证明了其在定位、消摆及鲁棒性方面均有很好的控制效果。最后，针对三维桥式吊车系统，本书第 6 章提出了可消除负载摆动的 PD-SMC 控制方法。该控制方法可同时实现精确定位及快速消摆的控制目标，并且具有很强的鲁棒性。

7.2　未来工作展望

本书针对欠驱动单级摆及二级摆型桥式吊车系统的定位和消摆控制问题展开了研究，并取得了一些初步研究成果。尽管如此，当前仍存在一些开放性难题需要进行下一步研究：

（1）基于球面摆的欠驱动吊车控制问题。已有所有欠驱动吊车系统的控制方法均是基于负载只在一个平面上摆动的假设而提出的。实际上，负载的摆动并非被约束在某一个平面上，而是会偏离原来的摆动平面，在一个球面上摆动，即为球面摆。目前，国内讨论球面摆的文章并不多，因此如何设计出基于球面摆的欠驱动吊车系统的控制方法，具有非常重要的理论与实际工程意义。

（2）二级摆型桥式吊车系统控制方法需近似或者线性化处理的问题。本书针对二级摆型桥式吊车系统的四种控制方法在进行稳定性与收敛性分析时，均需要将所得闭环系统在其平衡点处做近似或者线性化处理。若系统遭遇大幅度的外部干扰时，其状态会偏离平衡点，致使以上所有控制方法的控制性能大打折扣。因此，如何针对二级摆型桥式吊车系统，设计出无须近似或者线性化处理的控制方法值得进行下一步的研究。

（3）有限时间跟踪与消摆控制问题。已有大多数控制方法仅能保证吊车系统的渐近稳定性，而在很多情况下，需要在有限／较短的时间内完成轨迹跟踪与消摆控制。虽然本书设计了一种可以保证在有限时间内完成轨迹跟踪的控制方法，但该方法无法保证负载摆动在有限时间内得以抑制与消除。因此，针对欠驱动吊车系统设计出有限时间轨迹跟踪与消摆控制方法是非常重要的。

（4）第二级摆角很难或者无法直接测量的问题。已有所有针对二级摆型桥式吊车系统的控制方法均需要所有系统状态的实时反馈。但桥式吊车在实际运行中，其第二级摆角很难或者无法直接测量。在这种情况下，如何利用有限的信号反馈来完成二级摆型桥式吊车系统的控制极具挑战性。

（5）外部扰动、未建模动态、系统参数不确定问题。由于桥式吊车工作在室外，不可避免地会受到风力等外界因素的持续干扰。如果不对其进行妥善处理，将大大损害吊车的操作效果。另一方面，吊车系统还存在未建模动态及系统参数不确定的问题。因此，如何在设计控制方法时充分考虑外部扰动、未建模动态及系统参数不确定的问题，是具有非常重要的实际工程意义的。对此，拟采用前馈＋反馈相结合的控制方案。具体来说，首先设计高效的扰动观测器，对此类因素进行观测和前馈补偿，尽可能地消除其影响。其次，结合滑模等控制方法，设计强鲁棒性的控制方法，对残余干扰实施进一步的抑制。

参 考 文 献

[1] Abdel-Rahman E M, Nayfeh A H, Masoud Z N. Dynamics and control of cranes: A review [J]. Journal of Vibration and Control, 2003, 9 (7): 863-908.

[2] Ramli L, Mohamed Z, Abdullahi A M, et al. Control strategies for crane systems: A comprehensive review [J]. Mechanical Systems and Signal Processing, 2017, 95: 1-23.

[3] Bloch A M, Reyhanoglu M, Mcclamroch N H. Control and stabilization of nonholonomic dynamic systems [J]. IEEE Transactions on Automatic Control, 1992, 37 (11): 1746-1757.

[4] Jeong S, Chwa D. Coupled multiple sliding-mode control for robust trajectory tracking of hovercraft with external disturbances [J]. IEEE Transactions on Industrial Electronics, 2018, 65 (5): 4103-4113.

[5] Yu W, Li X, Panuncio F. Stable neural PID anti-swing control for an overhead crane [J]. Intelligent Automation and Soft Computing, 2014, 20(2): 145-158.

[6] Sun N, Fang Y, Chen H, et al. Nonlinear antiswing control of offshore cranes with unknown parameters and persistent ship-induced perturbations: Theoretical design and hardware experiments [J]. IEEE Transactions on Industrial Electronics, 2018, 65 (3): 2629-2641.

[7] Le A, Lee S G. 3D cooperative control of tower cranes using robust adaptive techniques [J]. Journal of the Franklin Institute-Engineering and Applied Mathematics, 2017, 354 (18): 8333-8357.

[8] Duong S C, Uezato E, Kinjo H, et al. A hybrid evolutionary algorithm for recurrent neural network control of a three-dimensional tower crane [J].

Automation in Construction，2012，23：55-63.

[9] Bresch-Pietri D，Kristic M. Adaptive trajectory tracking despite unknown input delay and plant parameters [J]. Automatica，2009，45（9）：2074-2081.

[10] 王新华，谢超. 美国起重机安全管理的现状 [J]. 起重运输机械，2009（8）：1-4.

[11] BBC News. Mecca crane collapse：107 dead at Saudi Arabia's grand mosque [EB/OL] [2016-12-01]. http：//www.bbc.com/news/world-middle-east-34226003. html.

[12] Rishmawi S. Tip-over stability analysis of crawler cranes in heavy lifting applications [J]. Atlanta：Georgia Institute of Technology，2016.

[13] 孙宁. 欠驱动吊车轨迹规划与非线性控制策略设计、分析及应用 [D]. 天津：南开大学，2014.

[14] Saeidi H，Naraghi M，Raie A A. A neural network self tuner based on input shapers behavior for anti sway system of gantry cranes [J]. Journal of Vibration and Control，2013，19（13）：1936-1949.

[15] Omar H M. Control of gantry and tower cranes [D]. Blacksburg：Virginia Polytechnic Institute and State University，2003.

[16] Smith O J M. Posicast control of damped oscillatory systems [J]. Proceedings of the IRE，1957，45（9）：1249-1255.

[17] Tallman G H，Smith O J M. Analog study of dead-beat posicast control [J]. IRE Transactions on Automatic Control，1958，4（1）：14-21.

[18] Singhose W. Command shaping for flexible systems：A review of the first 50 years [J]. International Journal of Precision Engineering and Manufacturing，2009，10（4）：153-168.

[19] Omar H M，Nayfeh A H. Gantry cranes gain scheduling feedback control with friction compensation [J]. Journal of Sound and Vibration，2005，281（1）：1-20.

[20] Tumari M Z M，Shabudin L，Zawawi M A，et al. Active sway control of a gantry crane using hybrid input shaping and PID control schemes [J]. IOP Conference Series：Materials Science and Engineering，2013，50（1）：012029.

［21］ Sorensen K, Singhose W, Dickerson S. A controller enabling precise positioning and sway reduction in bridge and gantry cranes［J］. Control Engineering Practice, 2007, 15（7）: 825-837.

［22］ Singhose W, Porter L, Kenison M, et al. Effects of hoisting on the input shaping control of gantry cranes［J］. Control Engineering Practice, 2000, 8（10）: 1159-1165.

［23］ Thalapil J. Input shaping for sway control in gantry cranes［J］. IOSR Journal of Mechanical and Civil Engineering, 2012, 1（2）: 36-46.

［24］ Cook G. An application of half-cycle posicat［J］. IEEE Transactions on Automatic Control, 1966, 11（3）: 556-559.

［25］ Shields V C, Cook G. Application of an approximate time delay to a posicast control system［J］. International Journal of Control, 1971, 14（4）: 649-657.

［26］ Masoud Z N, Alhazza K A. Frequency-modulation input shaping control of doublependulum overhead cranes［J］. Journal of Vibration and Control, 2014, 20（1）: 24-37.

［27］ Xie X, Huang J, Liang Z. Vibration reduction for flexible systems by command smoothing［J］. Mechanical Systems and Signal Processing, 2013, 39（1-2）: 461-470.

［28］ Singhose W, Seering W, Singer N. Residual vibration reduction using vector diagrams to generate shaped inputs［J］. ASME Journal of Mechanical Design, 1994, 116（2）: 654-659.

［29］ Singhose W, Kenison M, Kim D. Input shaping control of double-pendulum bridge crane oscillations［J］. ASME Journal of Dynamic Systems, Measurement, and Control, 2008, 103（3）: 1-7.

［30］ Hong K T, Huh C D, Hong K S. Command shaping control for limiting the transients way angle of crane systems［J］. International Journal of Control Automation and Systems, 2003, 1（1）: 43-53.

［31］ Singhose W, Lawrence J, Sorensen K, et al. Applications and educational uses of crane oscillation control［J］. FME Transactions, 2006, 34（4）: 175-183.

［32］ Huh C D, Hong K S. Input shaping control of container crane systems:

limiting the transient sway angle [J]. IFAC Proceeding Volumes, 2002, 35 (1): 445-450.

[33] Cole M O T. A discrete time approach to impulse based adaptive input shaping for motion control without residual vibration [J]. Automatica, 2011, 47(11): 2504-2510.

[34] Blackburn D, Lawrence J, Danielson J, et al. Radialmotion assisted command shapers for nonlinear tower crane rotational slewing [J]. Control Engineering Practice, 2010, 18 (5): 523-531.

[35] Lawrence J, Singhose W. Command shaping slewing motions for tower cranes [J]. Journal of Vibration and Acousttics, 2010, 132 (1): 011002.

[36] Huang J, Maleki E, Singhose W. Dynamics and swing control of mobile boom cranes subject to wind disturbances [J]. IET Control Theory and Applications, 2013, 7 (9): 1187-1195.

[37] Maghsoudi M J, Mohamed Z, Husain A R, et al. An optimal performance control scheme for a 3D crane [J]. Mechanical Systems and Signal Processing, 2016, 66-67: 756-768.

[38] Solihin M I, Legowo A. Fuzzy-tuned PID anti-swing control of automatic gantry crane [J]. Journal of Vibration and Control, 2010, 16 (1): 127-145.

[39] Sorensen K, Singhose W, Dickerson S. A controller enabling precise positioning and sway reduction in bridge and gantry cranes [J]. Control Engineering Practice, 2007, 15 (7): 825-837.

[40] Fujioka D, Singhose W. Performance comparison of input-shaped model reference control on an uncertain flexible system [J]. IFAC Workshop on Time Delay Systems, Ann Arbor, Michigan, 2015: 129-134.

[41] Fang Y, Ma B, Wang P, et al. A motion planning-based adaptive control method for an underactuated crane system [J]. IEEE Transactions on Control Systems Technology, 2012, 20 (1): 241-248.

[42] 孙宁, 方勇纯, 王鹏程, 等. 欠驱动三维桥式吊车系统自适应跟踪控制器设计 [J]. 自动化学报, 2010, 36 (9): 1287-1294.

[43] Zhang M, Ma X, Rong X, et al. An enhanced coupling nonlinear tracking controller for underactuated 3D overhead crane systems [J]. Asian Journal of Control, 2018, 20 (6): 1-16.

［44］ Din S U, Khan Q, Rehman F U, et al. A comparative experimental study of robust sliding mode control strategies for underactuated systems ［J］. IEEE Access, 2017（5）: 10068-10080.

［45］ Wu Z, Xia X H, Zhu B. Model predictive control for improving operational efficiency of overhead cranes ［J］. Nonlinear Dynamics, 2015, 79（4）: 2639-2657.

［46］ Sun N, Fang Y, Zhang Y, et al. A novel kinematic coupling-based trajectory planning method for overhead cranes ［J］. IEEE/ASME Transactions on Mechatronics, 2012, 17（1）: 166-173.

［47］ Sun N, Fang Y, Zhang X, et al. Transportation task-oriented trajectory planning for underactuated overhead cranes using geometric analysis ［J］. IET Control Theory and Applications, 2012, 6（10）: 1410-1423.

［48］ Sun N, Fang Y. An efficient online trajectory generating method for underactuated crane systems ［J］. International Journal of Robust and Nonlinear Control, 2014, 24（11）: 1653-1663.

［49］ Chen H, Fang Y, Sun N. Optimal trajectory planning and tracking control method for overhead cranes ［J］. IET Control Theory and Applications, 2016, 10（6）: 692-699.

［50］ Chen H, Fang Y, Sun N. A time-optimal trajectory planning strategy for double pendulum cranes with swing suppression ［J］. Proceedings of the 35th Chinese Control Conference, Chengdu, China, 2016: 4599-4604.

［51］ Omar H M, Nayfeh A H. Anti-swing control of gantry and tower cranes using fuzzy and time delayed feedback with friction compensation ［J］. Shock and Vibration, 2005, 12（2）: 73-89.

［52］ Tuan L A, Lee S G. Modeling and advanced sliding mode controls of crawler cranes considering wire rope elasticity and complicated operations ［J］. Mechanical Systems and Signal Processing, 2018, 103: 250-263.

［53］ Ahmad M A, Ramli M S, Zawawi M A, et al. Hybrid collocated PD with non-collocated PID for sway control of a lab-scaled rotary crane ［J］. Industrial Electronics and Applications, 2010: 707-711.

［54］ Jaafar H I, Mohamed Z, Zainal Abidin A F, et al. Kassim. Performance analysis for a gantry crane system（GCS）using priority-based fitness scheme in binary particle swarm optimization [J]. Advanced Materials Research, 2014 (903): 285-290.

[55] H. I. Jaafar, S.Y. S. Hussien, R. Ghazali. Optimal tuning of PID + PD controller by PFS for gantry crane system [C] // Proceedings of the 10th Asian Control Conference, Sabah, Malaysia, 2015: 1-6.

[56] Fang Y, Dixon W E, Dawson D M, et al. Nonlinear coupling control laws for an underactuated overhead crane system [J]. IEEE/ASME Transactions on Mechatronics, 2003, 8 (3): 418-423.

[57] Azeloglu C, Sagirli A, Edincliler A. Vibration mitigation of nonlinear crane system against earthquake excitations with the self-tuning fuzzy logic PID controller [J]. Nonlinear Dynamics, 2016, 84 (4): 1915-1928.

[58] Milovanovic M B, Antic D S, Milojkovic M T, et al. Adaptive PID control based on orthogonal endocrine neural networks [J]. Neural Networks, 2016 (84): 80-90.

[59] He J, Huan Y, Yan W, et al. Integrated internal truck, yard crane and quay crane scheduling in a container terminal considering energy consumption [J]. Expert Systems with Applications, 2015, 42 (5): 2464-2487.

[60] Li H, Zhou C, Lee B K, et al. Capacity planning for mega container terminals with multi-objective and multi-fidelity simulation optimiza tion [J]. ISA Transactions, 2017, 49 (9): 849-862.

[61] Kumagai T, Saitoh T M, Sato Y, et al. Transpiration, canopy conductance and the decoupling coefficient of a lowland mixed dipterocarp forest in Sarawak, Borneo: dry spell effects [J]. Journal of Hydrology, 2004, 287 (1~4): 237-251.

[62] 游谊, 胡伟, 张自强, 等. 基于遗传算法的塔式起重机定位和防摆研究 [J]. 机械制造与自动化, 2013, 42 (6), 186-188.

[63] Saeidi H, Naraghi M, Raie A A. A neural network self tuner based on input shapers behavior for anti sway system of gantry cranes [J]. Journal of Vibration and Control, 2013, 19 (13): 1936-1949.

[64] Ouyang H, Zhang G, Mei L, et al. Load vibration reduction in rotary cranes using robust two degree of freedom control approach [J]. Advances in Mechanical Engineering, 2016, 8 (3): 1-11.

［65］ Sano S, Ouyang H, Yamashita H, et al. LMI approach to robust control of rotary cranes under load sway frequency variance ［J］. Journal of System Design and Dynamics, 2011, 5（7）: 1402-1417.

［66］ Tuan L A, Lee S G, Moon S C. Partial feedback linearization and sliding mode techniques for 2D crane control ［J］. Transactions of the Institute of Measurement and Control, 2014, 36（1）: 78-87.

［67］ Tuan L A, Lee S G, Dang V H, et al. Partial feedback linearization control for a three-dimensional overhead crane ［J］. International Journal of Control Automation and Systems, 2013, 11（4）: 718-727.

［68］ Wu X, He X. Partial feedback linearization control for 3-D underactuated overhead crane systems ［J］. ISA Transactions, 2016（65）: 361-370.

［69］ Tuan L A, Kim G H, Kim M Y, et al. Partial feedback linearization control of overhead cranes with varying cable lengths ［J］. International Journal of Precision Engineering and Manufacturing, 2012, 13（4）: 501-507.

［70］ Hilhorst G, Pipeleers G, Michiels W. et al. Fixed-order linear parameter-varying feedback control of a lab-scale overhead crane ［J］. IEEE Transactions on Control Systems Technology, 2016, 24（5）: 1899-1907.

［71］ Uchiyama N. Robust control for overhead cranes by partial state feedback ［J］. Journal of Systems and Control Engineering, 2009, 223（4）: 575-580.

［72］ Vazquez C, Collado J, Fridman L. Control of a parametrically excited crane: A vector Lyapunov approach ［J］. IEEE Transactions on Control Systems Technology, 2013, 21（6）: 2332-2340.

［73］ Masoud Z N, Nayfeh A H. Sway reduction on container cranes using delayed feedback controller ［J］. Nonlinear Dynamics, 2003, 34（3～4）: 347-358.

［74］ Jolevski D, Bego O. Model predictive control of gantry/bridge crane with anti-sway algorithm ［J］. Journal of Mechanical Science and Technology, 2015, 29（2）: 827-834.

［75］ Chen H, Fang Y, Member S, et al. A swing constraint guaranteed MPC algorithm for underactuated overhead cranes ［J］. IEEE/ASME Transactions on Mechatronics, 2016, 21（5）: 2543-2555.

［76］ Smoczek J, Szpytko J. Particle swarm optimization-based multivariable generalized predictive control for an overhead crane ［J］. IEEE/ASME

Trans. Mechatronics, 2017, 22（1）: 258-268.

［77］ Alasali F, Haben S, Becerra V, et al. Optimal energy management and MPC strategies for electrified RTG cranes with energy storage systems［J］. Energies, 2017, 10（10）: 1598.

［78］ Neupert J, Arnold E, Schneider K, et al. Tracking and anti-sway control for boom cranes［J］. Control Engineering Practice, 2010, 18（1）: 31-44.

［79］ Böck M, Kugi A. Real-time nonlinear model predictive path-following control of a laboratory tower crane［J］. IEEE Transactions on Control Systems Technology, 2014, 22（4）: 1461-1473.

［80］ Oh K, Seo J, Kim J G, et al. MPC-based approach to optimized steering for minimum turning radius and efficient steering of multi-axle crane［J］. International Journal of Control Automation and Systems, 2017, 15（4）: 1799-1813.

［81］ Pannil P, Smerpitak K, La-orlao V, et al. Load swing control of an overhead crane［J］. Proceedings of the International Conference on Control Automation and Systems, Gyeonggi-do, Korea, 2010: 1926-1929.

［82］ Smoczek J. Experimental verification of a GPC-LPV method with RLS and P1-TS fuzzy-based estimation for limiting the transient and residual vibration of a crane system［J］. Mechanical Systems and Signal Process, 2015（62-63）: 324-340.

［83］ 方勇纯，卢桂章. 非线性系统理论［M］. 北京: 清华大学出版社, 2009.

［84］ 马博军，方勇纯，王宇韬，等. 欠驱动桥式吊车系统自适应控制［J］. 控制理论与应用, 2008, 25（6）: 1105-1109.

［85］ Cho H C, Lee K S. Adaptive control and stability analysis of nonlinear crane systems with perturbation［J］. Journal of Mechanical Science and Technology, 2008, 22（6）: 1091-1098.

［86］ Sun N, Fang Y, Chen H. Adaptive antiswing control for cranes in the presence of rail length constraints and uncertainties［J］. Nonlinear Dynanics, 2015, 81（1～2）: 41-51.

［87］ Sun N, Fang Y, He C, et al. Adaptive nonlinear crane control with load hoisting/lowering and unknown parameters: design and experiments［J］. IEEE/ASME Transactions on Mechatronics, 2015, 20（5）: 2107-2119.

[88] Yang J H, Shen S H. Novel approach for adaptive tracking control of a 3-D overhead crane system [J]. Journal of Intelligent and Robotic Systems, 2011, 62 (1): 59-80.

[89] Wang D, He H, Liu D. Adaptive critic nonlinear robust control: A survey [J]. IEEE Transactions on Cybernetics, 2017, 47 (10): 3429-3451.

[90] Sun N, Fang Y, Chen H, et al. Slew/translation positioning and swing suppression for 4-DOF tower cranes with parametric uncertainties: design and hardware experimentation [J]. IEEE Transactions on Industrial Electronics, 2016, 63 (10): 6407-6418.

[91] Wu T S, Karkoub M, Wang H, et al. Robust tracking control of MIMO underactuated nonlinear systems with dead-zone band and delayed uncertainty using an adaptive fuzzy control [J]. IEEE Transactions on Fuzzy Systems, 2017, 25 (4): 905-918.

[92] Qian Y, Fang Y, Lu B. Adaptive repetitive learning control for an offshore boom crane [J]. Automatica, 2017 (82): 21-28.

[93] Tuan L A, Lee S G, Nho L C, et al. Model reference adaptive sliding mode control for three dimensional overhead cranes [J]. International Journal of Precision Engineering and Manufacturing, 2013, 14 (8): 1329-1338.

[94] Pezeshki S, Badamchizadeh M A, Ghiasi A R, et al. Control of overhead crane system using adaptive model-free and adaptive fuzzy sliding mode controllers [J]. Journal of Control Automation and Electrical Systems, 2014, 26 (1): 1-15.

[95] Cao L, Wang H, Niu C, et al. Adaptive backstepping control of crane hoisting system [C] // Proceedings of the International Conference on Bio-Inspired Computing Theories and Applications, Zhengzhou, China, 2007: 245-248.

[96] 王建南, 刘德君. 基于模糊自适应 PID 控制的吊车防摆定位系统 [J]. 微计算机信息, 2007, 23 (22): 35-36.

[97] Xu W M, Xu P. Robust adaptive sliding mode synchronous control of double-container for twin-lift overhead cranes with uncertain disturbances [J]. Control and Decision, 2016, 31 (7): 1192-1198.

[98] Si W, Dong X, Yang F. Adaptive neural control for stochastic pure-feedback non-linear time-delay systems with output constraint and

asymmetric input saturation [J]. IET Control Theory and Applications, 2017, 11 (14): 2288-2298.

[99] Liu Z, Liu J, He W. An adaptive iterative learning algorithm for boundary control of a flexible manipulator [J]. International Journal of Adaptive Control and Signal Processing, 2017, 31 (6): 903-916.

[100] Lee L, Huang P, Shih Y, et al. Parallel neural network combined with sliding mode control in overhead crane control system [J]. Journal of Vibration and Control, 2014, 20 (5): 749-760.

[101] Abe A. Anti-sway control for overhead cranes using neural networks [J]. International Journal of Innovative Computing Information and Control Ijicic, 2011, 7 (7): 4251-4262.

[102] Zhu X, Wang N. Cuckoo search algorithm with membrane communication mechanism for modeling overhead crane systems using RBF neural networks [J]. Applied Soft Computing, 2017, 56: 458-471.

[103] Yang X S, Deb S. Cuckoo search via Lévy flights [J]. World Congress on Nature and Biologically Inspired Computing Coimbatore, 2010, 71 (1): 210-214.

[104] Naik M K, Panda R. A novel adaptive cuckoo search algorithm for intrinsic discriminant analysis based face recognition [J]. Applied Soft Computing, 2016, 38 (C): 661-675.

[105] Nakazono K, Ohnishi K, Kinjo H, et al. Vibration control of load for rotary crane system using neural network with GA-based training [J]. Artificial Life and Robotics, 2008, 13 (1): 98-101.

[106] Drag L. Model of an artificial neural network for optimization of payload positioning in sea waves [J]. Ocean Engineering, 2016, 115: 123-134.

[107] Ranjbari L, Shirdel A H, Aslahi-Shahri M, et al. Designing precision fuzzy controller for load swing of an overhead crane [J]. Neural Computing and Applications, 2015, 26 (7): 1555-1560.

[108] Smoczek J, Szpytko J. Evolutionary algorithm-based design of a fuzzy TBF predictive model and TSK fuzzy anti-sway crane control system [J]. Engineering Applications of Artificial Intelligence, 2014, 28 (2): 190-200.

[109] Cho S K, Lee H H. A fuzzy-logic antiswing controller for three-

dimensional overhead cranes [J]. ISA Transactions, 2002, 41（2）: 235-243.

［110］ Omar F, Karray F, Basir O, et al. Autonomous overhead crane system using a fuzzy logic controller [J]. Journal of Vibration and Control, 2002, 10（10）: 1255-1270.

［111］ Smoczek J. Fuzzy crane control with sensorless payload deflection feedback for vibration reduction [J]. Mechanical Systems and Signal Processing, 2014, 46（1）: 70-81.

［112］ Wu T S, Karkoub M, Yu W S, et al. Anti-sway tracking control of tower cranes with delayed uncertainty using a robust adaptive fuzzy control [J]. Fuzzy Sets and Systems, 2016, 290（C）: 118-137.

［113］ Al-mousa A A, Nayfeh A H, Kachroo P. Control of rotary cranes using fuzzy logic [J]. Shock and Vibration, 2003, 10（2）: 81-95.

［114］ 刘殿通, 易建强, 谭民. 适于长距离运输的分段吊车模糊控制 [J]. 控制理论与应用, 2003, 20（6）: 908-912.

［115］ Levant A. Principles of 2-sliding mode design [J]. Automatica, 2007, 43（4）: 576-586.

［116］ Almutairi N B, Zribi M. Sliding mode control of a three-dimensional overhead crane [J]. Journal of Vibration and Control, 2009, 15（11）: 1679-1730.

［117］ Liu D, Yi J, Zhao D, et al. Adaptive sliding mode fuzzy control for a two dimensional overhead crane [J]. Mechatronics, 2005, 15（5）: 505-522.

［118］ 谭莹莹, 徐为民, 徐攀, 等. 基于动态滑模结构的桥式吊车防摇定位控制器设计 [J]. 控制工程, 2013（增刊）: 117-121.

［119］ Tuan L A, Lee S G. Sliding mode controls of double-pendulum crane systems [J]. Journal of Mechanical Science and Technology, 2013, 27（6）: 1863-1873.

［120］ Lu B, Fang Y, Sun N. Sliding mode control for underactuated overhead cranes suffering from both matched and unmatched disturbances [J]. Mechatronics, 2017, 47: 116-125.

［121］ Lin F J, Chou P H, Chen C S, et al. Three-degree-of-freedom dynamic modelbased intelligent nonsingular terminal sliding mode control for a gantry position stage [J]. IEEE Transactions on Fuzzy Systems, 2012, 20 (5): 971-985.

[122] Chwa D. Sliding-mode-control-based robust finite-time antisway tracking control of 3-D overhead cranes [J]. IEEE Transactions on Industrial Electronics, 2017, 64 (8): 6775-6784.

[123] Bartolini G, Pisano A, Usai E. Second-order sliding-mode control of container cranes [J]. Automatica, 2002, 38 (10): 1783-1790.

[124] Xi Z, Hesketh T. Discrete time integral sliding mode control for overhead crane with uncertainties [J]. IET Control Theory and Applications, 2010, 4 (10): 2071-2081.

[125] Qian D, Yi J. Hierarchical sliding mode control for under-actuated cranes [M]. Berlin Heidelberg: Springe-Verlag, 2015.

[126] Defoort M, Maneeratanaporn J, Murakami T. Integral sliding mode antisway control of an underactuated overhead crane system [J]. Mechatronics, IEEE, 2013: 71-77.

[127] Tuan L A, Moon S C, Lee W G, et al. Adaptive sliding mode control of overhead cranes with varying cable length [J]. Journal of Mechanical Science and Technology, 2013, 27 (3): 885-893.

[128] Dai S, Xiao S, Huang H, et al. Sliding model fuzzy control for a bridge crane [J]. Fuzzy Information and Engineering, 2009 (62): 23-30.

[129] Ngo Q H, Nguyen N P, Nguyen C N, et al. Fuzzy sliding mode control of container cranes [J]. International Journal of Control Automation and Systems, 2015, 13 (2): 419-425.

[130] Chen Z M, Meng W J, Zhao M H, et al. Hybrid robust control for gantry crane system [J]. Applied Mechanics and Materials, 2010 (29 ~ 32): 2082-2088.

[131] Yakut O. Application of intelligent sliding mode control with moving sliding surface for overhead cranes [J]. Neural Computing and Applications, 2014, 24 (6): 1369-1379.

[132] Chen Z, Meng W, Zhang J. Intelligent anti-swing control for bridge crane [J]. Journal of Central South University, 2012, 19 (10): 2774-2781.

[133] 孙宁，方勇纯，苑英海，等.一种基于分段能量分析的桥式吊车镇定控制器设计方法 [J].系统科学与数学，2011，31（6）：751-764.

[134] Kamath A K，Singh N M，Kazi F，et al . Dynamics and control of 2D spider crane：A controlled lagrangian approach [C] // Proceedings of the IEEE Conference on Decision and Control，Atlanta，USA，2010：3596-3601.

[135] Ma B，Fang Y，Zhang Y. Switching-based emergency braking control for an overhead crane system [J]. IET Control Theory and Applications，2010，4（9）：1739-1747.

[136] Liu D，Guo W，Yi J . Dynamics and stable control for a class of underactuated mechanical systems [J]. Acta Automatica Sinica，2006，32（3）：422-427.

[137] Sun N，Fang Y. Partially saturated nonlinear control for gantry cranes with hardware experiments [J]. Nonlinear Dynamics，2014，77（3）：655-666.

[138] Sun N，Fang Y，Wu X. An enhanced coupling nonlinear control method for bridge cranes [J]. IET Control Theory and Applications，2014，8（13）：1215-1223.

[139] Sun N，Fang Y，Zhang X. Energy coupling output feedback control of 4-DOF underactuated cranes with saturated inputs [J]. Automatica，2013，49（5）：1318-1325.

[140] Sun N，Fang Y. Nonlinear tracking control of underactuated cranes with load transferring and lowering：Theory and experimentation [J]. Automatica，2014，50（9）：2350-2357.

[141] Huang J，Liang Z，Zang Q. Dynamics and swing control of double-pendulum bridge cranes with distributed-mass beams [J]. Mechanical Systems and Signal Processing，2015（54-55）：357-366.

[142] Khalil H K . Nonlinear Systems [M]. 3rd ed. Englewood Cliffs，NJ：Prentice-Hall，2002.

[143] Ngo K B，Mahony R，Jiang Z P . Integrator backstepping using barrier functions for systems with multiple state constraints [C] // Proceedings of the 44th IEEE Conference of Decision and Control，Seville，Spain，2005：8306-8312.

[144] Tee K P, Ge S S . Control of nonlinear systems with full state constraint using a barrier Lyapunov function [C] // Proceedings of the Joint 48th IEEE Conference of Decision and Control, Shanghai, China, 2009 : 8618-8623.

[145] Chwa D. Nonlinear tracking control of 3-D overhead cranes against the initial swing angle and the variation of payload weight [J] . IEEE Transactions on Control Systems Technology, 2009, 17 (4): 876-883.

[146] Sun M, Yan Q. Error tracking of iterative learning control systems [J] . Acta Automatica Sinica, 2013, 39 (3): 251-262.

[147] Ortega R, Spong M W, Gomez-Estern F, et al. Stabilization of a class of underactuated mechanical systems via interconnection and damping assignment [J] . IEEE Transactions on Automatic Control, 2002, 47 (8): 1218-1233.

[148] Naidu D S . Optimal Control Systems [M] . Boca Raton : CRC Press, 2003.

[149] Sun N, Fang Y. A partially saturated nonlinear controller for overhead cranes with experimental implementation [C] // Proceedings of 2013 IEEE International Conference On Robotics and Automation, Karlsruhe, Germany, 2013 : 4473-4478.

[150] Garrido S, Abderrahim M, Giménez A, et al. Anti-swinging input shaping control of an automatic construction crane [J] . IEEE Transactions on Automation, Science and Engineering, 2008, 5 (3): 549-557.

[151] Trabia M B, Renno J M, Moustafa K A . Generalized design of an anti-swing fuzzy logic controller for an overhead crane with hoist [J] . Journal of Vibration Control, 2008, 14 (3): 319-346.

[152] Banavar R, Kazi F, Ortega R, et al. The IDC-PBC methodology applied to a gantry crane [C] // Proceedings of the 17th International Symposium on Mathematical Theory of Networks and Systems, 2006 : 143-147.

[153] Yu W, Moreno-Armendariz M A, Rodriguez F O . Stable adaptive compensation with fuzzy CMAC for an overhead crane [J] . Information Sciences, 2011, 181 (21): 4895-4907.

[154] Corriga G, Giua A, Usai G. An implicit gain-scheduling controller for

cranes [J] . IEEE Transactions on Control Systems and Technology, 1998, 6（1）: 15-20.

[155] Sun N, Fang Y, Chen H, et al. Adaptive nonlinear crane control with load hoisting/ lowering and unknown parameters: Design and experiments [J] . IEEE/ASME Transactions on Mechatronics, 2015, 20（5）: 2107-2119.

[156] Kim E. A fuzzy disturbance observer and its application to control [J] . IEEE Transactions on Fuzzy Control, 2002, 10（1）: 77-84.

[157] Xu J X, Guo Z Q, Lee T H . Design and implementation of integral sliding mode control on an underactuated two-wheeled mobile robot [J] . IEEE Transactions on Industrial Electronics, 2014, 61（7）: 3671-3681.

[158] Liu R, Li S. Suboptimal integral sliding mode controller design for a class of affine systems [J] . Journal of Optimization Theory and Applications, 2014, 161（3）: 877-904.

[159] Boyd S, Vandenberghe L. Convex optimization [M] . New York: Cambridge University Press, 2004.

[160] Xiao B, Hu Q, Singhose W, et al. Reaction wheel fault compensation and disturbance rejection for spacecraft attitude tracking [J] . Journal of Guidance, Control, and Dynamics, 2013, 36（6）: 1565-1575.